高等职业技术教育“十四五”精品教材建设项目

土力学与地基（含试验指导）

（智媒体版）

主　编　邢焕兰　吕玉梅
副主编　付迎春　习淑娟　邢　栋
主　审　李立增

西南交通大学出版社
·成　都·

图书在版编目（CIP）数据

土力学与地基：含试验指导：智媒体版. 1，土力学与地基 / 邢焕兰，吕玉梅主编. —成都：西南交通大学出版社，2022.2（2025.6 重印）
高等职业技术教育“十四五”精品教材建设项目
ISBN 978-7-5643-8503-3

Ⅰ. ①土… Ⅱ. ①邢… ②吕… Ⅲ. ①土力学－高等职业教育－教材②地基－基础（工程）－高等职业教育－教材 Ⅳ. ①TU4

中国版本图书馆 CIP 数据核字（2021）第 267597 号

高等职业技术教育“十四五”精品教材建设项目

Tulixue yu Diji （Han Shiyan Zhidao）

土力学与地基（含试验指导）

（智媒体版）

主　编　邢焕兰　吕玉梅

责任编辑　姜锡伟
封面设计　吴　兵

出版发行　西南交通大学出版社
（四川省成都市金牛区二环路北一段 111 号
西南交通大学创新大厦 21 楼）
邮政编码　610031
营销部电话　028-87600564　028-87600533
网址　http://www.xnjdcbs.com
印刷　四川森林印务有限责任公司

成品尺寸　185 mm × 260 mm
总印张　18.25
总字数　407 千
版次　2022 年 2 月第 1 版
印次　2025 年 6 月第 4 次
书号　ISBN 978-7-5643-8503-3
套价　50.00 元

课件咨询电话：028-81435775

智媒体版前言

本教材是在高等职业技术教育“十三五”规划教材《土力学与地基》的基础上修订的。根据2019年2月《国家职业教育改革实施方案》提出的“三教改革”之一的教材改革，本教材修订为含试验指导的智媒体版。

在理论深度上，修订教材充分考虑了高职教育的特点，以适度、够用为原则。与原教材相比，修订教材主要有以下方面的改进：

1. 按照新规范的标准进行修订。依据《铁路桥涵地基和基础设计规范》（TB 10093—2017）、《公路桥涵地基与基础设计规范》（JTG 3363—2019）为依据，对有变化的内容进行了修改。

2. 教材内容主要考虑满足学生毕业后从事的工作岗位进行设计，满足学生从事施工单位技术员、试验员，运营单位养护维修员的需求。教材的主要内容分为两部分：第一部分为土力学，主要讲述了土的物理性质、力学性质，土中应力，地基承载力与沉降计算及土压力计算等；第二部分主要讲述了常用的地基处理方法。另外，本书附有土工试验指导书，可用于土工试验指导及完成试验报告。

3. 针对本课程的特点，为使学生更加直观地理解教学内容，同时方便教师的讲解，本教材开发了配套的APP客户端，各章节配有教学动画、教学案例，方便学生自学和练习。

本书突出了职业教育在实际工程中的实用性，根据最新的设计规范、施工规范及土工试验规程进行编写，紧跟工程设计、施工的新技术、新工艺、新理念，缩短了学校与单位的距离。本书在编写过程中，兼顾了交通行业和铁道行业双重规范，因此适用于铁道工程类、地下工程类专业和道路桥梁类专业。

本书由石家庄铁路职业技术学院邢焕兰、吕玉梅主编，河北省化工医药职业技术学院李立增主审。具体分工如下：绪论、第一章、第六章、第七章由邢焕兰编写，第三章、第五章由吕玉梅编写，第二章由石家庄铁路职业技术学院付迎春编写，第四章由石家庄铁路职业技术学院习淑娟编写，第八章和试验指导书由石家庄市公路桥梁建设集团有限公司邢栋编写。全书由邢焕兰统稿。

限于水平，有些章节内容还不够充实，有些问题的论述也只是探讨性的，不妥之处在所难免。在使用本书过程中，如发现有不妥之处，请提出宝贵意见。

作 者

2022年1月

前言

本书是根据教育部对高职高专土建类专业的人才培养目标、培养规格以及与之相应的知识、技能、能力和素质结构，并结合我国铁路与公路建设对工程建设人才的要求而编写的。

本书突出了职业教育在实际工程中的实用性，根据最新的设计规范、施工规范及土工试验规程进行编写，紧跟工程设计和施工的新技术、新工艺、新理念，缩短了学校与单位的距离。本书在编写过程中，兼顾了交通运输行业和铁道行业双重规范，适用于道路桥梁类专业、铁道工程类和地下工程类专业。

本书第一章至第七章为土力学部分，主要讲述了土的物理性质、力学性质，土中应力、地基承载力及土压力等；第八章主要讲述了地基处理。

另外，本书附有土力学试验指导书，可用于土工试验指导及完成试验报告。

本书由石家庄铁路职业技术学院邢焕兰、吕玉梅任主编，付迎春、刁淑娟任副主编，李立增主审。具体分工如下：第一章、第二章、第六章、试验指导书由邢焕兰编写，第三章、第五章、第七章由石家庄铁路职业技术学院吕玉梅编写，第八章由石家庄铁路职业技术学院付迎春编写，第四章由石家庄铁路职业技术学院刁淑娟编写。全书由邢焕兰统稿。

限于水平，有些章节内容还不够充实，有些问题的论述也只是探讨性的。在使用本书过程中，如发现有不足之处，请提出宝贵意见。

编者

2015 年 11 月

目录

第四章　土的压缩性与地基沉降计算

第五章　土的抗剪强度

第六章　土应力

第七章　天然地基承载力与地基强度检算

第八章　地基处理

绪 论

一、土力学与地基的研究对象

所有建筑物都是修筑在地壳上的，建筑物的全部重量及其所承受的全部荷载都将传递到地壳上。与建筑物相接触，承受建筑物荷载后产生的应力与变形不可忽略的地壳土层称为地基；承受建筑物上部结构产生的荷载并将荷载传到地基中去的建筑物的下部结构称为基础。在地壳表面上存在的岩石风化后所形成的松散颗粒物就是本课程所研究的土。

要保证建筑物安全正常地使用，建筑物、地基和基础必须相适应；其中地基在整个建筑中起着关键的作用，它的变形或破坏，直接影响到整个结构的安全和使用。无论历史上还是现代都有由于地基问题而出现的工程事故。历史上，如意大利的比萨斜塔、加拿大的特朗斯康大谷仓、我国的苏州虎丘塔等都是由于对地基问题重视不够而影响了正常使用。现代的工程事故实例也不在少数，如香港的宝城大厦的倒塌、上海的莲花河畔景苑小区在建住宅的倒塌、四川成都校园春天小区住宅楼的倾斜等。

地壳表面承受建筑物荷载的一定厚度的土层就是地基，地基在受力后所引起的一切变化，都取决于土的性质。为了进行地基设计计算，必须先把土的基本特性搞清楚，然后才能研究地基土的计算方法，看它在外力作用下是否会产生破坏，或产生多大沉降变形。只有掌握了这些土力学基本知识，才能比较科学地解决基础工程中所遇到的实际问题。

二、土力学与地基课程的主要内容

本课程主要讲解土的各种基本性质，根据地基土的性质与建筑物荷载选择地基类型并进行检算，常用的铁路、道路桥梁基础施工及地基处理等。它包含的主要内容有：

（1）土的物理和力学性质——与地基设计有关的土的物理、力学性质。

（2）地基变形——研究地基在受到荷载作用后的变形规律，用以预测建筑物在修建和使用阶段，其基础的沉降、沉降差和倾斜等情况，保证建筑物不损坏或不影响正常使用。

（3）地基的稳定（强度）——研究地基在外力作用下，是否可能发生破坏或丧失稳定，是否满足一定的安全系数要求。

（4）其他力学问题，如土中水的渗流而产生的力学作用，挡土结构的土压力计算以及地基处理等。

土力学就是研究土的工程性质以及土在荷载作用下的应力、变形、强度和稳定性的学科；而地基则是研究建筑物作用下地基的受力、变形情况，以及天然地基不满足建筑物要求时的处理方法。

三、本课程的学习要求

根据教学计划和教学大纲的要求，本课程将学习有关路基和桥涵建筑所必需的土力学与地基的基本知识。

本课程牵涉到的自然科学范围很广，学习中要注意联系工程力学、工程地质、路基工程、桥梁工程的一些概念和知识，还要注意从土的特性出发去理解。学习过程中理论联系实际，抓住重点，掌握原理，搞清概念。

本书在论述有关土工试验时，以《铁路工程土工试验规程》（TB 10102—2010）、《公路土工试验规程》（JTG 3430—2020）为标准；论述桥涵地基基础的内容和要求时，以《铁路桥涵地基和基础设计规范》（TB 10093—2017）、《公路桥涵地基与基础设计规范》（JTG 3363—2019）为依据；论述地基处理时，以《建筑地基处理技术规范》（JTJ 79—2012）为依据。

四、土力学理论的形成和发展

土力学理论有一个形成发展过程。以前，在工程建设中遇到土力学问题，只能凭经验解决。1773—1776 年，库仑（Coulomb）提出了土的抗剪强度理论和滑动土楔的土压力理论，土力学进入古典理论时期；朗肯（Rankine，1857 年）从塑性体应力场出发，建立了新的土压力理论，对土力学的发展产生了深远的影响；1885 年，布西内斯克（Boussinesq）提出在集中荷载作用下弹性半无限体的应力和位移的计算理论，为以后计算地基承载力和地基变形建立了理论根据；1856 年，达西（Darcy）通过试验建立了达西渗透公式，这为研究土中渗流和固结理论打下了理论基础；1922 年，费伦纽斯（Fellenius）在处理滑坡问题时，提出了土坡稳定分析的方法。以上这些古典理论到现在还有着实用价值。

1925 年，太沙基（Terzaghi）的《土力学》问世，土力学又发展到一个新时期。他所提出的有效压力理论、一维固结理论、地基承载力理论以及一系列研究成果，使土力学形成了一门专门的学科，因而太沙基被公认为现代土力学的奠基人。1936 年，国际土力学基础工程学会成立。初期，由太沙基亲自领导，推动了这门学科在世界范围内的发展。

现在，随着施工技术的发展与计算机的应用，土力学的研究又进入了一个全新的时代。这表现为：在设计理论方面，充分考虑了地基土的不均匀性，采用概率统计方法对地基进行可靠度分析，并按各专业的要求，对旧的地基基础规范进行修正；在土的本构模型研究方面，模拟地基基础实际受力情况并进行分析，为地基基础的设计提供了依据；根据现代建筑对地基的要求，改进试验设备，其中值得注意的是土工离心机的发展，土工离心机不仅可用来研究高坝、深基在土中力作用下的应力状态，还可模拟地震力作用下土的相互作用和动力性质；采用新材料、新工艺加固软弱地基，形成复合地基和复合土体，满足了现代道路桥梁对地基强度与稳定性的要求。

第一章
土的物理性质与工程分类

本章知识要点

（1）土的生成及沉积形式。

（2）土的三相组成及各相对土工程性质的影响。

（3）土的三相图、3 个基本试验指标的概念及测定方法、6 个导出指标的概念及指标换算。

（4）粗粒土密实度的判定，细粒土软硬程度的判定。

（5）根据规范进行土的工程分类。

（6）土的击实性原理、击实试验及影响击实效果的因素。

第一节　土的生成与沉积形式

一、土的生成

土是岩石风化后的产物，即覆盖在地表上松散的、没有胶结或胶结很弱的颗粒堆积物。

地壳表层的岩石暴露在大气中，受到温度和湿度变化的影响，体积经常发生膨胀和收缩，不均匀的膨胀和收缩使岩石产生裂缝；岩石还长期经受风、霜、雨、雪的侵蚀和动植物活动的破坏，逐渐由大块崩解为形状和大小不同的碎块：这个产生裂缝和逐渐崩解的过程，叫作物理风化。物理风化只改变颗粒的大小和形状，不改变颗粒的成分。物理风化后所形成的碎块与水、氧气、二氧化碳和某些由生物分泌出的有机酸溶液等接触，发生化学变化，产生更细的并与原来的岩石成分不同的颗粒，这个过程叫作化学风化。另外，由动植物活动引起的风化称为生物风化。经过风化作用所形成的矿物颗粒（有时还有有机物质）堆积在一起，中间贯串着孔隙，孔隙中还有水和空气，这种松散的固体颗粒、水和气体的集合体就叫作土。

二、土的沉积形式

物理风化不改变土的矿物成分，产生像碎石和砂等颗粒较粗的土，这类土的颗粒之间没有黏结作用，呈松散状态，称为无黏性土。化学风化产生颗粒很细的土，这类土的颗粒之间因为有黏结力而相互黏结，干时结成硬块，湿时变软有黏性，称为黏性土。土由于成因不同，物理性质和工程特性也不一样。风化作用生成的土，经过剥蚀、搬运、沉积等作用形成不同的沉积类型，见表 1-1。

表 1-1　第四纪沉积土主要成因、类型及堆积特征

成因类型	堆积方式及条件	堆积物特征
残　积	岩石经风化作用而残留在原地的碎屑堆积物	碎屑物自表部向深处由细变粗，其成分与母岩有关，一般不具层理，碎块多呈棱角状，土质不均，具有较大孔隙；厚度变化较大，在山丘顶部较薄、低洼处较厚
坡积或崩积	风化碎屑物由雨水或融雪水沿斜坡搬运，或由本身的重力作用堆积在斜坡上或坡脚处而成	碎屑岩性成分复杂，与高处的岩性组成有直接关系，从坡上往下逐渐变细，分选性差，层理不明显；厚度变化较大，在斜坡陡处较薄、坡脚地段较厚
洪　积	由暂时性洪流将山区或高地的大量风化碎屑物携带至沟口或平缓地带堆积而成	颗粒具有一定的分选性，但往往大小混杂，碎屑多呈亚棱角状，洪积扇顶部颗粒较粗，层理紊乱交错，透镜体及夹层较多，边缘处颗粒细、层理清楚，厚度一般高山区或高地处较大、远处较小
冲　积	由长期的地表水流搬运，在河流阶地、冲积平原和三角洲地带堆积而成	颗粒在河流上游较粗，分选性及磨圆度均好，层理清楚；除牛轭湖及某些河床相沉积外，厚度较稳定
冰　积	由冰川融化携带的碎屑物堆积或沉积而成	粒度相差较大，无分选性，一般不具层理；因冰川形态和规模的差异，厚度变化大
淤　积	在静水或缓慢的流水环境中沉积，并伴有生物、化学作用而成	颗粒以粉粒、黏粒为主，且含有一定数量的有机质或盐类，一般土质松软，有时为淤泥质黏性土、粉土与粉砂互层，具有清晰的薄层理
风　积	在干旱气候条件下，碎屑物被风吹，降落堆积而成	颗粒主要由粉粒或砂粒组成，土质均匀，质纯，孔隙大，结构松散

实践经验表明，土的工程特性一方面取决于其原始堆积条件，另一方面也取决于堆积以后的经历。在沉积过程中，由于颗粒大小、沉积环境和沉积后所受的力等不同，所形成土的类型和性质也就不同。一般地说，在大致相同的地质年代及相似的沉积条件下形成的土，其成分和性质是相近的。沉积年代愈长，上覆土层重量愈大，土压得愈密实，由孔隙水中析出的化学胶结物也愈多。

第二节　土的组成、结构与构造

一、土的组成

土是由固体颗粒、水和气体组成的三相体系。固体部分，一般由矿物质所组成，有时含有有机质（半腐烂和全腐烂的植物质和动物残骸等），这一部分构成土的骨架，称为土骨架。土骨架间布满相互贯通的孔隙。当孔隙完全被水充满时，土处于饱和状态，称为饱和土；当孔隙一部分被水占据，另一部分被气体占据时，称为非饱和土；当孔隙完全被气体充满时，则称为干土。水和溶解于水的物质构成土的液体部分。空气及其他一些气体构成土的气体部分。这三部分本身的性质以及它们之间的比例关系和相互作用决定了土的物理力学性质。因此，研究土的性质，首先必须研究土的三相组成。

（一）固体颗粒

固体颗粒构成土骨架，它对土的物理力学性质起决定性的作用。研究固体颗粒就要分析粒径的大小及其在土中所占的百分数，即研究土的颗粒级配；另外，还要研究固体颗粒的矿物成分以及颗粒的形状。这三者之间又是密切相关的。

1. 颗粒的矿物成分和颗粒分组

土的颗粒一般由各种矿物组成，也含有少量有机质。土粒的矿物成分可分为两类：

（1）原生矿物，即物理风化所产生的粗颗粒矿物。它们与原来岩石的矿物成分相同，常见的有长石、石英、角闪石和云母等。

（2）次生矿物，即化学风化后产生的矿物，如颗粒极细的黏土矿物，常见的有高岭土、伊利土和蒙脱土等。

矿物成分对黏性土性质的影响很大，例如，黏性土中含有大量蒙脱土时，这种土就具有强烈的膨胀性，它的收缩性和压缩性也大。

颗粒的粗细对土的性质影响也很大。颗粒愈细，单位体积内颗粒的表面积就愈大，与水接触的面积就愈多，颗粒相互作用的能力就愈强。

颗粒具有不同的形状，如块状、片状等，这和土的矿物成分有关，也和土粒所经历的风化搬运过程有关。

颗粒粒径的大小称为粒度，工程上把粒度相近的颗粒合为一组，称为粒组。粒组的划分应能反映粒径大小变化引起土的物理性质变化这一客观规律。一般地说，同一粒组的土，其物理性质大致相同；不同粒组的土，其物理性质有较大差别。

《铁路桥涵地基和基础设计规范》（TB 10093—2017）对粒组的划分见表 1-2。

《公路桥涵地基与基础设计规范》（JTG 3363—2019）对粒组的划分见表 1-3。

表 1-2 《铁路桥涵地基和基础设计规范》中土的颗粒分组

颗粒名称		粒径 d/mm	主要特征
漂石（浑圆、圆棱）或块石（尖棱）	大	$d>800$	无黏性，透水性很大，毛细水上升高度很小
	中	$400<d\leqslant 800$	
	小	$200<d\leqslant 400$	
卵石（浑圆、圆棱）或碎石（尖棱）	大	$100<d\leqslant 200$	
	小	$60<d\leqslant 100$	
粗圆砾（浑圆、圆棱）或粗角砾（尖棱）	大	$40<d\leqslant 60$	
	小	$20<d\leqslant 40$	
细圆砾（浑圆、圆棱）或细角砾	大	$10<d\leqslant 20$	
	中	$5<d\leqslant 10$	
	小	$2<d\leqslant 5$	
砂 粒	粗	$0.5<d\leqslant 2$	无黏性，易透水，有一定毛细水上升高度
	中	$0.25<d\leqslant 0.5$	
	细	$0.075<d\leqslant 0.25$	
粉 粒		$0.005\leqslant d\leqslant 0.075$	湿时有黏性，透水性小，毛细水上升高度较大
黏 粒		$d<0.005$	有黏性和可塑性，透水性极微，其性质随含水率有较大变化

表 1-3 《公路桥涵地基与基础设计规范》中土的颗粒分组

粒组名称			粒径/mm	一般特性
巨粒组	漂石、块石		大于 200	无黏性，孔隙比大，透水性大，毛细水上升高度极微，不能保持水分，能承受很大静水压力，压缩性小
	卵石、小块石		60 ~ 200	
粗粒组	砾、角砾	粗	20 ~ 60	无黏性，易透水，毛细水上升高度不大，遇水不膨胀，干燥时不收缩且松散，不呈现可塑性，能保持水分，能承受较大静水压力，压缩性较小
		中	5 ~ 20	
		细	2 ~ 5	
	砂	粗	0.5 ~ 2	
		中	0.25 ~ 0.5	
		细	0.075 ~ 0.25	
细粒组	粉 粒		0.002 ~ 0.075	湿润时出现轻微黏性，透水性小，遇水膨胀或干缩都不显著，毛细水上升较快、上升高度较大
	黏 粒		小于 0.002	黏性大，几乎不透水，湿润时呈现可塑性，遇水膨胀或干缩都较显著，压缩性大

2. 颗粒级配分析方法

天然土是粒径大小不同土粒的混合体，它包含着若干粒组的土粒。土中各粒组的干土质量占该土总质量的百分数叫作土的颗粒级配。颗粒大小分析的目的，就是确定土的颗粒级配，也就是确定土中各粒组颗粒的相对含量。颗粒级配是影响土（特别是无黏性土）工程性质的主要因素，因此常被用来作为土的分类和定名的标准。根据《铁路工程土工试验规程》（TB 10102—2010）的规定，颗粒大小分析可采用筛析法、密度计法和移液管法。筛析法适用于粒径小于或等于 200 mm、大于 0.075 mm 的土。密度计法和移液管法适用于粒径小于 0.075 mm 的土。土中含有粒径大于和小于 0.075 mm 的颗粒各超过总质量的 10%时，应联合使用筛析法及密度计或移液管法。考虑到本课程的主要教学目的，本书只介绍筛析法。

用筛析法作土的颗粒大小分析，其主要设备是一套标准筛。这套标准筛中的各筛按筛孔孔径大小的不同由上至下排列（最上层筛子的筛孔最大，往下的筛子其筛孔依次减小），上加顶盖，下加底盘，叠在一起。标准筛有粗筛和细筛两种。粗筛的孔径（圆孔）为 200 mm、150 mm、100 mm、75 mm、60 mm、40 mm、20 mm、10 mm、5 mm、2 mm，细筛的孔径为 2 mm、1 mm、0.5 mm、0.25 mm 和 0.075 mm。

根据土样最大粒径的大小确定试样的用量，如表 1-4。

表 1-4　土的颗粒分析试样用量

最大颗粒粒径/mm	试样用量/g
＜2	100 ~ 300
＜10	300 ~ 1000
＜20	1000 ~ 2000
＜40	2000 ~ 4000
＜60	≥5000
＜75	≥6000
＜100	≥8000
＜150	≥10 000
＜200	≥10 000

试验时，对于无黏性的土，将烘干或风干的土样放入筛孔孔径为 2 mm 的筛进行筛析，分别称出筛上和筛下土的质量。取筛上的土样倒入依次叠好的粗筛最上层，进行筛析；将筛下粒径小于 2 mm 的土样倒入依次叠好的细筛最上层筛中进行筛析（细筛可放在筛析机上摇筛，摇筛时间一般为 10 ~ 15 min），使细土分别通过各级筛孔漏下。称出存留在每层筛子和底盘内的土粒质量，就可以计算出粒径小于（或大于）某一数值的土粒质量占土样总质量的百分数。表 1-5 是《铁路工程土工试验规程》筛析试验成果记录。表 1-6 是《公路工程土工试验规程》（JTG 3430—2020）筛析试验成果记录。

表 1-5　粗筛与细筛联合分析计算实例

粗筛分析用的风干试样质量=5000 g，小于 0.075 mm 的试样质量占总质量的百分数=6.7%						
细筛分析用小于 2 mm 试样质量=300 g，小于 2 mm 的试样质量占总试样质量的百分数=80%						
筛类别	孔径/mm	分计留筛试样质量/g	累计留筛试样质量/g	小于该孔径试样的质量/g	小于该孔径试样质量百分数/%	小于该孔径试样质量占总试样质量百分数/%
粗筛	60	0	0	5000	100	100
	40	475	475	4525	90.5	90.5
	20	25	500	4500	90.0	90.0
	10	50	550	4450	89.0	89.0
	5	150	700	4300	86.0	86.0
	2	300	1000	4000	80.0	80.0
细筛	2	0	0	300	100	100×0.8=80.0
	1	52.5	52.5	247.5	82.5	82.5×0.8=66.0
	0.5	101.1	153.6	146.4	48.8	48.8×0.8=39.0
	0.25	78.9	232.5	67.5	22.5	22.5×0.8=18.0
	0.075	42.3	274.8	25.2	8.4	8.4×0.8=6.7
筛底存留/g		23.2	298	2.0	0.7	0.7×0.8=0.6

表 1-6　颗粒大小分析试验记录（筛析法）

工程名称______________________　　试验者__________________________

土样编号______________________　　计算者__________________________

土样说明_____________　试验日期___________　　校核者__________________________

筛前总土质量=3000 g　　小于 2 mm 取样试样质量=810 g								
小于 2 mm 土质量=810 g　　小于 2 mm 土占总土质量的百分数=27%								
粗筛分析				细筛分析				
孔径/mm	累计留筛土质量/g	小于该孔径土质量/g	小于该孔径土质量百分数/%	孔径/mm	累计留筛土质量/g	小于该孔径土质量/g	小于该孔径土质量百分数/%	占总土质量百分数/%
40	0	3000	100	2.0	2190	810	100	27.0
20	350	2650	88.3	1.0	2410	590	72.8	19.7
10	920	2080	69.3	0.5	2740	260	32.1	8.7
5	1600	1400	46.7	0.25	2920	80	9.9	2.7
2	2190	810	27.0	0.075	2980	20	2.5	0.7

对土的颗粒大小分析试验成果，可用下列两种方式表达：

（1）表格法。

表格法即列表说明土样中各粒组干土质量占土样总质量的百分数。表 1-7 就是根据

表 1-5 列出的该土样的颗粒级配表。

表 1-7　颗粒级配

粒径/mm	>20	10～20	5～10	2～5	1～2	0.5～1.0	0.25～0.5	0.075～0.25	<0.075
百分数/%	10.0	1.0	3.0	6.0	14.0	27.0	21.0	11.3	6.7

（2）颗粒级配曲线法。

该法即在半对数坐标系（纵坐标用普通比例尺表示小于某粒径的土的质量百分数，横坐标用对数比例尺表示粒径），绘制颗粒大小级配曲线。图 1-1 就是根据表 1-5 绘制的级配曲线。

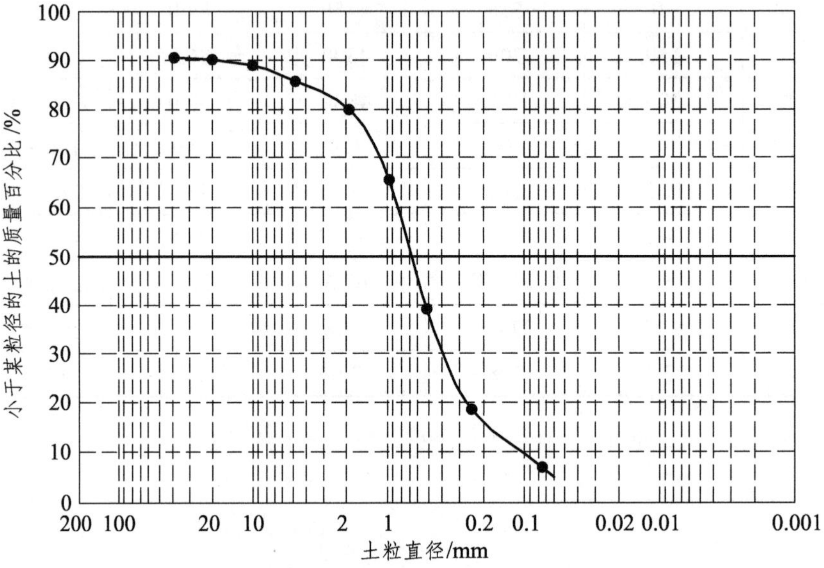

图 1-1　根据表 1-5 绘制的级配曲线

在颗粒级配曲线上，可以找到对应于颗粒含量小于 10%、30%和 60%的粒径 d_{10}、d_{30} 和 d_{60}，这 3 个粒径组成级配指标：

$$\text{不均匀系数}\ C_u = \frac{d_{60}}{d_{10}} \tag{1-1}$$

$$\text{曲率系数}\ C_c = \frac{d_{30}^2}{d_{10} \times d_{60}} \tag{1-2}$$

式中　d_{60}——限制粒径，表示分布曲线上小于该粒径的颗粒质量占总质量 60%的粒径（mm）；

d_{10}——有效粒径，表示分布曲线上小于该粒径的颗粒质量占总质量 10%的粒径（mm）；

d_{30}——平均粒径，表示分布曲线上小于该粒径的颗粒质量占总质量 30%的粒径（mm）。

由图 1-1 查得 $d_{10} = 0.12\ \text{mm}$、$d_{30} = 0.4\ \text{mm}$、$d_{60} = 0.84\ \text{mm}$，可以计算得出：

$$\text{不均匀系数}\ C_u = \frac{d_{60}}{d_{10}} = \frac{0.84}{0.12} = 7$$

$$曲率系数\ C_c = \frac{d_{30}^2}{d_{10} \times d_{60}} = \frac{0.4^2}{0.84 \times 0.12} = 1.6$$

从图 1-1 可以看出，不均匀系数 C_u 表示粒径的分布范围，C_u 愈大，表示土愈不均匀，即颗粒粒径相差悬殊。如果级配曲线是连续的，C_u 愈大，则级配曲线愈平缓，表示土中含有粗细不同的颗粒，级配良好。级配良好的土，压实后，细颗粒充填于粗颗粒所形成的孔隙中，压实土体密度高，力学性质好。

曲率系数 C_c 用以描述颗粒级配曲线的连续性。如果级配曲线斜率不连续，曲线上的某位置出现水平段，则水平段范围内的粒组缺失；如水平段的范围较大，则土的组成是粗的粗，细的细，级配不好，不易密实。如果曲线上的某位置出现陡降段，则陡降段范围内的粒组集中，土中粗颗粒和细颗粒含量较少，级配不好，也不易密实。

一般用途不同，对填料的要求亦不同。在路基设计中，要求压实填料级配良好。《铁路路基设计规范》（TB 10001—2016）规定：当 $C_u \geqslant 5$ 且 $C_c = 1 \sim 3$ 时，可认为土的级配良好；当 $C_u < 5$ 或 $C_c \neq 1 \sim 3$ 时，则认为土的级配不良。但当填料用于反滤层时，则要求填料粒径均匀。

筛析法适用于粒径大于 0.075 mm 的土。对于粒径小于 0.075 mm 的土，应采用密度计法或移液管法进行测定。根据密度计法或移液管法的试验结果，同样可绘制颗粒级配曲线。若某土样中粒径大于 0.075 mm 的土虽较多，但粒径小于 0.075 mm 的土仍超过土样总质量的 10%，则应采用筛析法和密度计法（或筛析法和移液管法）进行联合试验。图 1-2 中，曲线 1 是根据筛析法试验结果绘制的，曲线 2 是根据筛析法和密度计法联合试验的结果绘制的，曲线 3 是根据密度计法试验结果绘制的。

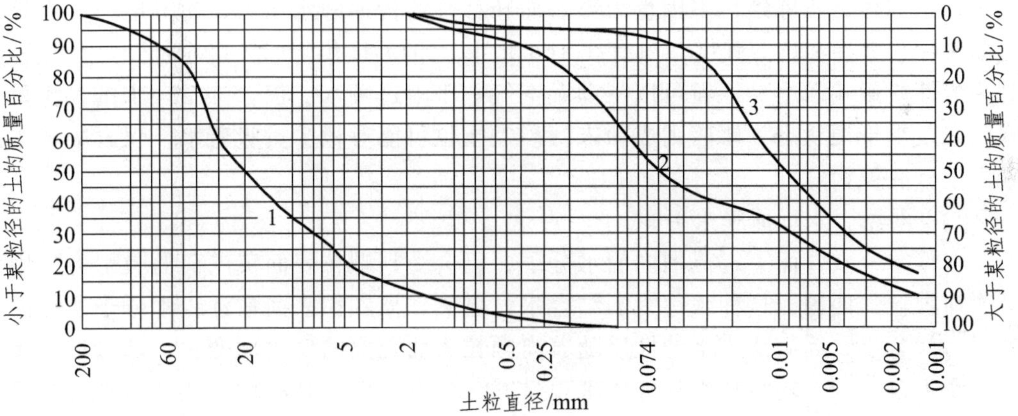

图 1-2　颗粒级配曲线

（二）土中水

在天然土的孔隙中通常含有一定量的液体，其主要成分是水，温度不同，水的状态也不同。土中的细颗粒越多，与水反应的面越多，因而受水的影响越大。试验证明，土颗粒的表面带有负电荷。水分子是极性分子，由带正电荷的 H^+ 和带负电荷的 OH^- 组成。这样水分子中的 H^+ 会被颗粒表面的负电荷吸引而定向地排列在颗粒的四周，离颗粒表面愈近，吸引力愈大，如图 1-3 所示。土中水按其所受土粒的吸引力大小可分为结合水和非结合水。

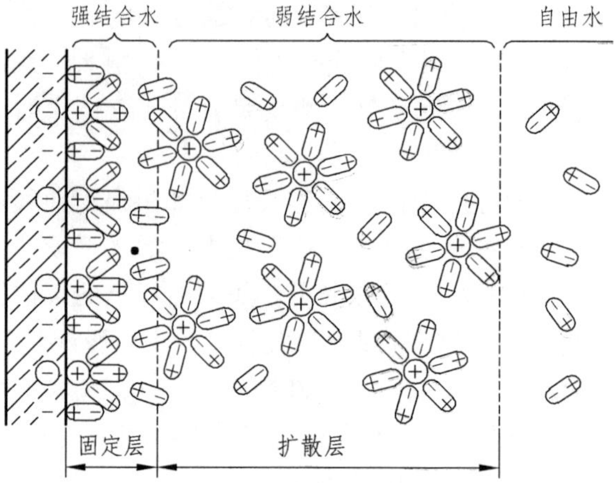

图 1-3　土中固体颗粒与水的相互作用

1. 结合水

这部分水是受土粒表面电场作用力吸引而包围在颗粒周围，不传递静水压力，也不受重力影响的水。结合水因离颗粒表面远近不同，受电场作用力大小也不同，可分为强结合水和弱结合水。

（1）强结合水（吸着水）。

强结合水是被颗粒表面负电荷紧紧吸附在土粒周围的很薄的一层水。这种水的性质接近于固体，不冻结，不因重力影响而转移，不传递静水压力，不导电，具有极大的黏滞性、弹性和抗剪强度，只有在 105 °C 以上的温度烘烤时才能全部蒸发。这种水对土的性质影响较小。土粒可以从潮湿空气中吸附这种水。仅含强结合水的黏土呈干硬状态或半干硬状态，碾碎则成粉末。砂类土也可能有极少量吸着水，仅含吸着水的砂类土呈散粒状。

（2）弱结合水（薄膜水）。

在强结合水外面一定范围内的水分子，仍会受到颗粒表面负电荷的吸引力作用而吸附在颗粒的四周，这种水称为弱结合水。显然，离颗粒表面愈远，水分子所受的电分子力就愈小，因而薄膜水的性质随着离颗粒表面距离的变化而变化，从接近于吸着水至变为自由水。弱结合水从整体来说呈黏滞状态，但其黏滞性是从内向外逐渐降低的。它仍不能传递静水压力。薄膜水受力时能从水膜较厚处缓慢转移至较薄处；砂类土可认为不含薄膜水，黏性土的薄膜水较厚，且薄膜水的含量随黏粒增多而增大。薄膜水的多少对黏性土的性质影响很大，黏性土的一系列特性如黏性、塑性、压实性等都和薄膜水有关。

2. 非结合水

非结合水是土粒水化膜以外的液态水，虽然土粒的吸引力对它有影响，但它主要是受重力作用的控制，能传递静水压力，可分为毛细水和重力水。

（1）毛细水。

土中存在着很多大小不一、互相连通的微小孔隙，形成了错综复杂的通道，由于毛细表面张力的作用，形成了毛细水。毛细作用使毛细水从土的微细通道上升到高出自由水面以上。上升高度介于 0（砾石、卵石）到 5 ~ 6 m（黏土）。粒径 2 mm 以上的土颗粒间，由于颗粒较粗，一般不会出现毛细现象。由于毛细水高出自由水面，可以在地下水位以上一定高度内形成毛细饱水区，好像将地下水位抬高了一样。由于毛细水的上升可能引起道路翻浆、盐渍化、冻害等路基病害，导致路基失稳；因此，了解和认识土的毛细性，对土木工程的勘测、设计有重要意义。

（2）重力水。

在自由水位以下、土粒吸附力范围以外的水，在本身重力作用下，可在土中自由移动，故称重力水。重力水在土中能产生和传递静水压力，对土产生浮力。在开挖基坑和修筑地下结构物时，若有重力水存在，应采取排水、防水措施。土中应力的大小与重力水也有关系。

（三）土中气体

土中的气体主要是空气和水汽，在某些有机质土中可含有较多的二氧化碳、沼气及硫化氢等气体。土中的气体有不同的存在形式：与外界大气相连通的自由气体、被土粒表面吸附的结合气体、被孔隙水包围的封闭气体和溶解气体。

土中气体对土的工程性质影响一般较小。但在某些情况下，其影响仍不可忽略，如：封闭气体的存在会降低土的透水性，使土体难以压实；在压缩状态下可能会冲破土层逸出，造成土体突然沉陷；溶解于水的二氧化碳会加剧化学潜蚀等作用；在温度、压力变化时，近地表土体孔隙水中气体的溶解或释放，会改变土体的结构和压缩性。

二、土的结构

很多试验资料表明，同一种土，原状土样和重塑土样（将原状土样破碎，在实验室内重新制备的土样）的力学性质有很大差别。甚至用不同方法制备的重塑土样，尽管组成一样，密度控制也相同，性质仍有所差别。也就是说，土的组成和状态并不是决定土的性质的全部因素，土的结构对土的性质也有很大影响。土粒或土粒集合体的大小、形状、相互排列与联结等综合特征，称为土的结构。土的天然结构是在其沉积和存在的整个历史过程中形成的。土因其组成、沉积环境和沉积年代不同形成各种很复杂的结构。通常土的结构可分为三种基本类型：单粒结构、蜂窝结构和絮状结构。

1. 单粒结构

这种结构由较大土粒在自重作用下，于水或空气中下落堆积而成。碎石类土和砂类土就是单粒结构的土。单粒结构因土粒较大，土粒之间的分子引力远小于土粒自重，土粒之间几乎没有相互联结作用，是典型的散粒状物体。这种结构的土，其强度主要来源于土粒之间的内摩擦力。

由于生成条件不同，单粒结构可能是紧密的，也可能是松散的。在松散的砂类土中，砂粒处于较不稳定状态，并可能具有超过土粒尺寸的较大孔隙，在静力荷载作用下，压缩不大，但在动力荷载或其他振动荷载作用下土粒易于变位压密，孔隙度降低，地基突然沉陷，导致建筑物破坏，如图 1-4（a）。密实砂土则相反，从工程地质观点来看，紧密结构是最理想的结构。具有紧密结构的土层，在建筑物的静力荷重下不会压缩沉陷，在动力荷重或振动的情况下，孔隙度的变化也很小，不致造成破坏，如图 1-4（b）。紧密结构的砂土只有在侧向松动，如开挖基坑后才会变成流砂状态。

（a）松散单粒结构　　（b）密实单粒结构

图 1-4　单粒结构

2. 蜂窝结构

较细的土粒在自重作用下于水中下沉时，由于其颗粒细、质量轻，碰到已沉稳的土粒，如两土粒间接触点处的分子引力大于下沉土粒的重量，土粒便被吸引而不再下沉。如此继续不已，可逐渐形成链环状单元。很多这样的链环联结起来，就形成疏松的蜂窝结构，如图 1-5。蜂窝结构的土中单个孔隙体积一般远大于土粒本身的尺寸，孔隙体积也较大。如沉积后没有受过比较大的上覆压力，则在建筑物上覆荷载作用下，可能产生较大沉降。这种结构常见于黏性土中。

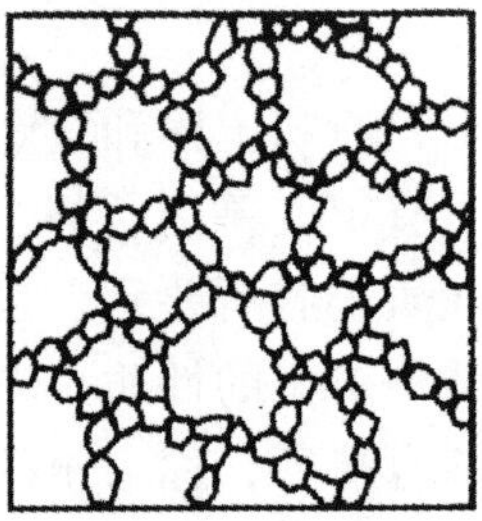

图 1-5　蜂窝结构

3. 絮状结构

絮状结构是颗粒最细小的黏性土的特有结构形式。最细小的黏粒大都呈针状或片状，它在水中呈现胶体特性。这主要是由于电分子力的作用，使土粒表面附有一层极薄的水膜。这种带有水膜的土粒在水中运动时，与其他土粒碰撞而凝聚成小链环状的土粒集合，然后沉积成大的链环，形成不稳定的复杂絮状结构。这种结构在海相沉积黏土中常见（图 1-6）。

（a）盐液中形成的絮状结构　　（b）非盐液中形成的絮状结构　　（c）分散型的絮状结构

图 1-6　常见的絮状结构

在土的以上三种结构中，密实的单粒结构强度大、压缩性小，工程性质最好；蜂窝结构次之；絮状结构最差。尤其是絮状结构在其天然结构遭到破坏时，强度极低，压缩性极大，不能作为天然地基。

还应说明，土的结构受扰动后，其原有的物理力学性质会变化。因此，在取土样做试验时，应尽量减少扰动，避免破坏土的原状结构。

三、土的构造

土的构造是指土体中各结构单元之间的关系，如层状土体、互层土体、裂隙土体、软弱夹层、透水层与不透水层等，其主要特征是土的成层性和裂隙性，即层理构造与裂隙构造，另外还有结核构造，见图 1-7。

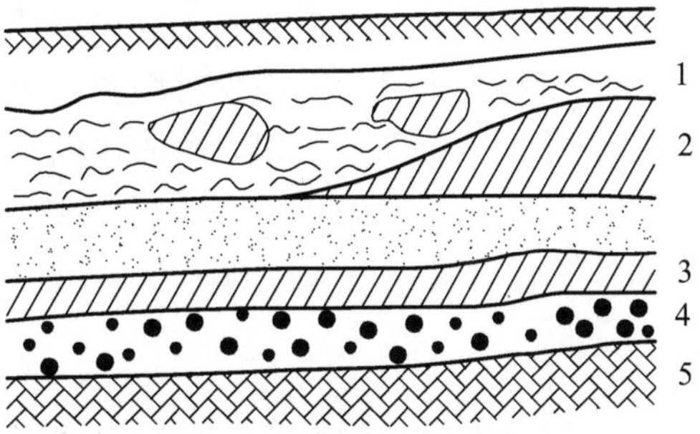

1—淤泥夹黏土透镜体；2—黏土尖灭层；3—砂土夹黏土层；4—砾石层；5—基岩。

图 1-7　土的层理构造

1. 层理构造

土粒在沉积过程中，由于不同的地质作用和沉积环境条件，物质成分大体相同的土粒在水平方向沉积成一定厚度，呈现出成层特征。第四纪冲积层具有明显的层状构造（又称层理）。因沉积环境条件的变化，常又会出现夹层、尖灭和透镜体等交错层理。砂、砾石等沉积物，当沉积厚度较大时，往往无明显的层理而呈分散状，又称为分散构造。

2. 裂隙构造

裂隙构造是指土层中存在的各种裂隙，裂隙中往往有盐类的沉淀，如黄土层中常分布的柱状裂隙。坚硬或硬塑黏土层中有不连续裂隙，破坏了土的整体性。裂隙面是土中的软弱结构面，沿裂隙面的抗剪强度很低而渗透性却很高，浸水后裂隙张开，工程性质更差。

3. 结核构造

在细粒土中明显掺有大颗粒或聚集的铁质、钙质等结合体、贝壳等杂物的构造称为结核构造，如含结核黄土中的结合体、含砾石的冰积黏土等均属此类。由于大颗粒或结核往往分散，故此类土的性质取决于细颗粒部分。

当把土层作为地基时，应认真研究土层的构造情况，特别是尖灭层和透镜体的存在会影响土层的受力和压缩的不均匀性，常会引起地基的不均匀变形。

第三节　土的物理性质指标

对于钢材、混凝土等一般连续性材料，只要知道密度 ρ 就能直接确定这种材料的密实程度；对于三相体的土，同样的密度 ρ，单位体积内可以是固体颗粒的质量多一些，水的质量少一些，也可以是固体颗粒的质量少一些而水的质量多一些，同时气体的体积也可以不相同，所以不能用一个单一的指标来说明三相间量的比例。土的三相组成的性质，特别是固体颗粒的性质，直接影响到土的工程特性。同样一种土，密实时强度高，松散时强度低。对于细粒土，含水率少时则硬，含水率多时则软。这说明土的性质不仅决定于三相组成的性质，而且三相之间的比例关系也是影响土的性质的一个很重要的因素。

一、土的三相图

为了使这个问题形象化，以获得清楚的概念，在土力学中，通常用三相图表示土的三相组成，如图 1-8。三相图的右侧表示三相组成的体积，三相图的左侧则表示三相组成的质量。

在图示的这些量中，独立的有 V_s、V_w、V_a、m_w、m_s 5 个量。1 cm^3 水的质量等于 1 g，故在数值上 $V_w = m_w$。此外，当我们研究这些量的相对比例关系时，总是取某一定数量的土体来分析，例如取 V=1 cm^3 或 m=1 g 或 V_s=1 cm^3 等等，因此又可以消去一个未知量。这样，对于这一定数量的三相土体，只要知道其中 3 个独立的量，其他各量就可以从图中直接算出。所以，三相图是土力学中用以计算三相量比例关系的一种简单而又很有用的工具。

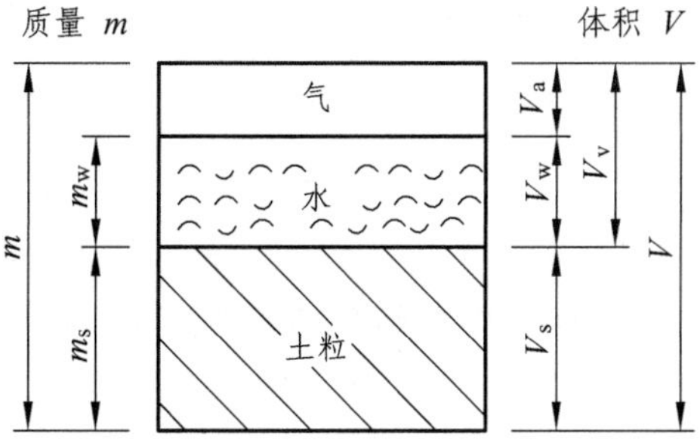

V—土的总体积；V_v—土的孔隙部分体积；V_s—土的固体颗粒实体的体积；V_w—水的体积；V_a—气体体积；m—土的总质量；m_w—水的质量；m_s—固体颗粒质量。

图 1-8　土的三相示意图

二、确定三相比例关系的基本试验指标

为了确定三相图各量中的 3 个指标——密度、土粒相对密度和含水率，就必须通过实验室的试验测定。通常做 3 个基本物理性质试验：密度试验、颗粒密度试验和含水率试验。

1. 土的密度（ρ）与重度（γ）

土的密度定义为在天然状态下单位体积土的质量，用式（1-3）表示，其范围为 1.6 ~ 2.2 g/cm³。

$$\rho=\frac{m}{V}=\frac{m_s+m_w}{V_s+V_v}\quad (\mathrm{g/cm^3}) \tag{1-3}$$

在天然状态下，单位体积土所受重力，称为土的天然重度，简称重度，用式（1-4）表示：

$$\gamma=\frac{mg}{V}=\frac{(m_s+m_w)g}{V}=\rho g\quad (\mathrm{kN/m^3}) \tag{1-4}$$

式中　g=9·81 m/s²，为重力加速度，工程上有时为了计算方便，取 g=10 m/s²。

应该明确，重度并不是实测指标。通常是实测土的密度 ρ 再算出重度 γ。土的重度与土的含水率和密实度有关，一般土的重度范围为 16 ~ 22 kN/m³。土的密度的测定方法见表 1-8。

表 1-8　土的密度的测定方法

测定方法	适用条件
环刀法	粉土、黏性土
蜡封法	环刀难以切削并易碎裂的土
灌砂法	现场测定最大粒径小于 75 mm 的土
灌水法	现场测定最大粒径小于 200 mm 的土
气囊法	现场测定最大粒径小于 40 mm 的土
核子射线法	现场测定填料为细粒土、粗粒土的压实密度，测定前宜用灌砂法的结果进行标定

2. 土粒相对密度（或比密度）G_s

土粒相对密度定义为土颗粒的质量与同体积 4 °C 蒸馏水的质量之比，即

$$G_s=\frac{m_s}{V_s\times\rho_w^{4℃}}=\frac{\rho_s}{\rho_w^{4℃}} \tag{1-5}$$

式中　ρ_s——土粒密度，即单位体积土粒的质量（g/cm³）；

$\rho_w^{4℃}$——4 °C 时蒸馏水的密度（g/cm³）。

因为 $\rho_w^{4℃}$=1 g/cm³，故实用上，土粒相对密度在数值上等于土粒密度，即 $G_s=\rho_s$，是无量纲数。

天然土颗粒是由不同的矿物所组成的，这些矿物的土粒相对密度各不相同。试验测定的是土粒的平均相对密度。土粒相对密度变化范围不大，细粒土（黏性土）一般在 2.70 ~ 2.75，砂土的相对密度为 2.65 左右。土中有机质含量增加时，土粒相对密度减小。

单位体积土粒重量称为土粒重度。土粒重度不是实测指标，通常是通过实测土粒相对密度 G_s 求出土粒重度 γ_s。由土粒重度的定义，可得出 G_s 与 γ_s 的关系式为

$$\gamma_s=\frac{W_s}{V_s}=\frac{m_s g}{V_s}=\rho_s g\ (\text{kN/m}^3) \tag{1-6}$$

式中　W_s——土样内土粒重力（kN）。

土粒重度的常用单位为 kN/m³。土粒相对密度的测定方法见表 1-9。

表 1-9　土粒相对密度的测定方法

测定方法	适用条件
比重瓶法	最大粒径小于 5 mm 的土
浮称法	粒径大于等于 5 mm，且粒径大于 20 mm 的颗粒含量少于 10%的土
虹吸筒法	粒径大于等于 5 mm，且粒径大于 20 mm 的颗粒含量大于 10%的土

3. 土的含水率 w

土的含水率定义为土中水的质量与土粒质量之比，以百分数表示。

$$w=\frac{m_w}{m_s}\times100\%=\frac{m-m_s}{m_s}\times100\%=\left(\frac{m}{m_s}-1\right)\times100\% \tag{1-7}$$

式中　w——土的含水率（%）。

土的天然含水率是无量纲量，其测定方法见表 1-10。

表 1-10　土的含水率的测定方法

测定方法	适用条件
烘干法	测定含水率的标准方法，适用于各类土
碳化钙减量法	适用于各类土
酒精燃烧法	适用于不含有机质的砂类土、粉土和黏性土
核子射线法	现场原位测定填料为细粒土和粗粒土的含水率，测定前宜用灌砂法的结果进行标定

土的天然含水率变化很大。干的砂类土，含水率为 0 ~ 3%，饱和软黏土的含水率可达 80%。一般情况下，对同一类土，当含水率增大时，其强度降低。

三、确定三相量比例关系的其他常用指标

测出土的密度 ρ 、土粒相对密度 G_s 和土的含水率 w 后，就可以根据图 1-9 所示的三相图，计算出三相组成各自体积和质量的数值。工程上为了便于表示三相含量的某些特征，定义如下几种指标。下面几个指标是根据其定义和 3 个实测指标换算得出的，故称为导出指标。

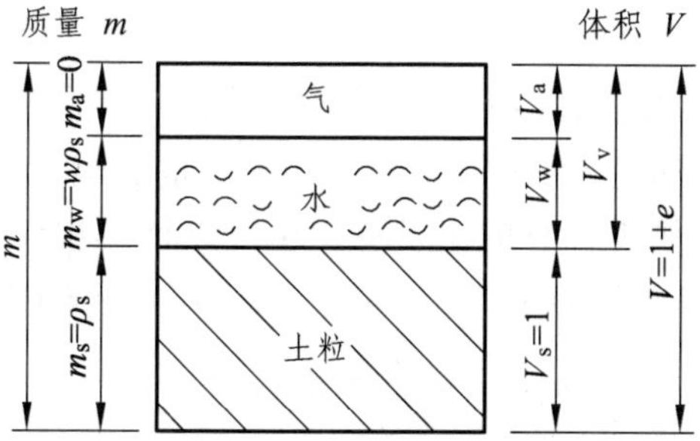

图 1-9　土的三相换算图

1. 表示土中孔隙含量的指标

工程上常用孔隙比 e 或孔隙率 n 表示土中孔隙的含量。

孔隙比 e 指孔隙体积与固体颗粒实体体积之比，表示为

$$e=\frac{V_v}{V_s} \tag{1-8}$$

孔隙比用小数表示。对同一类土，孔隙比越小，土越密实；孔隙比越大，土越松散。它是表示土的密实程度的重要物理性质指标。

孔隙比为土体中一部分与另外一部分的比值，所以孔隙比可能大于 1。

孔隙率（孔隙度）n 指孔隙体积与土体总体积之比，用百分数表示，即

$$n=\frac{V_v}{V}\times 100\% \tag{1-9}$$

由定义知，孔隙率为土体中部分与整体的比值，所以孔隙率恒小于 1。

下面根据孔隙比的定义和 3 个实测指标来推导孔隙比的换算关系式。

从 3 个实测指标的定义及其表达式可知，物理性质指标的计算结果与所取土样的体积（或质量）大小无关。因此，可假设土样的土粒体积 $V_s=1$ 个单位体积，土样其余部分的体积和质量可用其他物理性质指标来表示，如图 1-9 所示。现对图 1-9 各部分的体积和质量的关系说明如下：假设 $V_s=1$，根据式（1-5）可得土粒质量 $m_s=G_sV_s\rho_w^{4℃}=\rho_s$；再根据式（1-7），可得水的质量 $m_w=wm_s=wG_sV_s\rho_w^{4℃}=w\rho_s$，故土体的总质量 $m=m_s+m_w=\rho_s(1+w)$。另根据孔隙比的定义 $e=\frac{V_v}{V_s}$，前面假设 $V_s=1$，则 $V_v=e$，

土体总体积$V=V_s+V_v=1+e$。

确定了土体的总质量与总体积，土体的密度即可表达出来：

$$\rho=\frac{m}{V}=\frac{\rho_s(1+w)}{1+e}$$

可得
$$e=\frac{\rho_s(1+w)}{\rho}-1 \tag{1-10}$$

根据密度和重度的关系可得

$$e=\frac{\gamma_s(1+w)}{\gamma}-1 \tag{1-11}$$

需要说明的是，推导式（1-10）时以土粒体积$V_s=1$作为计算出发点。但是，由于各物理性质指标都是三相间量的比例关系，而不是量的绝对值，因此，取其他量为1（例如设土的体积$V=1$）作为计算的出发点，也可以得出相同的换算关系式。

另外，推导孔隙率的换算关系式，可以假设总体积$V=1$个单位体积，则根据孔隙率的定义$n=\frac{V_v}{V}$，孔隙体积$V_v=n$，土颗粒体积$V_s=1-n$。

$$\rho=\frac{m}{V}=m_s+m_w=(1-n)\rho_s+(1-n)\rho_s w$$
$$=\rho_s(1-n)(1+w)$$

所以
$$n=1-\frac{\rho}{\rho_s(1+w)}=1-\frac{\gamma}{\gamma_s(1+w)} \tag{1-12}$$

在土力学和地基的计算中，孔隙比e与孔隙率n的应用都较为广泛。因此，如采用三相图计算土的物理性质指标，计算孔隙比e时常假定$V_s=1$，计算孔隙率n时常假定$V=1$。

孔隙比和孔隙率都是用以表示孔隙体积含量的指标。两者之间可以用式（1-13）、式（1-14）互换：

$$n=\frac{e}{1+e} \tag{1-13}$$

$$e=\frac{n}{1-n} \tag{1-14}$$

土的孔隙比或孔隙率都可用来表示同一种土的松、密程度，它随土形成过程中所受的压力、颗粒级配和颗粒排列的状况而变化。一般来说，粗粒土的孔隙率小，细粒土的孔隙率大。例如砂类土的孔隙率一般为28%~35%，而黏性土的孔隙率有时可高达70%，在这种情况下，单位体积内孔隙的体积比土颗粒的体积大很多。

2. 表示土中含水程度的指标

含水率w当然是表示土中含水程度的一个重要指标。此外，工程上往往需要知道孔隙充满水的程度，这就是土的饱和度S_r。所以饱和度为

$$S_r = \frac{V_w}{V_v} \times 100\% \tag{1-15}$$

饱和度的换算关系式可根据定义和图 1-9 求得

$$S_r = \frac{V_w}{V_v} = \frac{wG_s}{e} \tag{1-16}$$

根据孔隙比与孔隙率的关系得

$$S_r = \frac{V_w}{V_v} = \frac{(1-n)wG_w}{n} \tag{1-17}$$

显然，干土的饱和度 $S_r = 0$，而一般认为饱和度大于 80%的土就是饱和的。

3. 表示土的密度和重度的几种指标

土的密度除了用上述 ρ 表示以外，工程计算上，还常用如下 3 种密度，即干密度、饱和密度和浮重度。

（1）干密度 ρ_d 与干重度 γ_d。

单位体积土体中的土粒质量称为土的干密度，用 ρ_d 表示，其范围为 1.4 ~ 1.8 g/cm^3。

根据图 1-9，当假设 $V_s = 1$ 时，干密度可用式（1-18）计算：

$$\rho_d = \frac{m_s}{V} = \frac{\rho_s}{1+e} \text{（g/cm}^3\text{）} \tag{1-18}$$

另外，根据干密度定义

$$\rho_d = \frac{m_s}{V} = \frac{m - m_w}{V} = \rho - \frac{wm_s}{V} = \rho - w \cdot \rho_d$$

得

$$\rho_d = \frac{\rho}{1+w} \text{（g/cm}^3\text{）} \tag{1-19}$$

同理，单位体积土体中的土粒重力称为土的干重度，用 γ_d 表示。

干重度的换算关系式可根据其与干密度的关系得出：

$$\gamma_d = \frac{m_s g}{V} = \frac{\gamma_s}{1+e} = \frac{\gamma}{1+w} \text{（kN/m}^3\text{）} \tag{1-20}$$

干密度愈大，表示土愈密实。在路基工程中，常以干密度作为路基密实程度的判断指标。

（2）饱和密度 ρ_{sat} 和饱和重度 γ_{sat}。

饱和密度是孔隙完全被水充满时单位体积土体的质量，用 ρ_{sat} 表示，其范围为 1.8 ~ 2.3 g/cm^3。

$$\rho_{sat} = \frac{m_s + V_v \rho_w}{V}$$

假设 $V_s = 1$，则利用图 1-9，ρ_{sat} 可用式（1-21）计算：

$$\rho_{sat}=\frac{\rho_s+e\rho_w}{1+e} \tag{1-21}$$

土体孔隙中完全充满水时土的重度称为饱和重度，用γ_{sat}表示，可用式（1-22）计算：

$$\gamma_{sat}=\frac{m_s g+V_v\gamma_w}{V}=\frac{\gamma_s+e\gamma_w}{1+e} \tag{1-22}$$

三相图中当假设土体体积为 1 时，

$$\gamma_{sat}=(1-n)\gamma_s+n\gamma_w \tag{1-23}$$

（3）土的浮重度γ'。

在水下的土体，要受到水的浮力作用，其重力会减轻。浮力的大小等于土粒排开水的重力。因此，土的浮重度等于单位体积土体中的土粒重力减去土粒排开水的重力，其定义为

$$\gamma'=\frac{m_s g-V_s\gamma_w}{V} \tag{1-24}$$

浮重度的换算关系式可根据浮重度的定义和图 1-9 得出：

$$\gamma'=\frac{\gamma_s-\gamma_w}{1+e} \tag{1-25}$$

浮重度等于土的饱和重度减去水的重度：

$$\gamma'=\gamma_{sat}-\gamma_w \tag{1-26}$$

对于同一种土，几种密度有以下几种关系：

$$\rho_{sat}\geqslant\rho\geqslant\rho_d$$

ρ为天然密度，在地下水位以下部分的土基本是饱和的，这时土的天然密度就等于饱和密度；干燥状态的砂土，土的天然密度基本上等于干密度。

相应于这几种密度，工程上还经常用天然重度γ、饱和重度γ_{sat}、浮重度γ'和干重度γ_d来表示土在不同含水状态下单位体积的重力。同样地，这几种重度在数值上存在如下关系：

$$\gamma_{sat}\geqslant\gamma\geqslant\gamma_d\geqslant\gamma'$$

为了便于应用，将上述土的物理性质指标的类别、名称、符号、定义表达式、常用换算关系式和单位列于表 1-11。

表 1-11　土的物理性质指标及换算关系

类别	名称	符号	定义表达式	常用换算关系	单位
实测指标	密度 重度	ρ γ	$\rho=\frac{m}{V}$ $\gamma=\frac{mg}{V}$	$\rho=\frac{G_s+S_r e}{1+e}$ $\gamma=\frac{\gamma_s+S_r e\gamma_w}{1+e}$	g/cm^3 kN/m^3

续表

类别		名称	符号	定义表达式	常用换算关系	单位
实测指标		含水率	w	$w=\frac{m_{w}}{m_{s}}\times100\%$	$w=\frac{\gamma}{\gamma_{d}}-1$ $w=\frac{S_{r}e}{G_{s}}$	—
		土粒相对密度 土粒重度	G_{s} γ_{s}	$G_{s}=\frac{m_{s}}{V_{s}\times\rho_{w}}$ $\gamma_{s}=\frac{m_{s}g}{V_{s}}=G_{s}g$	$G_{s}=\frac{S_{r}e}{w}$ $\gamma_{s}=\frac{S_{r}e\gamma_{w}}{w}$	—
导出指标	反映土体中孔隙相对大小	孔隙比	e	$e=\frac{V_{v}}{V_{s}}$	$e=\frac{G_{s}\rho_{w}}{\rho}(1+w)-1$ $e=\frac{\gamma_{s}}{\gamma}(1+w)-1$ $e=\frac{n}{1-n}$ $e=\frac{\gamma_{s}}{\gamma_{d}}-1$	—
		孔隙率（孔隙度）	n	$n=\frac{V_{v}}{V}$	$n=1-\frac{\rho}{G_{s}(1+w)}$ $e=\frac{e}{1+e}$ $n=1-\frac{\gamma_{d}}{\gamma_{s}}=1-\frac{\rho_{d}}{\rho_{s}}$	—
	反映土体中的湿度	饱和度	S_{r}	$S_{r}=\frac{V_{w}}{V_{v}}$	$S_{r}=\frac{wG_{s}}{e}$ $S_{r}=\frac{(1-n)G_{w}w}{n}$ $S_{r}=\frac{w\cdot\gamma_{d}}{n\gamma_{w}}$	—
	反映土的单位体积的质量或重量	干密度 干重度	ρ_{d} γ_{d}	$\rho_{d}=\frac{m_{s}}{V}$ $\gamma_{d}=\frac{m_{s}g}{V}$	$\rho_{d}=\frac{\rho_{s}}{1+e}=\frac{\rho}{1+w}$ $\gamma_{d}=\frac{\gamma_{s}}{1+e}=\frac{\gamma}{1+w}$	g/cm^{3} kN/m^{3}
		饱和密度 饱和重度	ρ_{sat} γ_{sat}	$\rho_{sat}=\frac{m_{s}+V_{v}\rho_{w}}{V}$ $\gamma_{sat}=\frac{m_{s}g+V_{v}\gamma_{w}}{V}$	$\rho_{sat}=\frac{G_{s}\rho_{w}+e\rho_{w}}{1+e}$ $\gamma_{sat}=\frac{\gamma_{s}+e\gamma_{w}}{1+e}$ $\gamma_{sat}=(1-n)\gamma_{s}+n\gamma_{w}$	g/cm^{3} kN/m^{3}
		浮重度	γ'	$\gamma'=\frac{m_{s}g-V_{s}\gamma_{w}}{V}$ $=\gamma_{sat}-\gamma_{w}$	$\gamma'=\frac{\gamma_{s}-\gamma_{w}}{1+e}$ $\gamma'=(1-n)(\gamma_{s}-\gamma_{w})$	kN/m^{3}

【**例题 1-1**】某饱和土样体积为 98.0 cm^3，总质量为 189.0 g，此土样烘干后质量为 164.0 g。试求此土样的含水率、孔隙比、干重度。

【**解**】饱和土体指土中孔隙全部被水充满，故为两相体系，如图 1-10 所示。

土样烘干前、后质量已知，则水的质量 $m_w = m - m_s = 189 - 164 = 25$ g

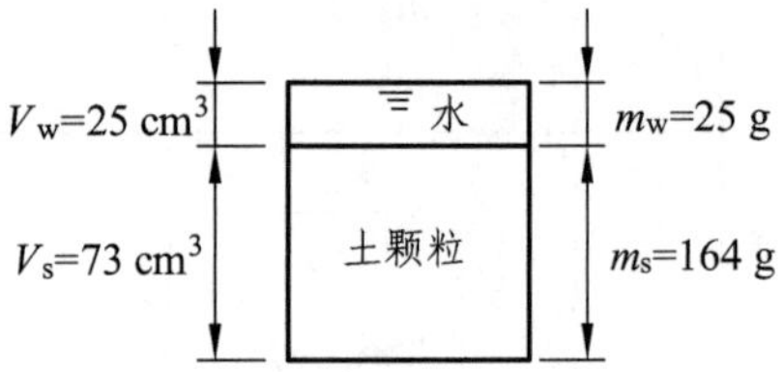

图 1-10　例题 1-1 土的三相图

水的体积 $V_w = V_v = 25\ \text{cm}^3$

土粒体积 $V_s = V - V_v = 98 - 25 = 73\ \text{cm}^3$

土样的含水率 $w = \dfrac{m_w}{m_s} = \dfrac{25}{164} = 15.2\%$

土样的孔隙比 $e = \dfrac{V_v}{V_s} = \dfrac{25}{73} = 0.34$

土的干重度 $\gamma_d = \dfrac{m_s g}{V} = \dfrac{164 \times 10}{98} = 16.7\ \text{kN/m}^3$

土的物理性质指标教学案例

【**例题 1-2**】土样总质量为 97.0 g，总体积为 54.0 cm^3，此土样烘干后质量为 78.0 g，土粒相对密度 G_s=2.66。试求此土样的天然密度、天然含水率、孔隙比、饱和度、干密度、饱和密度、饱和重度和浮重度。

【**解**】本题有两种解法，一种是根据三相图（图 1-11）求解，一种是由公式求解。

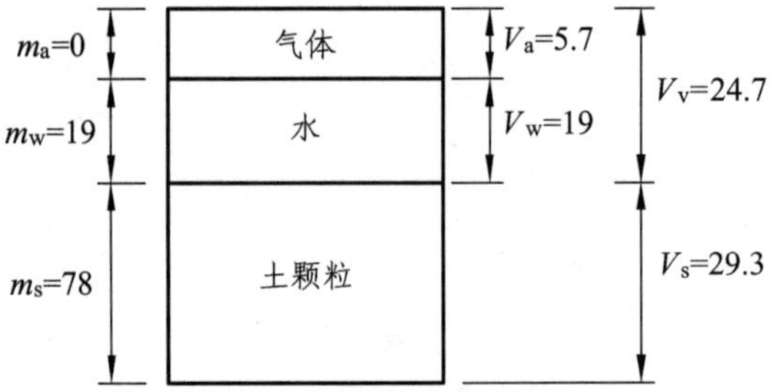

图 1-11　例题 1-2 土的三相图

方法一：利用三相图求解

（1）求各相的质量与体积。

水的质量与体积

$$m_w = m - m_s = 97 - 78 = 19\ \text{g}$$

$$V_w = \frac{m_w}{\rho_w} = \frac{19}{1} = 19\ \text{cm}^3$$

土颗粒的体积 $V_s = \dfrac{m_s}{\rho_s} = \dfrac{78}{2.66} = 29.3\ \text{cm}^3$

气体的体积 $V_a = V - V_s - V_w = 5.7\ \text{cm}^3$

（2）根据求出的各量画出土的三相图，见图 1-11。

（3）根据三相图求出各指标。

土的天然密度 $\rho = \dfrac{m}{V} = \dfrac{97}{54} = 1.80\ \text{g/cm}^3$

土的含水率 $w = \dfrac{m_w}{m_s} = \dfrac{19}{78} = 24.4\%$

土的孔隙比 $e = \dfrac{V_v}{V_s} = \dfrac{24.7}{29.3} = 0.84$

土的饱和度 $S_r = \dfrac{V_w}{V_v} = \dfrac{19}{24.7} = 0.77$

土的干密度 $\rho_d = \dfrac{m_s}{V} = \dfrac{78}{54} = 1.44\ \text{g/cm}^3$

土的饱和密度 $\rho_{sat} = \dfrac{m_s + V_v\rho_w}{V} = 1.90\ \text{g/cm}^3$

土的饱和重度 $\gamma_{sat} = \dfrac{m_s g + V_v\gamma_w}{V} = 19.0\ \text{kN/m}^3$

土的浮重度 $\gamma' = \dfrac{m_s g - V_s\gamma_w}{V} = 9.0\ \text{kN/m}^3$

方法二：根据 3 个实测指标，利用换算公式求解

$$e = \frac{\gamma_s(1+w)}{\gamma} - 1 = \frac{26.6(1+24.4\%)}{18.0} - 1 = 0.84$$

$$\rho_d = \frac{\rho_s}{1+e} = \frac{\rho}{1+w} = 1.44\ \text{g/cm}^3$$

$$\gamma_{sat} = \frac{\gamma_s + e\gamma_w}{1+e} = \frac{26.6 + 0.84\times 10}{1+0.84} = 19.0\ \text{kN/m}^3$$

$$\gamma' = \gamma_{sat} - \gamma_w = 19.2 - 10 = 9.0\ \text{kN/m}^3$$

$$S_r = \frac{G_s w}{e} = \frac{2.66\times 24.4\%}{0.84} = 0.77$$

第四节　土的物理状态

土的工程特性除了与土的三相组成有关系外，还与其天然状态下的存在状态有关。土的物理状态，对于粗颗粒土（无黏性土）来说，是指土的密实程度；对黏性土土则

是指土的软硬程度或稠度。

一、无黏性土的物理状态

粗颗粒土（无黏性土）包括砂土和碎石土。无黏性土的密实程度和潮湿程度对其工程性质有重大影响。密实的无黏性土结构稳定，压缩性小，强度较高，可作为良好的天然地基。松散的无黏性土常有超过土粒粒径的较大孔隙，特别是饱和的细砂和粉砂，结构稳定性差，强度较小，压缩性较大，还容易发生流砂等现象，是一种软弱地基。水可降低无黏性土颗粒间的摩擦力，也会使其强度降低，因此，密实程度和潮湿程度是无黏性土重要的物理状态指标。

1. 粗粒土（无黏性土）的密实度

土的密实度通常指单位体积中固体颗粒的含量。土颗粒含量多，土就密实；土颗粒含量少，土就疏松。从这一角度分析，在上述三相比例指标中，干密度 ρ_d 和孔隙比 e（或孔隙率 n）都是表示土的密实度的指标。但是这种用固体含量或孔隙含量表示密实度的方法有其明显的缺点，主要是这种表示方法没有考虑到颗粒级配这一重要因素的影响。为说明这个问题，取两种不同级配的砂土进行分析。假定第一种砂是理想的均匀圆球，不均匀系数 $C_u = 1.0$。这种砂最密实时的排列，如图 1-12（a）所示，通过计算可知最小孔隙比 $e_{min} = 0.35$，如果砂粒的相对密度 G_s =2.65，则最密实时的干密度 $\rho_{d\max} = 1.96\ \text{g/cm}^3$。第二种砂同样是理想的圆球。但其级配中除大的圆球外，还有小的圆球可以充填于孔隙中，即不均匀系数 $C_u > 1.0$，如图 1-12（b）。显然，这种砂最密时的最小孔隙比 $e_{min} < 0.35$。就是说这两种砂若都具有同样的孔隙比 $e = 0.35$，对于第一种砂，已处于最密实的状态，而对于第二种砂则不是最密实的。实践中，往往可以碰到不均匀系数很大的砂砾混合料，孔隙比 $e \leqslant 0.35$，干密度 $\rho_d \geqslant 2.05\ \text{g/cm}^3$ 时，仍然只处于中等密实度状态，有时还需要采取工程措施再予以加密。

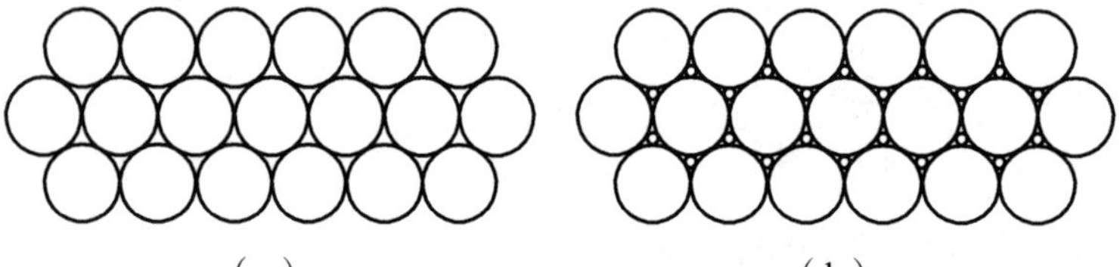

（a）　　（b）

图 1-12　土的颗粒排列方式

不同级配无黏性土的密实度

工程上为了更好地表明粗粒土（无黏性土）所处的密实状态，采用将现场土的天然孔隙比 e 与该种土所能达到最密时的孔隙比 e_{min} 和最松时的孔隙比 e_{max} 相对比的办法，来表示天然状态下孔隙比为 e 时土的密实度。这种度量密实度的指标称为相对密度 D_r，表示为

$$D_r = \frac{e_{max} - e}{e_{max} - e_{min}} \tag{1-27}$$

式中　e——粗粒土的天然孔隙比；

e_{max}——土的最大孔隙比，测定的方法是将松散的风干土样通过长颈漏斗轻轻地倒入容器，避免重力冲击，求得土的最小干密度再经换算得到e_{max}（详见《铁路工程土工试验规程》）；

e_{min}——土的最小孔隙比，测定的方法是将松散的风干土装在金属容器内，按规定方法振动和锤击，直至密度不再提高，求得最大干重度后经换算得到e_{min}（详见《铁路工程土工试验规程》）。

当$D_r=0$时，$e=e_{max}$，表示土处于最松状态；当$D_r=1$时，$e=e_{min}$，表示土处于最密实状态。用相对密度D_r判定粗粒土的密实度，根据《铁路桥涵地基和基础设计规范》的分类标准见表1-12。《公路桥涵地基与基础设计规范》已取消根据相对密度判定土的密实度标准。将孔隙比与干重度的关系式$e=\dfrac{\rho_s}{\rho_d}-1$代入式（1-27）整理后，可以得到用干密度表示的相对密度的表达式为

$$D_r=\frac{(\rho_d-\rho_{d\min})\rho_{d\max}}{(\rho_{d\max}-\rho_{d\min})\rho_d}=\frac{(\gamma_d-\gamma_{d\min})\gamma_{d\max}}{(\gamma_{d\max}-\gamma_{d\min})\gamma_d} \tag{1-28}$$

式中　ρ_d、γ_d——对应于天然孔隙比为e时土的干密度、干重度；

$\rho_{d\min}$、$\gamma_{d\min}$——相当于孔隙比为e_{max}时土的干密度、干重度，即最松干密度、最松干重度；

$\rho_{d\max}$、$\gamma_{d\max}$——相当于孔隙比为e_{min}时土的干密度、干重度，即最密干密度、最密干重度。

应当指出，目前虽然已有一套测定最大孔隙比和最小孔隙比的试验方法，但是要在实验室条件下测得各种土理论上的e_{max}和e_{min}却十分困难。在静水中很缓慢沉积形成的土，孔隙比有时可能比实验室能测得的e_{max}还大。同样，在漫长地质年代中，受各种自然力作用下堆积形成的土，其孔隙比有时比实验室能测得的e_{min}还小。此外，埋藏在地下深处，特别是地下水位以下的无黏性土的天然孔隙比很难准确测定。因此，相对于这一指标，理论上虽然能够更合理地用以确定土的密实状态，但由于上述原因，通常多用于填方的质量控制中，对于天然土尚难以应用，因为e_{min}和e_{max}都难以准确测定。天然砂土的密实度只能在现场进行原位标准贯入试验，根据锤击数N，按表1-12、表1-13的标准间接判定。

表1-12　砂类土密度程度划分标准（《铁路桥涵地基和基础设计规范》）

密实程度	标准贯入锤击数N	相对密度D_r
密　实	$N>30$	$D_r>0.67$
中　密	$15<N\leqslant30$	$0.4<D_r\leqslant0.67$
稍　密	$10<N\leqslant15$	$0.33<D_r\leqslant0.4$
松　散	$N\leqslant10$	$D_r\leqslant0.33$

表 1-13 砂土的密实度划分标准（《公路桥涵地基与基础设计规范》）

标准贯入锤击数 N	密实度	标准贯入锤击数 N	密实度
$N \leqslant 10$	松 散	$15 < N \leqslant 30$	中 密
$10 < N \leqslant 15$	稍 密	$N > 30$	密 实

标准贯入试验主要设备如图 1-13 所示。做标贯试验时，先用钻具钻入地基中预定标高，然后将标准贯入器换装到钻杆端部，用质量为 63.5 kg 的穿心锤以 760 mm 的落距把标准贯入器竖直打入土中 150 mm（此时不计锤击数），以后再打入土中 300 mm 并记录贯入此 300 mm 所需的锤击数 N，据 N 即可从表 1-12、表 1-13 中查出砂类土的密实程度。从表 1-12、表 1-13 中可看出：锤击数 N 大时土较密实，N 较小时土较松散。

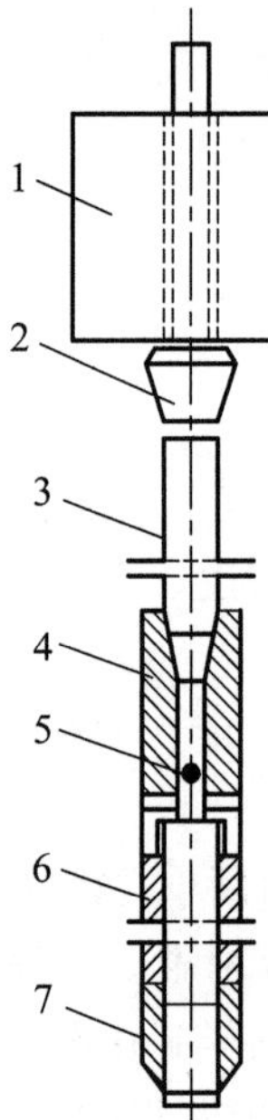

1—穿心锤；2—锤垫；3—触探杆；4—贯入器头；
5—出水孔；6—贯入器身；7—贯入器靴。

图 1-13 标准贯入试验设备

标准贯入试验

应该说明，标准贯入试验所得的锤击数 N，不仅可用于划分砂类土的密实程度，而且在高烈度地震区，还可作为判断砂类土是否会振动液化的计算指标。

【例题 1-3】某砂样的天然密度 $\rho = 1.78\ \text{g/cm}^3$，含水率 $w = 18.5\%$，土粒相对密度 $G_s = 2.65$，最大干密度 $\rho_{d\max} = 1.62\ \text{g/cm}^3$，最小干密度 $\rho_{d\min} = 1.40\ \text{g/cm}^3$。试求其相对密度 D_r，并判定其密实程度。

【解】（1）用干密度计算。

计算砂样在天然状态下的干密度：

$$\rho_d = \frac{\rho}{1+w} = \frac{1.78}{1+0.185} = 1.50\ \text{g/cm}^3$$

无黏性土的物理状态教学案例

砂土相对密实度：

$$D_r = \frac{(\rho_d - \rho_{d\min})\rho_{d\max}}{(\rho_{d\max} - \rho_{d\min})\rho_d} = \frac{(1.50-1.40)\times 1.62}{(1.62-1.40)\times 1.50} = 0.49$$

（2）用孔隙比计算。

砂样的天然孔隙比 $e = \frac{\rho_s(1+w)}{\rho} - 1 = \frac{\rho_s}{\rho_d} - 1 = \frac{2.65}{1.50} - 1 = 0.767$

相应于最大干密度的孔隙比是砂样的最小孔隙比 $e_{\min}$，相应于最小干密度的孔隙比是砂样的最大孔隙比 $e_{\max}$。

$$e_{\max} = \frac{\rho_s}{\rho_{d\min}} - 1 = \frac{2.65}{1.40} - 1 = 0.893$$

$$e_{\min} = \frac{\rho_s}{\rho_{d\max}} - 1 = \frac{2.65}{1.62} - 1 = 0.636$$

将各孔隙比代入式（1-27）：

$$D_r = \frac{e_{\max} - e}{e_{\max} - e_{\min}} = \frac{0.893-0.767}{0.893-0.636} = 0.49$$

据 $D_r = 0.49$ 查表 1-12，可判定此砂类土处于中密状态。

从理论上说，相对密度 D_r 能比较确切地反映砂类土的密实程度。有时为了准确起见，在一些地点既做标贯试验又钻探取样，通过钻探测定土的 e、$e_{\max}$ 和 $e_{\min}$，取得锤击数与相对密度 D_r 的对应数据，进而综合考虑确定地基承载力。（注：《公路桥涵地基与基础设计规范》已取消按相对密度确定砂土的密实度。）

《铁路桥涵地基和基础设计规范》（TB 10093—2017）规定，碎石类土密实程度划分凭经验在野外鉴别，即根据土骨架的紧密情况、孔隙中充填物的充实程度、边坡稳定情况和钻进的难易程度来判断，见表 1-14。

表 1-14　碎石类土密实程度的划分（《铁路桥涵地基和基础设计规范》）

密实程度	结构特征	天然坡和开挖情况	钻探情况
密　实	骨架颗粒交错紧贴连续接触，孔隙填满、密实	天然陡坡稳定，坎下堆积物较少。镐挖掘困难，用撬棍方能松动，坑壁稳定。从坑壁取出大颗粒后，能保持凹面形状	钻进困难。钻探时，钻具跳动剧烈，孔壁较稳定
中　密	骨架颗粒排列疏密不匀，部分颗粒不接触，孔隙填满，但不密实	天然坡不易陡立或坎下堆积物较多。天然坡大于粗颗粒的安息角。镐可挖掘，坑壁有掉块现象。充填物为砂类土时，坑壁取出大颗粒处，不易保持凹面形状	钻进较难。钻探时，钻具跳动不剧烈，孔壁有坍塌现象

续表

密实程度	结构特征	天然坡和开挖情况	钻探情况
稍　密	多数骨架颗粒不接触，孔隙基本填满，但较松散	不易形成陡坎，天然坡略大于粗颗粒的安息角。镐较易挖掘，坑壁易掉块，从坑壁取出大颗粒后易坍塌	钻进较难。钻探时，钻具有跳动，孔壁较易坍塌
松　散	骨架颗粒有较大孔隙，充填物少，且松散	锹可以挖掘。天然坡多为主要颗粒的安息角。坑壁易坍塌	钻进较容易。钻进中孔壁易坍塌

《公路桥涵地基与基础设计规范》（JTG 3363—2019）规定，碎石类土密实度可根据重型动力触探锤击数 $N_{63.5}$ 按表 1-15 进行分级。当缺乏试验数据时，碎石土平均粒径大于 50 mm 或最大粒径大于 100 mm 时，可按表 1-16 分级。

表 1-15　碎石土密实度划分标准（《公路桥涵地基与基础设计规范》）

标准贯入锤击数 $N_{63.5}$	密实度	标准贯入锤击数 $N_{63.5}$	密实度
$N_{63.5} \leqslant 5$	松　散	$10 < N_{63.5} \leqslant 20$	中　密
$5 < N_{63.5} \leqslant 10$	稍　密	$N_{63.5} > 20$	密　实

注：① 本表适用于平均粒径小于或等于 50 mm 且最大粒径不超过 100 mm 的卵石、碎石、圆砾、角砾。

② 表内 $N_{63.5}$ 为经修正后锤击数的平均值。

表 1-16　碎石类土密实程度野外鉴别（《公路桥涵地基与基础设计规范》）

密实度	骨架颗粒含量和排列	可挖性	可钻性
松　散	骨架颗粒质量小于总质量的 60%，排列混乱，大部分不接触	锹可以挖掘，井壁易坍塌，从井壁取出大颗粒后，立即坍塌	钻进较易，钻杆稍有跳动，孔壁易坍塌
中　密	骨架颗粒质量等于总质量的 60%～70%，呈交错排列，大部分接触	锹镐可挖掘，井壁有掉块现象，从井壁取出大颗粒处，能保持凹面形状	钻进较困难，钻杆、吊锤跳动不剧烈，孔壁有坍塌现象
密　实	骨架颗粒质量大于总质量的 70%，呈交错排列，连续接触	锹镐挖掘困难，用撬棍方能松动，井壁较稳定	钻进困难，钻杆、吊锤跳动剧烈，孔壁较稳定

2. 粗颗粒土（无黏性土）的潮湿程度

除密实程度以外，潮湿程度对碎石类土和砂类土的工程性质也有一定影响。碎石类土和砂类土的潮湿程度按饱和度的大小来划分，见表 1-17。从表 1-17 可看出，当饱和度 $S_r > 80\%$ 时，即可视为饱和，这是因为当 $S_r > 80\%$ 时，土中虽仍有少量气体，但大都是封闭气体，故可视为饱和土。

表 1-17　碎石类土及砂类土潮湿程度划分标准

潮湿程度	饱和度 S_r/%	潮湿程度	饱和度 S_r/%
稍　湿	$S_r \leqslant 50$	饱　和	$S_r > 80$
潮　湿	$50 < S_r \leqslant 80$		

二、黏性土的物理状态

1. 黏性土（细粒土）的稠度

黏性土最主要的物理状态特征是它的稠度。稠度是指土的软硬程度或土对外力引起变形或破坏的抵抗能力。土中含水率很低时，水都被土颗粒表面的电荷紧紧吸着于颗粒表面，成为强结合水。强结合水的性质接近于固态。因此，当土粒之间只有强结合水时[图 1-14（a）]，按水膜厚薄不同，土呈现固态或半固态。

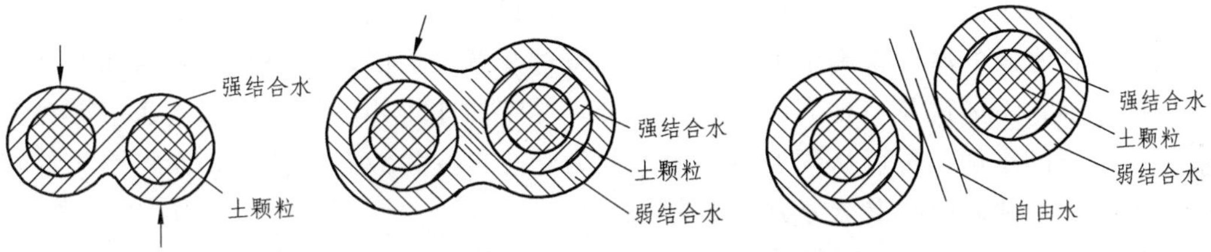

（a）固态和半固态　　（b）可塑状态　　（c）流动状态

图 1-14　土中水与稠度状态

随着含水率增加，被吸附在土颗粒周围的水膜加厚，土粒周围除强结合水外还有弱结合水，如图 1-14（b）。弱结合水受土粒的引力作用呈黏滞状态，不能传递静水压力，不能自由流动，但受力作用时可以变形，能从水膜较厚处向邻近较薄处移动。当含水率在一定范围时，土体受外力作用可以改变形状而不产生裂纹，外力取消后仍然保持形状的性质，称为可塑性。弱结合水的存在是土具有可塑性的原因。土处在可塑状态的含水率变化范围，大体上相当于土粒所能够吸附弱结合水的能力。这一范围的大小主要决定于土的比表面积和矿物成分。黏性大的土比表面积大，矿物亲水能力强的土（例如蒙脱土），能吸附较多的结合水的土，它的可塑性含水率的变化范围也必定大。

当含水率继续增加，土中除结合水外，已有相当数量的水处于电场引力影响范围以外，成为自由水。这时土粒之间被自由水所隔开[图 1-14（c）]，土体不能承受任何剪应力，而呈流动状态。

2. 稠度界限

土从一种状态进入另外一种状态的分界含水率称为土的特征含水率，或称稠度界限。工程上常用的稠度界限有液性界限 w_L 和塑性界限 w_P，如图 1-15。

液性界限（w_L）简称液限，相当于土从塑性状态转变为液性状态时的分界含水率，是弱结合水含量达到最大时的含水率，是土体处于黏滞塑性状态时的含水率。在该界限时，土体出现一定的流动阻力即最小可量度的剪切强度，理论上是强度“从有到无”的分界点。

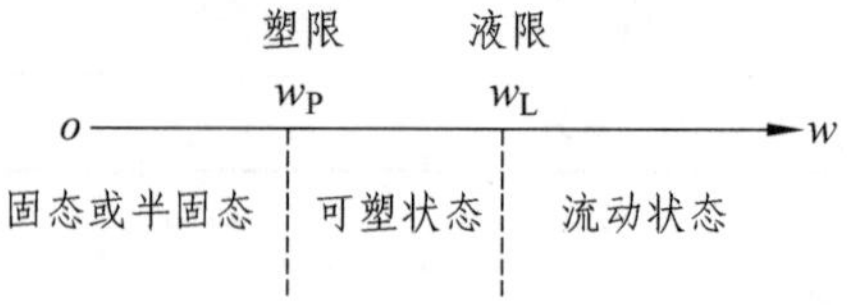

图 1-15　黏性土的物理状态与含水率的关系

塑性界限（w_P），简称塑限，相当于土从半固体状态转变为塑性状态时的含水率。这时，土中水的形态大约是强结合水含量达到最大时的含水率。

现在，液限 w_L、塑限 w_P 用液、塑限联合测定仪测定，详见《铁路工程土工试验规程》《公路工程土工试验规程》。但是，所有这些测定方法仍然是根据表象观察土在某种含水率下是否“流动”或者是否“可塑”，而不是真正根据土中水的形态来划分的。实际上，土中水的形态，定性区分比较容易，定量划分则颇为困难。目前尚不能够定量地以结合水膜的厚度来确定液限或塑限。从这个意义上说，液限和塑限与其说是一种理论标准，不如说是一种人为确定的标准。尽管如此，并不妨碍人们去认识细粒土随着含水率的增加，可以从固态或半固态变为塑态再变为液态的特性，而实测的塑限和液限则是一种近似的定量分界含水率。

目前，当确定土的液限值用于了解土的物理性质及国际交流时，采用 76 g 平衡锤下沉深度 17 mm 时的含水率或蝶式仪法确定液限；而用于工程按现行标准《岩土工程勘察规范》（GB 50021）和《铁路工程岩土分类标准》（TB 10077）等进行黏性土分类和确定黏性土承载力标准时，需按锥体沉入土中 10 mm 确定的液限计算塑性指数、液性指数和含水比。塑限采用平衡锤下沉深度 2 mm 所对应的含水率。

3. 塑性指数和液性指数

（1）塑性指数。

从图 1-15 可看出，液限和塑限是土处于可塑状态的上限含水率和下限含水率。塑性指数等于土的液限含水率与塑限含水率之差，用 I_P 表示。

$$I_P = w_L - w_P \tag{1-29}$$

规范规定塑性指数通常用不带“%”符号的数字表示。

塑性指数表示黏性土处于可塑状态时含水率的变化范围。塑性指数愈大，说明土中含有的结合水愈多，也就表明土的颗粒愈细或矿物成分吸附水的能力愈大。因此，塑性指数是一个能比较全面反映土的组成情况（包括颗粒级配、矿物成分等等）的物理状态指标。

生成条件相似（即土的结构和状态相似）、塑性指数相近的土，一般均有相近的物理性质；同时，塑性指数的测定方法简便。因此，规范采用塑性指数作为黏性土的分类指标，见表 1-18。

表 1-18　粉土及黏性土按塑性指数分类

塑性指数 I_P	土的名称
$I_P > 17$	黏　土
$10 < I_P \leqslant 17$	粉质黏土
$I_P \leqslant 10$	粉　土

（2）液性指数。

土的比表面积和矿物成分不同，吸附结合水的能力也不同。因此，同样的含水率对于黏性高的土，水的形态可能全是结合水，而对于黏性低的土，则可能有相当部分的水已经是自由水。换句话说，仅仅知道含水率的绝对值，并不能说明土处于什么状态。要说明细粒土的稠度状态，需要有一个表征土的天然含水率与分界含水率之间相对关系的指标，这就是液性指数 I_L：

$$I_L = \frac{w - w_P}{w_L - w_P} \tag{1-30}$$

《铁路桥涵地基和基础设计规范》（TB 10093—2017）对黏性土的潮湿（软硬）程度按液性指数划分，如表 1-19；《公路桥涵地基与基础设计规范》（JTG 3363—2019）的分类见表 1-20。

表 1-19　黏性土的状态分类（《铁路桥涵地基和基础设计规范》）

液性指数 I_L	状　态	液性指数 I_L	状　态
$I_L \leqslant 0$	坚　硬	$0.5 < I_L \leqslant 1$	软　塑
$0 < I_L \leqslant 0.5$	硬　塑	$I_L > 1$	流　塑

表 1-20　黏性土的状态分类（《公路桥涵地基与基础设计规范》）

液性指数 I_L	状　态	液性指数 I_L	状　态
$I_L \leqslant 0$	坚　硬	$0.75 < I_L \leqslant 1$	软　塑
$0 < I_L \leqslant 0.25$	硬　塑	$I_L > 1$	流　塑
$0.25 < I_L \leqslant 0.75$	可　塑		

从图 1-15 可以看出：当 $w < w_P$ 时，天然土处于固态、半固态；当 $w \geqslant w_L$ 时，土处于流动状态；当 w 在 w_P 和 w_L 之间时，土处于可塑状态。可见图 1-15 和表 1-19、表 1-20 是一致的。

【例题 1-4】有一完全饱和黏性土样，经试验测得其天然含水率 $w = 30\%$，土粒相对密度为 2.73，液限 $w_L = 33\%$，塑限 $w_P = 17\%$，试确定该土样的孔隙比、干密度、饱和密度并确定土样的名称及状态。

【解】因土样是完全饱和的，所以其饱和度为 $S_r = 1$。

由 $S_r = \dfrac{w \cdot G_s}{e} = 1$ 求得土样孔隙比：

$$e = w \cdot G_s = 0.3 \times 2.73 = 0.82$$

土样干密度：$\rho_d = \dfrac{\rho_s}{1+e} = \dfrac{2.73}{1+0.82} = 1.5\ \text{g/cm}^3$

土样的饱和密度：$\rho_{sat} = \dfrac{\rho_s + e \cdot \rho_w}{1+e} = \dfrac{2.73+0.82\times 1}{1+0.82} = 1.95\ \text{g/cm}^3$

土样塑性指数：$I_P = w_L - w_P = 33-17 = 16$

查表 1-18，可知此土样为粉质黏土。

土样的液性指数：$I_L = \dfrac{w - w_P}{I_P} = \dfrac{30-17}{16} = 0.81$

查表 1-19 或表 1-20，可知此粉质黏土处于软塑状态。

黏性土的物理状态教学案例

【例题 1-5】有 A、B、C 三种土样，其天然含水率、液限、塑限见表 1-21，试确定土的名称及状态。

【解】土样的试验数据及计算结果见表 1-21。

表 1-21　试验数据及计算结果

土样编号	天然含水率 w/%	液限含水率 w_L/%	塑限含水率 w_P/%	塑性指数 $I_P = w_L - w_P$	液性指数 $I_L = \dfrac{w - w_P}{I_P}$	土的名称	土的状态
A	44.0	48.0	26.2	21.8	0.82	黏土	软塑
B	34.5	33.2	21.0	12.2	1.11	粉质黏土	流塑
C	23.2	31.2	21.1	10.1	0.21	粉质黏土	硬塑

第五节　土的工程分类

自然界中土的种类很多，工程性质各异，根据其具体使用目的有不同的分类方法。合理的分类能比较恰当地选择定量分析的指标和评价土（岩）的工程性质，有利于进行工程设计和施工。由于各部门对土的工程性质的着眼点不完全相同，所以国内使用的土名和土的分类法并不统一，各个部门使用各自部门的规范。

一、土的工程分类的依据

从土的组成可以知道，自然界中的各种土，大体上可以分为两大类：粗粒土和细粒土。

粗粒土的工程性质，如透水性、压缩性和强度等，很大程度上取决于土的颗粒级配。因此，粗粒土按其级配组成再分成细类。

细粒土的工程性质不仅取决于土的颗粒级配，还与土粒的矿物成分有密切的关系。可以认为，比表面积和矿物成分在很大程度上决定了土的性质。直接量测和鉴定土的比表面积和矿物成分均比较困难，但比表面积和矿物成分对土影响的直接表现是土吸附结合水的能力。反映土吸附结合水能力的指标有液限 w_L 、塑限 w_P 、塑性指数 I_P 。根据长期以来很多试验结果的统计分析所得的结论，在这 3 个指标中，液限 w_L 、塑性指数 I_P 与土的工程性质的关系更密切、规律性更强。因此，国内外对细粒土的分类，多用塑性指数 I_P 或者液限 w_L 加塑性指数 I_P 作为分类指标。

下面主要介绍《铁路桥涵地基和基础设计规范》（TB 10093—2017）、《公路桥涵地基与基础设计规范》（JTG 3363—2019）的分类法。

二、《铁路桥涵地基和基础设计规范》（TB 10093—2017）分类法

《铁路桥涵地基和基础设计规范》将地基分为岩石、碎石土、砂土、粉土、黏性土和特殊性岩土等等。

（一）岩　石

岩石为颗粒间具有连接牢固、呈整体或具有节理裂隙的地质体。在铁路工程中，岩石应按其坚硬程度、抗风化能力、软化程度进行分类。

1. 根据强度进行坚硬程度分级

岩石的坚硬程度应根据岩石饱和单轴抗压强度 R_c 按表 1-22 分为坚硬岩、较硬岩、较软岩、软岩和极软岩 5 个等级。

表 1-22　岩石坚硬程度分级

岩石单轴饱和抗压强度 R_c /MPa	$R_c>60$	$60\geqslant R_c>30$	$30\geqslant R_c>15$	$15\geqslant R_c>5$	$R_c\leqslant 5$
坚硬程度	坚硬岩	较硬岩	较软岩	软岩	极软岩

2. 新鲜岩石抗风化能力的分级

新鲜岩石抗风化能力的分级应按表 1-23 进行。

表 1-23　新鲜岩石抗风化能力的分级

<table>
<tr><td>项　目</td><td colspan="2">不易风化的</td><td colspan="2">易风化的</td></tr>
<tr><td>软化性</td><td colspan="2">不易软化的</td><td colspan="2">易软化的</td></tr>
<tr><td>耐冻性</td><td colspan="2">耐冻的</td><td colspan="2">不耐冻的</td></tr>
<tr><td>岩浆岩的结构</td><td colspan="2">细粒的</td><td colspan="2">粗粒的</td></tr>
<tr><td>造岩矿物</td><td>以石英为主</td><td colspan="2">长石、辉石、角闪石较多</td><td>黄铁矿、橄榄石、黑云母含量较多</td></tr>
<tr><td>胶结物</td><td>硅质的</td><td colspan="2">钙质的</td><td>泥质的</td></tr>
<tr><td>耐风化时间</td><td colspan="2">暴露一两年尚不易风化</td><td colspan="2">暴露后数日至数月即出现风化</td></tr>
</table>

3. 岩石按软化系数分类

岩石按软化系数 k_r 可分为易软化岩石和不易软化岩石：当软化系数 $k_r \leqslant 0.75$ 时，应定为易软化岩石；当 $k_r > 0.75$ 时，定为不易软化岩石。

软化系数为同一岩石中单轴饱和抗压强度与风干状态下岩石单轴抗压强度的比值。

除了以上岩石的分类外，作为地基的岩体还可以按照节理宽度、节理发育程度、受地质构造影响程度、岩体完整程度、风化程度划分。

当岩石具有特殊成分、特殊结构或特殊性质时，应定为特殊性岩石，如易溶性岩石、膨胀性岩石、崩解性岩石、盐渍化岩石等。

（二）碎石土

碎石土为粒径大于 2 mm 的颗粒含量超过总质量 50%的土。

1. 碎石土按颗粒形状与粒组含量分类

碎石土按颗粒形状与粒组含量分为 8 类，如表 1-24。

表 1-24　碎石土的分类

土的名称	颗粒形状	粒组含量
漂石土	浑圆或圆棱形为主	粒径大于 200 mm 颗粒的质量超过总质量的 50%
块石土	尖棱状为主	
卵石土	浑圆或圆棱形为主	粒径大于 60 mm 颗粒的质量超过总质量的 50%
碎石土	尖棱状为主	
粗圆砾土	浑圆或圆棱形为主	粒径大于 20 mm 颗粒的质量超过总质量的 50%
粗角砾土	尖棱状为主	
细圆砾土	浑圆或圆棱形为主	粒径大于 2 mm 颗粒的质量超过总质量的 50%
细角砾土	尖棱状为主	

注：分类时应根据粒径分组，由大到小，以最先符合者确定。

2. 碎石土按密实程度分类

碎石土的密实度，可现场根据结构特征、天然坡和开挖情况、钻探情况进行鉴别，见表 1-14。

3. 碎石土按潮湿程度分类

碎石土按潮湿程度分类可根据饱和度按表 1-17 划分。

（三）砂　土

砂土为粒径大于 2 mm 的颗粒含量不超过总质量 50%且粒径大于 0.075 mm 的颗粒超过总质量 50%的土。

1. 砂土根据粒组含量分类（表 1-25）

表 1-25　砂土根据粒组含量分类

土的名称	粒组含量
砾砂	粒径大于 2 mm 的颗粒的质量占总质量的 25%~50%
粗砂	粒径大于 0.5 mm 的颗粒的质量超过总质量的 50%
中砂	粒径大于 0.25 mm 的颗粒的质量超过总质量的 50%
细砂	粒径大于 0.075 mm 的颗粒的质量超过总质量的 85%
粉砂	粒径大于 0.075 mm 的颗粒的质量超过总质量的 50%

注：分类时应根据颗粒级配，由大到小，以最先符合者确定。

2. 砂土按密实程度分类

砂土密实度可根据相对密实度 D_r、标准贯入锤击数 N 按表 1-12 分类。

3. 砂土按潮湿程度分类

砂土按潮湿程度分类可根据饱和度按表 1-17 划分。

（四）粉　土

粉土为塑性指数 $I_P \leqslant 10$ 且粒径大于 0.075 mm 的颗粒含量少于总质量 50%的土。

粉土的密实程度根据孔隙比 e 划分，其潮湿程度应根据天然含水率 w 划分，见表 1-26。

表 1-26　粉土的按密实程度与潮湿程度分类

密实程度分类		潮湿程度分类	
孔隙比 e	密实程度	天然含水率 w/%	潮湿程度
$e<0.75$	密　实	$w<20$	稍　湿
$0.75 \leqslant e \leqslant 0.90$	中　密	$20 \leqslant w \leqslant 30$	潮　湿
$e>0.90$	稍　密	$w>30$	饱　和

（五）黏性土

黏性土为塑性指数 $I_P>10$ 且粒径大于 0.075 mm 的颗粒含量不超过总质量 50%的土。

1. 黏性土根据塑性指数分类

黏性土根据塑性指数的划分见表 1-18，液限采用 76 g 平衡锤、入土深度为 10 mm 的数值。

2. 黏性土根据液性指数分类

黏性土根据液性指数 I_L 进行软硬状态分类，见表 1-19。

3. 黏性土根据沉积年代分类

（1）老黏性土：第四纪晚更新世（Q_3）及以前年代沉积的黏性土。这种土沉积的年代很久，经受了很长的地质作用，因此土密实而坚硬，强度高，压缩性和透水性小，压缩模量一般大于 10 MPa。

（2）一般黏性土：第四纪全新世（Q_4）沉积的黏性土。这种土的分布范围很广，工程中经常遇到，压缩模量一般在 4 ~ 15 MPa，透水性较小或很小。

（3）新近沉积的黏性土：在人类文化期（Q_4^2）以来沉积的黏性土，沉积年代一般不超过 5000 年，这种土的工程性质较差。

（六）塑性图细粒土分类法

用塑性指数 I_P 对细粒土进行分类虽较简便，但分类界限最高为 17，不能区别不同的高塑性土，而且相同塑性指数的细粒土可以有不同的液限和塑限，液限在塑性指标中是最敏感的，故相同塑性指数的土的性质也会不同。因此，用塑性指数 I_P 和液限 w_L 两个指标对细粒土进行分类会比只用塑性指数一个指标更加合理。卡萨格兰德（A. Casagrande）统计了大量试验资料后首先提出了按塑性指数 I_P 和液限 w_L 对细粒土分类定名的塑性图。

当采用圆锥仪法试验，取平衡锤质量为 76 g、圆锥仪入土深度为 10 mm 的含水率为液限时，按表 1-27 分类。

表 1-27　细粒土按塑性图分类

<table>
<tr><td colspan="3" rowspan="2">一级名称</td><td colspan="3">二级名称</td></tr>
<tr><td>液限</td><td>名称</td><td>塑性图</td></tr>
<tr><td colspan="2" rowspan="2">粉土</td><td rowspan="2">塑性指数 $I_P \leqslant 10$ 且粒径大于 0.075 mm 的颗粒含量不超过全部质量 50%的土</td><td>$w_L < 40\%$</td><td>低液限粉土</td><td rowspan="6">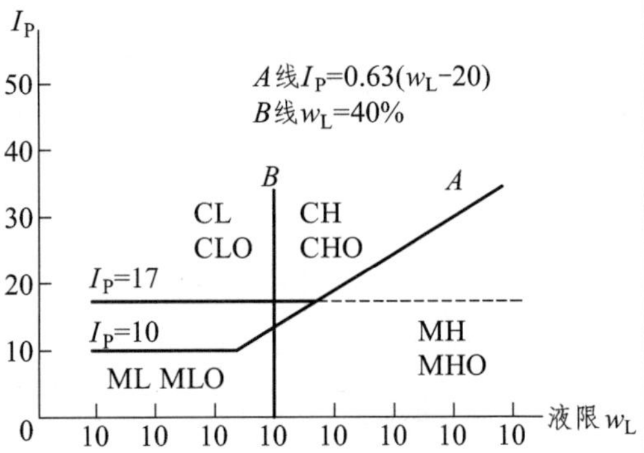
</td></tr>
<tr><td>$w_L \geqslant 40\%$</td><td>高液限粉土</td></tr>
<tr><td rowspan="4">黏性土</td><td rowspan="2">粉质黏土</td><td rowspan="2">$10 < I_P \leqslant 17$</td><td>$w_L < 40\%$</td><td>低液限粉质黏土</td></tr>
<tr><td>$w_L \geqslant 40\%$</td><td>高液限粉质黏土</td></tr>
<tr><td rowspan="2">黏土</td><td rowspan="2">$I_P > 17$</td><td>$w_L < 40\%$</td><td>低液限黏土</td><td rowspan="2">图中：C 为黏土，M 为粉土，H 为高液限，L 为低液限，如 ML 代表低液限粉土；O 表示有机质土。</td></tr>
<tr><td>$w_L \geqslant 40\%$</td><td>高液限黏土</td></tr>
<tr><td colspan="3">有机土</td><td colspan="3">有机质含量大于 5%</td></tr>
</table>

三、《公路桥涵地基与基础设计规范》（JTG 3363—2019）分类法

《公路桥涵地基与基础设计规范》将土分为岩石、碎石土、砂土、粉土、黏性土和特殊性岩土。

（一）岩　石

岩石为颗粒间具有连接牢固、呈整体或具有节理裂隙的地质体。作为公路桥涵地基，除应确定岩石的地质名称外，尚应按规定划分其坚硬程度、风化程度、完整程度、节理发育程度并进行分类。

1. 根据强度进行坚硬程度分级

岩石的坚硬程度应根据岩块的饱和单轴抗压强度标准值按表 1-28 分为坚硬岩、较硬岩、较软岩、软岩和极软岩 5 个等级。

表 1-28　岩石坚硬程度分级

坚硬程度类别	坚硬岩	较硬岩	较软岩	软岩	极软岩
饱和单轴抗压强度标准值 f_{rk}/MPa	$f_{rk}>60$	$60\geq f_{rk}>30$	$30\geq f_{rk}>15$	$15\geq f_{rk}>5$	$f_{rk}\leq 5$

2. 根据风化程度分级

岩石按风化程度分级，见表 1-29。

表 1-29　岩石的风化程度分级

风化程度	野外特征	风化程度系数指标	
		波速比 k_v	风化系数 k_f
未风化	岩质新鲜，偶见风化痕迹	0.9～1.0	0.9～1.0
微风化	结构基本未变，仅节理面有渲染或略有变色，有少量风化痕迹	0.8～0.9	0.8～0.9
中风化	结构部分破坏，沿节理面有次生矿物，风化裂隙发育，岩体被切割成岩块，用镐难挖，岩心钻方可钻进	0.6～0.8	0.4～0.8
强风化	结构大部分破坏，矿物成分显著变化，风化裂隙很发育，岩体破碎，用镐可挖，干钻不易钻进	0.4～0.6	< 0.4
全风化	结构基本破坏，但尚可辨认，有残余结构强度，可用镐挖，干钻可钻进	0.2～0.4	—
残积土	组织结构全部破坏，已风化成土状，锹镐易挖掘，干钻易钻进，具可塑性	< 0.2	—

注：① 波速比 k_v 为风化岩石与新鲜岩石纵波速度之比。
② 风化系数 k_f 为风化岩石与新鲜岩石单轴抗压强度之比。
③ 岩石风化程度除按表中野外特征和定量指标划分外，也可根据当地经验划分。
④ 花岗岩类岩石可采用标准贯入试验划分为强风化、全风化、残积土。
⑤ 泥岩和半成岩，可不进行风化程度划分。

3. 按软化系数分级

岩石按软化系数不同可分为软化岩石和不软化岩石：当软化系数等于或小于 0.75 时，应定为软化岩石；大于 0.75 时，定为不软化岩石。

4. 根据完整程度分级

岩体完整程度根据完整性指数按表 1-30 分为完整、较完整、较破碎、破碎和极破碎 5 个等级。

表 1-30　岩体完整程度划分

完整程度等级	完整	较完整	较破碎	破碎	极破碎
完整性指数	＞0.75	0.75～0.55	0.55～0.35	0.35～0.15	＜0.15

注：岩石完整性指数为岩体纵波速度与岩块纵波速度之比的平方。

5. 根据节理发育程度分类

岩体节理发育程度根据节理间距按表 1-31 分为节理很发育、节理发育、节理不发育 3 类。

表 1-31　岩体节理发育程度的分类

发育程度	节理不发育	节理发育	节理很发育
节理间距/mm	＞400	200～400	20～200

当岩石具有特殊成分、特殊结构或特殊性质时，应定为特殊性岩石，如易溶性岩石、膨胀性岩石、崩解性岩石、盐渍化岩石等。

（二）碎石土

碎石土为粒径大于 2 mm 的颗粒含量超过总质量 50%的土。

1. 碎石土按颗粒形状与粒组含量分类

碎石土按颗粒形状与粒组含量分为 6 类，如表 1-32。

表 1-32　碎石土的分类

土的名称	颗粒形状	粒组含量
漂石	圆形或亚圆形为主	粒径大于 200 mm 的颗粒含量超过总质量的 50%
块石	棱角形为主	
卵石	圆形或亚圆形为主	粒径大于 20 mm 的颗粒含量超过总质量的 50%
碎石	棱角形为主	
圆砾	圆形或亚圆形为主	粒径大于 2 mm 的颗粒含量超过总质量的 50%
角砾	棱角形为主	

注：碎石土分类时应根据粒组含量从大到小以最先符合者确定。

2. 碎石土按密实程度分类

碎石土的密实度，可根据重型动力触探锤击数 $N_{63.5}$ 按表 1-15 分为松散、稍密、中密、密实 4 级。当缺乏有关试验数据时，若碎石土平均粒径大于 50 mm 或最大粒径大于 100 mm，可现场鉴别其密实度，见表 1-16。

（三）砂　土

砂土为粒径大于 2 mm 的颗粒含量不超过总质量 50%且粒径大于 0.075 mm 的颗粒超过总质量 50%的土。

1. 砂土根据粒组含量分类（表 1-33）

表 1-33　砂土根据粒组含量的分类

土的名称	粒组含量
砾　砂	粒径大于 2 mm 的颗粒含量占总质量的 25%～50%
粗　砂	粒径大于 0.5 mm 的颗粒含量超过总质量的 50%
中　砂	粒径大于 0.25 mm 的颗粒含量超过总质量的 50%
细　砂	粒径大于 0.075 mm 的颗粒含量超过总质量的 85%
粉　砂	粒径大于 0.075 mm 的颗粒含量超过总质量的 50%

注：砂土分类时根据粒组含量从大到小以最先符合者确定。

2. 砂土按密实程度分类

砂土密实度可根据标准贯入锤击数按表 1-13 分为 4 级。

（四）粉　土

粉土为塑性指数 $I_P \leqslant 10$ 且粒径大于 0.075 mm 的颗粒含量不超过总质量 50%的土。

粉土的密实度应根据孔隙比 e 划分为密实、中密和稍密，其湿度应根据天然含水率 w 划分为稍湿、湿、很湿。密实度和湿度的划分见表 1-34。

表 1-34　粉土按密实度与湿度分类

密实度分类		湿度分类	
孔隙比 e	密实度	天然含水率 w	湿度
$e<0.75$	密实	$w<20$	稍湿
$0.75 \leqslant e \leqslant 0.90$	中密	$20 \leqslant w \leqslant 30$	湿
$e>0.90$	稍密	$w>30$	很湿

（五）黏性土

黏性土为塑性指数 $I_P>10$ 且粒径大于 0.075 mm 的颗粒含量不超过总质量 50%的土。

（1）黏性土根据塑性指数分类，见表 1-18。

（2）黏性土根据液性指数 I_L 进行软硬状态分类，见表 1-20。

（3）黏性土根据沉积年代分类，见表 1-35。

表 1-35　黏性土按沉积年代分类

沉积年代	土的分类
第四纪晚更新世（Q_3）及以前	老黏性土
第四纪晚全新世（Q_4）	一般黏性土
第四纪晚全新世（Q_4）以后	新近沉积黏性土

（六）特殊性岩土

具有一些特殊成分、结构和性质的区域性地基土应定为特殊性土，如软土、膨胀土、湿陷性土、红黏土、冻土、盐渍土和填土等。

1. 软　土

软土是指滨海、湖沼、谷地、河滩等处天然含水率高、天然孔隙比大、抗剪强度低且符合表 1-36 规定的细粒土，如淤泥、淤泥质土、泥炭、泥炭质土等。

表 1-36　软土地基鉴别指标

指标名称	天然含水率 w	天然孔隙比 e	直剪内摩擦角 φ	十字板剪切强度 c_u	压缩系数 a_{1-2}
指标值	≥35%或液限	≥1.0	宜小于 5°	＜35 kPa	宜大于 0.5 MPa^{-1}

2. 淤泥与淤泥质土

淤泥是在静水或缓慢的流水环境中沉积，并经生物化学作用形成，其天然含水率大于液限，天然孔隙比大于或等于 1.5 的黏性土。

淤泥质土是天然含水率大于液限而天然孔隙比小于 1.5 但大于等于 1.0 的黏性土或粉土。

3. 膨胀土

膨胀土是土中黏粒成分主要由亲水性矿物组成，同时具有显著的吸水膨胀和失水收缩特性，其自由膨胀率大于或等于 40%的黏性土。

4. 湿陷性土

湿陷性土是浸水后产生附加沉降且湿陷系数大于或等于 0.015 的土。

5. 红黏土与次生红黏土

红黏土是碳酸盐岩系的岩石经红土化作用形成的液限大于 50 的高塑性黏土。

次生红黏土是红黏土经再搬运后仍保留其基本特征且液限大于 45 的土。

6. 盐渍土

盐渍土是土中易溶盐含量大于 0.3%，并具有溶陷、盐胀、腐蚀等工程特征的土。

7. 填　土

填土根据其组成和成因，可分为素填土、压实填土、杂填土、冲填土。素填土为由碎石土、砂土、粉土、黏性土等组成的填土；经过压实或夯实的素填土为压实填土；杂填土为含有建筑垃圾、工业废料、生活垃圾等杂物的填土；冲填土为由水力充填泥沙形成的填土。

按《铁路桥涵地基和基础设计规范》的分类教学案例（例 1-6）

【**例题 1-6**】取烘干后的 500 g 土样筛析，表 1-37 中为留筛质量，底盘内试样质量为 20 g，试确定此土样的名称，并求此土样的不均匀系数 C_c、曲率系数 C_u。

表 1-37　筛析试验结果

筛孔孔径/mm	2.0	1.0	0.5	0.25	0.075	底筛
留筛质量/g	50	150	150	100	30	20

【解】根据筛析结果，粒径大于 2 mm 的土粒质量占全部土质量的 10%，粒径大于 0.075 mm 颗粒的质量超过总质量的 50%，所以该土样是砂类土，具体计算见表 1-38。

表 1-38　筛析试验计算结果表

筛孔孔径/mm	2.0	1.0	0.5	0.25	0.075	底筛
留筛质量/g	50	150	150	100	30	20
累计留筛质量/g	50	200	350	450	480	500
大于筛孔孔径百分数/%	10	40	70	90	96	100
小于某粒径百分数/%	90	60	30	10	4	0

查表 1-25 或表 1-33，按表从上至下核对，粒径大于 0.5 mm 的土粒质量占全部土质量的 70%，大于表 1-25 或表 1-33 中关于粗砂的规定，且最先符合条件，所以该土样应定名为粗砂。

由表 1-38 计算结果知：d_{10}=0.25 mm，d_{30}=0.5 mm，d_{60}=1.0 mm。

不均匀系数：$C_u = \dfrac{d_{60}}{d_{10}} = \dfrac{1.0}{0.25} = 4$

曲率系数：$C_c = \dfrac{d_{30}^2}{d_{60} \cdot d_{10}} = \dfrac{0.5^2}{0.25 \times 1.0} = 1$

按《铁路桥涵地基和基础设计规范》的分类教学案例

第六节　土的击实性

填土受到夯击或碾压等动力作用后，孔隙体积会减小，密度将增大。在工程中，常见的土坝、公路路堤、铁路路堤等的填筑土料，都要求击实到一定的密实程度。其目的是改善土的力学性能，即减小填土的压缩性和透水性，提高其抗剪强度。软弱地基也可用击实改善其工程性质，以提高强度和减小变形。为了经济有效地将填土击实到符合工程要求的标准，有必要对填土的击实特性进行研究。常用的研究方法有两种：一种是在室内用击实仪进行击实试验；另一种是在现场用压实机具进行压实试验。后者属于施工课程的内容，本节仅介绍击实试验的方法和填土的击实特性等方面的一些基本问题。

一、击实试验

土的击实（或压实）就是利用工程机械挤紧土中的颗粒，增加土体单位体积内土粒的质量，减小孔隙比，增加密实度。其目的是提高土的强度，降低土的压缩性和透水性。土的压实效果常以干密度 ρ_d 或干重度 γ_d 来表示。

实践经验表明：在一定的击实能量下，土中的含水率适当时，压实的效果最好。这个适当的含水率称为最优含水率 w_{opt}，与之相对应的干密度称为最大干密度 $\rho_{d\max}$，相对应的干重度称为最大干重度 $\gamma_{d\max}$。

土的最优含水率与最大干密度可在实验室内做击实试验测定。土的击实试验应该在比较符合实际施工机械效果的经验基础上，试验才可靠。但实际上，很难定量地确定出施工机械压实功能等现场因素。所以在实验室里，只能人为地规定某种击实试验方法作为标准击实方法。

铁路工程中击实试验根据土粒大小的不同分为轻型击实和重型击实，仪器构造见图 1-16。轻型击实击锤质量为 2.5 kg，落高 305 mm，单位体积击实功约为 600 kJ/m^3；重型击实击锤质量为 4.5 kg，落高 457 mm，单位体积击实功约为 2700 kJ/m^3。

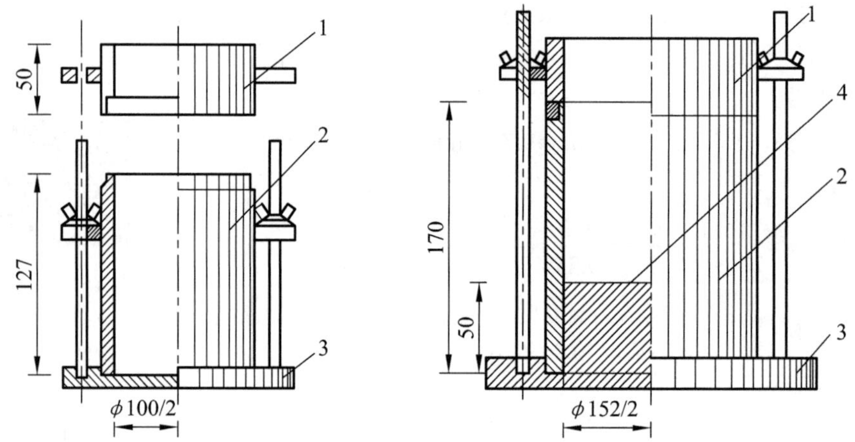

（a）小击实筒　　（b）大击实筒

1—套筒；2—击实筒；3—底板 4—垫板。

图 1-16　击实仪（单位：mm）

试验时，准备同一土质、在最优含水率附近依次相差约 2%含水率的土样至少 5 个。将击实仪放在坚硬的地面上，安装好击实筒及护筒（大击实筒内还要放入垫块），击实筒内壁涂少许润滑油。每个试样应根据选用的试验类型，按规定分层击实。每层高度应大致相等，两层交界处层面应刨毛，所用试样的总量应使最后的击实面超出击实筒顶不大于 6 mm。击实完成后卸下套筒、刮平击实筒两端余土，将土推出称得质量为 m，除以击实筒体积，即可计算出击实土样湿密度 ρ。在试样中心处取 2 个代表性土样按烘干法测定其含水率 w，相应土样的干密度可按 $\rho_d=\dfrac{\rho}{1+w}$ 进行计算。

以含水率 w 为横坐标、干密度 ρ_d 为纵坐标，绘出如图 1-17 所示的 ρ_d-w 曲线，称为击实曲线。

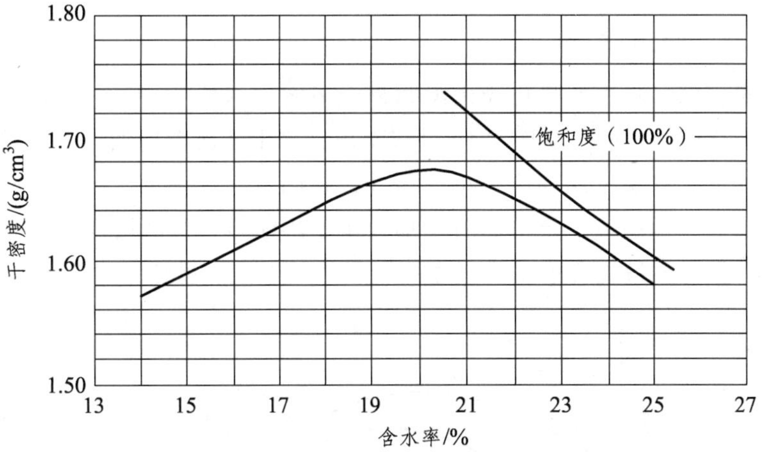

图 1-17　击实曲线

二、影响最大干密度（或最大干重度）的几个因素

（一）含水率的影响

从击实曲线图中可知：当含水率较低时，干密度较小；随着含水率的增大，干密度也逐渐增大，表明击实效果逐步提高；当含水率超过某一限值时，干密度则随含水率的增大而减小，即击实效果下降。这说明土的击实效果随含水率的变化而变化，并在击实曲线上出现一个干密度的峰值，这个峰值就是最大干密度 $\rho_{d\max}$，相应的含水率就是最优含水率 w_{opt}。

在压实过程中，土的含水率对所能达到的密实度起着非常大的作用。锤击或碾压的功需要克服土颗粒间的内摩阻力和黏结力，才能使土颗粒产生位移并互相靠近。土的内摩阻力和黏结力是随密实度而增加的。土的含水率小时，土颗粒间的内摩阻力大，压实到一定程度后，某一压实功不再能克服土的抗力，压实所得的干密度小。当土的含水率逐渐增加时，水在土颗粒间起着润滑作用，使土的内摩阻力减小，因此同样的压实功可以得到较大的干密度。在这个过程中，单位土体内空气的体积逐渐减小，而固体体积和水的体积则逐渐增加，所以土的密度增加。当土的含水率增加到超过某一限度后，虽然土的内摩阻力还在减少，但单位体积中空气的体积已减到最小限度，而水的体积却在不断增加。由于水是不可压缩的，因此在同样的击实功下，土的干密度反而逐渐减小。土的干密度与含水率就形成了图 1-17 上的驼峰形击实曲线。

在图 1-17 中，击实曲线右上方的一条线，称为饱和曲线，它表示土在饱和状态时的含水率与干密度之间的关系。由于土处于三相状态，当土被击实到最大密度时，土体孔隙中的空气不易排出，即使加大击实能量也不能将土中气体完全排出，所以击实的土体不可能达到完全饱和的程度。因此，当土的干密度相同时，击实曲线上各点的含水率必然都小于饱和曲线上相应的含水率，所以击实曲线一般都位于饱和曲线的左下侧，而不与饱和曲线相交。

（二）击实功能的影响

试验表明，同一种土的最优含水率与最大干密度不是一个固定的数值，而是随着击实能量的变化而变化的。从图 1-18 可以看出，当击实次数增加，土的最大干密度也随之增加，而最优含水率却相应减小。另外，在同一含水率时，土的干密度随击实次数的增加而增大，但超过一定击数时增加效果不再明显，这时增加击数就是浪费击实能量。所以，只有在最优含水率下，才能以最小的击实能量达到对应的最大干密度。

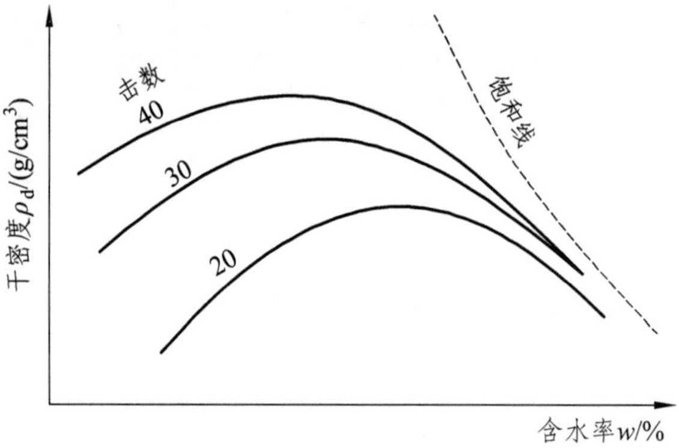

图 1-18　含水率与击实功的关系

另外，某一击实次数下的最大干密度值，可以在其他含水率下用增加击实次数的方法得到。但是，试验研究发现，这两种土的密度虽然相同，但其强度与水稳性却不一样：对应于最优含水率和最大干密度的土，强度最高，且在浸水后的强度也最大（即水稳性好）；而通过增加击实次数所得的土，遇水以后强度降低很多，甚至发生湿陷，水稳性较差。由于土坝、路堤等土工建筑物难免受水浸润，所以，在施工中控制填土的含水率，使其等于或接近最优含水率，是有其经济合理的现实意义的。

（三）不同土类的击实特性

土中黏粒愈多，在同一含水率下，黏粒周围的结合水膜则愈薄，土的移动阻力就愈大，击实也愈困难。所以最优含水率的数值，随土中黏粒含量的增加而增大，而最大干密度却随土中黏粒含量的增加而减小。

土的级配对压实效果也有很大影响，实践证明，均匀颗粒的土及单一尺寸的土，都难以碾压密实。颗粒大小不均匀、级配良好的土，在击实荷载作用下，容易挤紧。所以同类型的土，由于颗粒级配不同，最优含水率和最大干密度也并不一样。

图 1-19 中 1 ~ 5 曲线是粒径从大到小 5 种土料在同一标准击实条件下试验所得的曲线，从 5 条击实曲线中可以看出，随着土颗粒粒径逐渐减小，其最大干密度逐渐减小，而最优含水率逐渐增加。

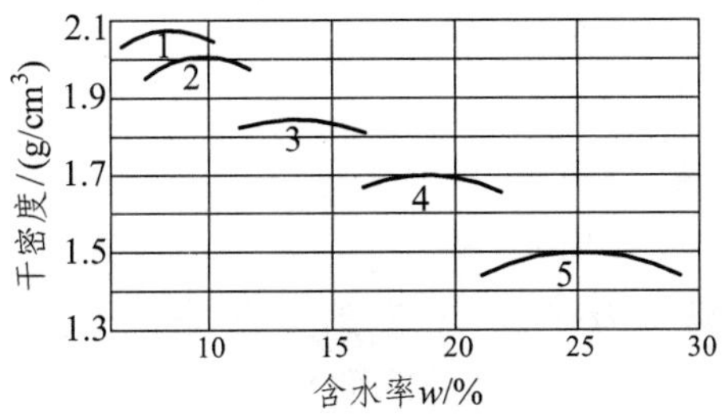

图 1-19　土颗粒粒径大小与含水率关系

【**例题 1-7**】用标准击实试验法测得土样密度及含水率如表 1-39，已知土粒相对密度 $G_s = 2.75$，求最大干密度、最优含水率及其相应的饱和度。

【**解**】（1）按式 $\rho_d = \dfrac{\rho}{1+w}$ 计算各个土样击实后的干密度数值，如表 1-39 所示。

表 1-39　击实试验结果

试验号	1	2	3	4	5	6
密度/（g/cm^3）	1.78	1.86	1.93	1.98	1.98	1.96
含水率/%	14.7	17.0	18.8	20.6	21.7	23.5
干密度/（g/cm^3）	1.55	1.59	1.62	1.64	1.63	1.59

（2）以含水率 w 为横坐标、干密度 ρ_d 为纵坐标，绘击实曲线，如图 1-20 所示。

（3）在击实曲线上，查得最优含水率 w_{opt}=21%，最大干密度 $\rho_{d\max}$=1.64 g/cm^3。

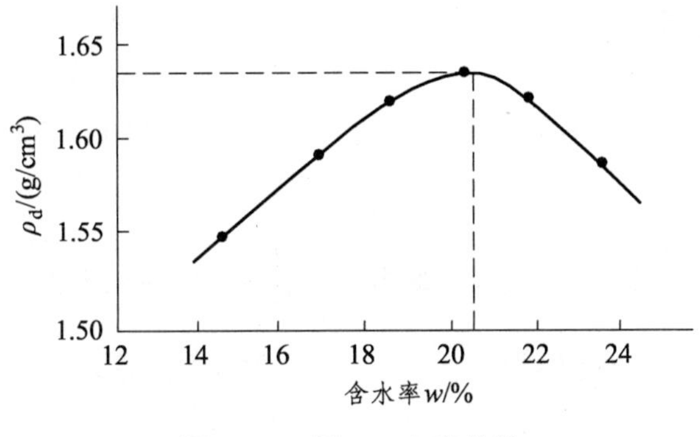

图 1-20　例 1-7 击实曲线

计算最大干密度所对应的孔隙比

$$e = \frac{\rho_s}{\rho_{d\max}} - 1 = \frac{2.75}{1.64} - 1 = 0.68$$

相应的饱和度为

$$S_r = G_s \cdot \frac{w_{opt}}{e} = 2.75 \times \frac{21\%}{0.68} = 0.85$$

对一些中小型工程，当没有试验资料时，可用经验公式（1-31）估算最大干重度：

$$\gamma_{d\max} = \eta \frac{\gamma_w G_s}{1 + w_{opt} G_s} \tag{1-31}$$

式中　G_s——土粒相对密度；

γ_w——水的重度（kN/m^3）；

η——经验系数，黏土为 0.95，粉质黏土为 0.96，粉土为 0.97；

w_{opt}——最优含水率，按当地经验或取 w_p+2%，其中 w_p 为塑限。

三、填土的含水率和碾压标准的控制

由于黏性填土存在着最优含水率，因此在填土施工时应将土料的含水率控制在最优含水率左右，以期用较小的能量获得最好的压实效果。当含水率控制在最优含水率的干侧（即小于最优含水率）时，击实土的结构常具有凝聚结构的特征。这种土比较均匀，强度较高，较脆硬，不易压密，但浸水时容易产生附加沉降。当含水率控制在最优含水率的湿侧（即大于最优含水率）时，土具有分散结构的特征。这种土的可塑性大，适应变形的能力强，但强度较低，且具有不等向性。所以，填土含水率比最优含水率偏高或偏低，填土的性质各有优缺点，在设计土料时要根据对填土提出的要求和当地土料的天然含水率，选定合适的含水率。

工程中填土碾压标准常采用压实系数 K、地基系数 K_{30}、相对密度 D_r、孔隙率 n 来控制。

填土含水率和碾压标准的控制

填土含水率与碾压标准的控制教学案例

1. 压实系数 K

压实系数为填土压实后干密度与标准击实试验得出的最大干密度之比，见式（1-32）。

$$K = \frac{\rho_d}{\rho_{d\max}} \times 100\% \tag{1-32}$$

铁路基床以下路堤填料的压实标准见表 1-40。

表 1-40　基床以下路堤填料的压实标准[《铁路路基设计规范》（TB 10001—2016）]

铁路等级与设计速度		填料	压实标准		
			压实系数 K	地基系数 K_{30} /（MPa/m）	7 d 饱和无侧限抗压强度/kPa
客货共线铁路、城际铁路有砟轨道	200 km/h	细粒土	≥0.9	≥90	—
		砂类土、细砾土	≥0.9	≥110	—
		碎石类土及粗砾土	≥0.9	≥130	—
		化学改良土	≥0.9	—	≥250

续表

铁路等级与设计速度		填料	压实标准		
			压实系数 K	地基系数 K_{30} /（MPa/m）	7 d 饱和无侧限抗压强度/kPa
客货共线铁路、城际铁路有砟轨道	160 km/h 120 km/h	细粒土、砂类土	≥0.9	≥80	—
		砾石类、碎石类土	≥0.9	≥110	—
		块石类	≥0.9	≥130	—
		化学改良土	≥0.9	—	≥200
高速铁路及无砟轨道客货共线铁路、城际铁路		砂类土及细砾土	≥0.92	≥110	—
		碎石类土及粗砾土	≥0.92	≥130	—
		化学改良土	≥0.92	—	≥250
重载铁路		细粒土、砂类土	≥0.92	≥90	—
		细砾土	≥0.92	≥110	—
		碎石类土及粗砾土	≥0.92	≥130	
		化学改良土	≥0.92	—	≥250

公路路基压实度（压实系数）要求如表 1-41。

表 1-41　路堤压实系数标准[《公路路基设计规范》（JTG D30—2015）]

路基部位		路面底面以下深度/m	压实度 K/%		
			高速公路 一级公路	二级公路	三、四级公路
上路床		0 ~ 0.3	≥96	≥95	≥94
下路床	轻、中等及重交通	0.3 ~ 0.8	≥96	≥95	≥94
	特重、极重交通	0.3 ~ 1.2			—
上路堤	轻、中等及重交通	0.8 ~ 1.5	≥94	≥94	≥93
	特重、极重交通	1.2 ~ 1.9			—
下路堤	轻、中等及重交通	＞1.5	≥93	≥92	≥90
	特重、极重交通	＞1.9			

注：表列压实度以现行《公路工程试验规程》（JTG E40）重型击实试验为准。

2. 地基系数 K_{30}

地基系数 K_{30} 是通过试验测得的直径 30 cm 荷载板下沉 1.25 mm 时对应的荷载强度 p_s（MPa）与其下沉量 1.25 mm 的比值：

$$K_{30} = \frac{p_s}{S_s}\ （\text{MPa/m}）$$

表 1-42 为柳南客专路基 K_{30} 检测试验结果，图 1-21 为根据表 1-42 所绘 p-s 曲线，自曲线查得 $K_{30} = \frac{0.2}{1.25} = 160$ MPa/m。

表 1-42　地基系数 K_{30} 试验结果

加载顺序	压力表或测力计读数/MPa	承载板荷载强度/MPa	百分表读数（0.01 mm）				累计沉降量 s/mm
			1	2	3	平均值	
预压	0.1	0.01	13	11	—	12	0.12
复位	0.0	0.00	0	0	—	0	0.00
1	1.1	0.04	39	37	—	38	0.38
2	2.7	0.08	60	60	—	60	0.60
3	4.2	0.12	81	83	—	82	0.82
4	5.8	0.16	102	100	—	101	1.01
5	7.3	0.20	125	125	—	125	1.25

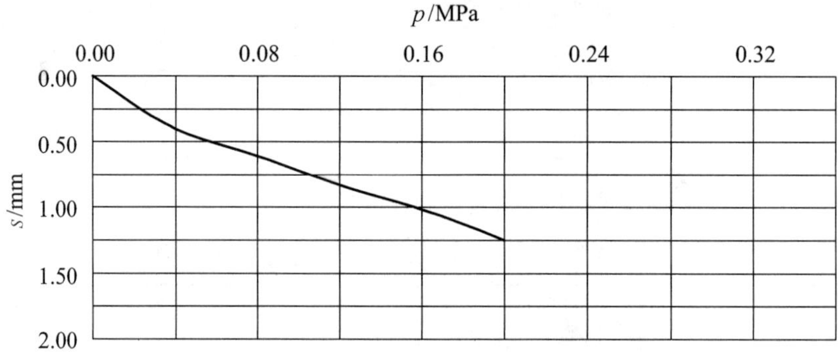

图 1-21　根据 K_{30} 试验结果所绘 p-s 曲线

3．相对密度 D_r

利用相对密度来控制压实标准的相关内容见本章第四节。

4．孔隙率 n

孔隙率 n 为土的孔隙体积与总体积的比值，表 1-43 为柳南客专路基孔隙率 n 检测试验结果。

表 1-43　路基孔隙率试验报告

土工试验报告编号	LN-V-ZT12J2-TL201003-1		颗粒密度/（g/cm^3）	2.54	试验方法	最优含水率/%	11.0
					灌水法		
填料类型	土质砾砂	标高/m	83.631	碾压遍数	8	填土厚度/cm	30
检测位置		DK720+760 左 1 m		DK720+775 中		DK720+795 右 1 m	
灌注前水的体积/cm^3		11 000		12 000		11 100	
灌注后水的体积/cm^3		3110		4000		3150	
试坑体积/cm^3		7890		8000		7950	
土的质量/g		16 990		16 720		16 300	
土的含水率/%		11.0		10.5		11.0	
土的湿密度/（g/cm^3）		2.15		2.09		2.05	

续表

土的干密度/（g/cm^3）	1.94	1.89	1.85
孔隙率/%	24	26	27
规定值/%	<31		
检测评定依据：《客运专线铁路路基工程施工质量验收暂行标准》（铁建设〔2005〕160号）	试验意见：该段路基基床以下路堤所检孔隙率符合设计要求		

四、粗粒土的压实性

砂和砂砾等粗粒土的压实性也与含水率有关，不过不存在一个最优含水率。一般在完全干燥或者充分洒水饱和的情况下容易压实到较大的干密度。粗粒土处于潮湿状态时，由于毛细压力增加了粒间阻力，压实干密度显著降低。粗砂在含水率为4%～5%，中砂在含水率为7%左右时，压实干密度最小，如图1-22。所以，在压实砂砾时要充分洒水使土料饱和。

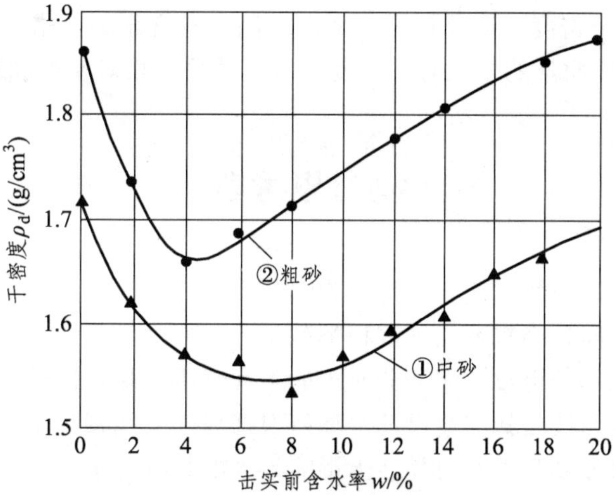

图1-22　粗粒土的击实曲线

【例题1-8】某均质土坝长1.0 km，高12 m，坝顶宽8 m，坝底宽44 m，要求压实系数不小于0.95。天然料场中土料含水率为21%，土粒相对密度为2.72，土的天然密度为1.78 g/cm³。试验测得最大干密度为1.68 g/cm³，最优含水率为20%，求填筑该土坝需从料场取土多少？

【解】土坝的体积 $V=\dfrac{1}{2}(8+44)\times 12\times 1000=312\,000\ \text{m}^3$

压实后干土料重 $G=K\cdot\gamma_{\text{d max}}V=0.95\times 16.8\times 312\,000=4.98\times 10^6\ \text{kN}$

天然土料的干密度　$\gamma_{\text{d}}=\dfrac{\gamma}{1+w}=\dfrac{17.8}{1+21\%}=14.71\ \text{kN/m}^3$

天然土料的体积 $V=\dfrac{G}{\gamma_{\text{d}}}=\dfrac{4.98\times 10^6}{14.71}=3.38\times 10^5\ \text{m}^3$

土的物理性质与工程分类习题

本章小结

本章主要学习了土的物理性质及土的工程分类、土的击实性。

土是岩石经过风化、剥蚀、搬运、沉积所形成的松散颗粒物，是由固体颗粒、水、气体所组成的三相体系。土的三相中，固体颗粒对土的工程性质影响最大，工程上用颗粒级配评价固体颗粒组成优劣。

表示土的三相组成在量上比例关系的 3 个实测指标和 6 个导出指标是土的物理性质的体现。3 个实测指标有密度、含水率、土粒相对密度，6 个导出指标是孔隙比、孔隙度、饱和度、干密度、饱和密度和浮重度。

土的物理状态对粗颗粒来说是其密实程度，判定指标有相对密实度和标准贯入锤击数；细粒土的物理状态是其软硬程度或稠度，可用液性指数来判定；另外，塑性指数是黏性土工程分类的依据。

土的工程分类是根据现场观测与室内试验综合考虑的结果。

土的击实性的测定方法有室内击实试验和现场压实试验。室内击实试验可以测定最优含水率和最大干密度。影响最大干密度的因素有含水率、击实功能、土的种类和级配，检测路基填筑质量的标准有压实度、地基系数、相对密度和孔隙率。

复习思考题

1-1　土是怎样形成的？风化作用分为哪几类？

1-2　按成因不同，土有哪几种沉积类型？

1-3　土由哪几部分组成？哪部分对土的工程性质起决定性作用？

1-4　颗粒级配曲线是如何绘出的？如何根据级配曲线判定土的级配组成？

1-5　土中的水分哪几类？对黏性土影响最大的是哪种水？

1-6　为什么不同种类的无黏性土的密实程度不能用天然孔隙比来表示，而要用土的相对密度来评价？

1-7　塑性指数和液性指数有什么物理意义？

1-8　对土进行分类，有什么实际意义？

1-9　影响干密度的因素有哪些？填土压实的判定标准有哪些？

习　题

1-1　有一块体积 V=63 cm^3 的原状土样，质量为 m=110 g，烘干后质量为 m_s=87 g，已知土粒的相对密度 G_s=2.66。求其天然密度 ρ、天然含水率 w、干密度 ρ_d、饱和重度 γ_{sat}、浮重度 γ'、孔隙比 e 及饱和度 S_r。

1-2　试用土的物理性质指标换算图证明下列物理指标的换算公式：

$$孔隙率\ n = 1 - \frac{\gamma_d}{\gamma_s}$$

$$饱和度\ S_r = \frac{G_s \cdot w}{e}$$

1-3　已知饱和软土的塑性指数 I_P=27，液限 w_L=57%，液性指数 I_L=1.2，土粒相对密度 G_s=2.66 t/m^3，求孔隙比 e。

1-4　有两个原状黏性土样，经试验测得其天然含水率 w、液限 w_L、塑限 w_P，见表 1-44。试确定土样的名称与状态。

表 1-44　习题 1-4 试验数据

试样编号	天然含水率 w/%	液限 w_L /%	塑限 w_P /%	塑性指数 I_L	液性指数 I_P	状态	名称
1	30.5	39.0	21.0				
2	21.0	31.0	17.0				

1-5　测得砂土的天然重度为 γ=18.0 kN/m^3，含水率 w=9.8%，土粒重度为 γ_s= 26.7 kN/m^3，最大孔隙比 e_{max}=0.655，最小孔隙比 e_{min}=0.475。试求砂土的天然孔隙比 e 及其相对密度 D_r，并判定该土的密实程度。

1-6　某砂土筛析试验结果见表 1-45，试确定该砂样的名称。

表 1-45　习题 1-6 试验数据

粒径范围/mm	＞2	2 ~ 0.5	0.5 ~ 0.25	0.25 ~ 0.075	＜0.075
粒组占干土总质量的百分数/%	9.5	19.6	20.2	38.4	12.3

1-7　某工地在填土施工中所用土料的含水率为 8%，为便于夯实，需在土料中加水，使其含水率增至 15%，试求每 10 kg 质量的土料的加水量。

1-8　某路基填土施工中，采用环刀法测得压实后土的密度 ρ=1.85 g/cm^3，含水率 w=7%，实验室标准击实试验测得土的最大干密度 $\rho_{d\max}$=1.68 g/cm^3，工程要求的压实系数 K=0.94，试判断施工质量是否达到要求？

第二章 土的渗透性

本章知识要点

（1）土的渗透性、水力坡降的概念，达西定律。

（2）渗透力与临界水力坡降的概念与计算。

（3）常见渗透变形的类型、产生原因、对工程的危害与防治措施。

第一节 达西定律及其适用范围

土是由固体颗粒、水、气体组成的三相体系，是一种散碎的多孔介质。其孔隙在空间相互连通，当孔隙被水充满并存在水压差时，水就会通过土中的孔隙发生流动，这种现象称为渗透。土体具有被水透过的性质叫作土的渗透性。和压缩性一样，渗透性是土的重要力学性质之一。水的渗透对工程有重要的影响，如：土石坝蓄水后水透过坝身孔隙流向下游，如图 2-1；隧道开挖时，地下水向隧道内流动，如图 2-2。在勘察设计中要详细勘察水源，线路尽量选择在水流渗透影响较小的位置；施工中要充分注意水流渗透对工程的影响，发现问题及时采取措施。

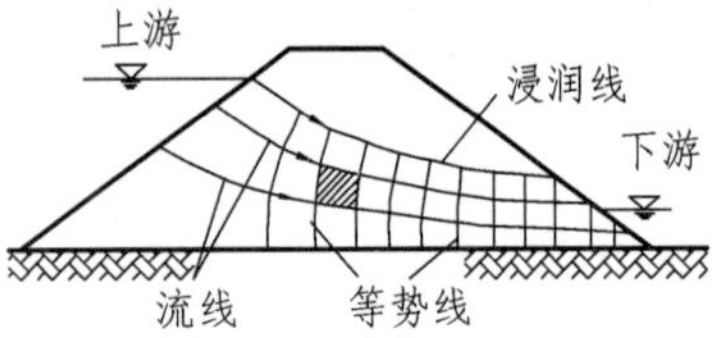

图 2-1 土石坝渗流示意图

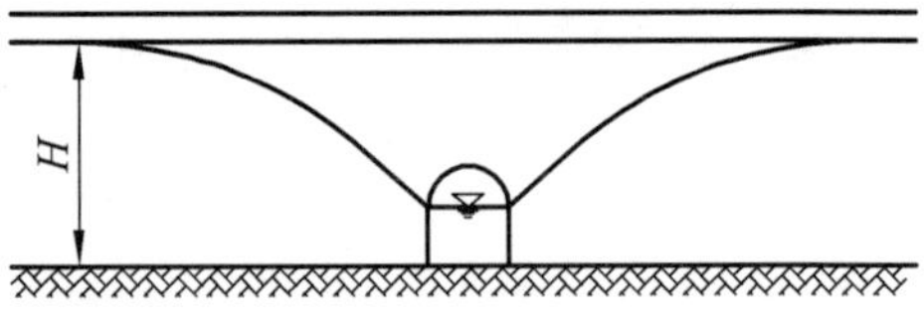

图 2-2 隧道开挖时地下水渗流示意图

饱和地基土在建筑物荷载作用下，产生的压缩（固结）变形需经过一定时间才能稳定，而经历时间的长短与土的渗透性直接有关：粗粒土（如砂土）渗透性好、排水快，压缩变形在短时间内就可以完成；而细粒土（如黏土）渗透性差、排水慢，其压缩变形需要几年甚至几十年才能完成。因此，在分析饱和土地基的沉降和时间关系时，需要知道土的渗透性。此外，在桥梁墩台基础施工中，若开挖基坑时遇到地下水，则需要根据土的渗透性估算涌水量，以配置排水设备；修筑渗水路堤时，需要考虑填料的渗透性对边坡稳定的影响。所有这些都需研究土的渗透性。

水在土中流动有层流和紊流两种基本形式。流速较小、流线互相平行（成层状）的流动称为层流。当流速较大时，水的质点运动轨迹不规则，流线互相交错，产生局部漩涡的水流称为紊流。由于土的孔隙很小，可以认为大多数情况下水在黏性土、粉砂及细砂孔隙中的流动属于层流。

层流和紊流

一、达西定律

水在土中流动的原因，与截面所处的位置和截面处的静水压力有关，如图 2-3。任意取一基准面，对 a 截面，位置水头是 a 截面相对于基准面的距离 z_1，压力水头是 a 截面的测压管水头 h_1，a 截面总水头为 $H_1=z_1+h_1$。对 b 截面，总水头为 $H_2=z_2+h_2$。水头差 $\Delta H=H_1-H_2$。

达西定律

$$i=\frac{\Delta H}{L}=\frac{H_1-H_2}{L} \tag{2-1}$$

i 为水力坡降，是两个截面的水头差与水在土中的渗流路径长度之比，物理意义表示单位渗流路径长度所引起的水头差。

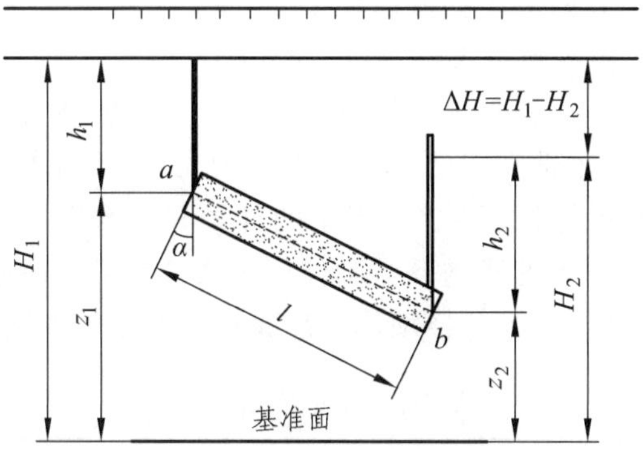

图 2-3 水在土中渗透示意图

1856 年，法国水力学家达西对砂土进行渗透试验，试验装置如图 2-4 所示。他发现当水流呈层流状态时，某时间间隔 t 内流过土样的总水量 Q 与水头差 ΔH 成正比，与土柱截面积 A 成正比，与土柱长度 L 成反比，还与土的性质有关，可用式（2-2）表示。

$$Q=k\frac{\Delta H}{L}At=kiAt \tag{2-2}$$

单位时间渗流量：

$$q=k\frac{\Delta H}{L}A=kiA \tag{2-3}$$

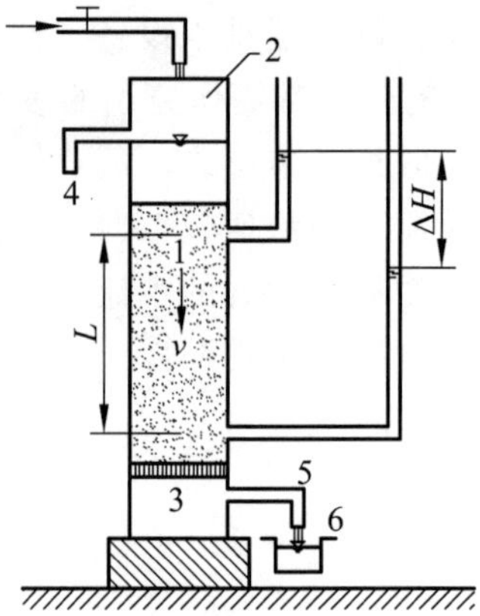

1—进水口；2—水位面；3—金属孔板；4—溢水孔；5—出水口；6—量杯。

图 2-4　达西定律示意图

单位时间渗流量除以土样面积即为单位时间水在土中的渗透长度，也就是水在土中的渗透速度。

$$v = ki \tag{2-4}$$

式中　v——渗透速度（cm/s）;

q——单位时间渗透流量（cm^3/s）;

i——水力坡降;

A——垂直于渗透方向的土的截面积（cm^2）;

k——比例系数，称为土的渗透系数（cm/s）。

当 $i = 1$ 时，则 $v = k$，表明渗透系数 k 是单位水力坡降时的渗透速度。k 是表示土的透水性强弱的指标，单位为 cm/s，与水的渗透速度单位相同，其数值大小主要决定于土的种类和透水性质。各种土的渗透系数见表 2-1。土的渗透系数不仅用于渗透计算，还可用来评定土层透水性的强弱，作为选择坝体、路堤等土工填料的依据。

达西定律
教学案例

表 2-1　土的渗透系数

土的类别	渗透系数	
	m/d	cm/s
黏土	<0.005	$<6\times10^{-6}$
粉质黏土	0.005 ~ 0.1	$6\times10^{-6} \sim 1\times10^{-4}$
黏质粉土	0.1 ~ 0.5	$1\times10^{-4} \sim 6\times10^{-4}$
黄土	0.25 ~ 10	$3\times10^{-4} \sim 1\times10^{-2}$
粉土	0.5 ~ 1.0	$6\times10^{-4} \sim 1\times10^{-3}$
粉砂	1 ~ 5	$1\times10^{-3} \sim 6\times10^{-3}$
细砂	5 ~ 10	$6\times10^{-3} \sim 1\times10^{-2}$

续表

土的类别	渗透系数	
	m/d	cm/s
中砂	10 ~ 20	$1\times10^{-2}\sim2\times10^{-2}$
均质中砂	35 ~ 50	$4\times10^{-2}\sim6\times10^{-2}$
粗砂	20 ~ 50	$2\times10^{-2}\sim6\times10^{-2}$
均质粗砂	60 ~ 75	$7\times10^{-2}\sim8\times10^{-2}$
圆砾	50 ~ 100	$6\times10^{-2}\sim1\times10^{-1}$
卵石	100 ~ 500	$1\times10^{-1}\sim6\times10^{-1}$
无填充物卵石	500 ~ 1000	$6\times10^{-1}\sim1\times10^{-0}$

上述水流呈层流状态时，水的渗透速度与水力坡降的一次方成正比的关系，已为大量试验资料所证实。这是水在土体中渗透的基本规律，常称为渗透定律或达西定律。

必须指出，由于水在土体中的渗透不是经过整个土体的截面，而仅仅是通过该截面内土体的孔隙，因此，水在土体孔隙中渗透的实际速度要大于按式（2-4）计算出的渗透速度。为了简便起见，在工程计算中，除特殊需要外，一般只计算土的渗透速度，而不计算其实际速度。

达西定律是土力学中的重要定律之一。在有关工程建设中，如桥基、渠道和水库的渗漏计算，基坑排水计算，井孔的涌水量计算等，都是以达西定律为基础计算解决的。同时，达西定律也是研究地下水运动的基本定律。

二、达西定律的适用范围

由于土体中的孔隙通道很小且很曲折，所以在绝大多数情况下，水在土体中的渗透流速都很小，地下水的渗流都属于层流范围。但研究结果表明，在大卵石、砾石地基或填石坝体中，渗透速度很大。如图 2-5 所示，当渗透速度超过某一临界流速 v_{cr} 时，渗透速度 v 与水力坡降 i 的关系就表现为非线性的紊流规律，此时达西定律便不再适用。

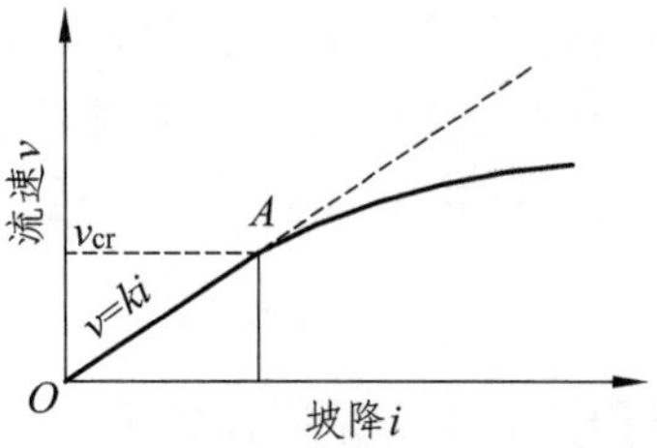

图 2-5　v-i 关系示意图

水在砂性土和较疏松的黏性土中的渗流，一般都符合达西定律，如图 2-6 中 a 直线所示情况。水在密实黏土中的渗流，由于受到水薄膜的阻碍，其渗流情况便偏离达西定律，如图 2-6 中 b 曲线所示。当水力坡降较小时，渗透速度与水力坡降不成线性关系，甚至不发生渗流。只有当水力坡降达到某一较大数值，克服了水薄膜的阻力后，水才开始渗流。一般可把黏性土这一渗流特性简化为图 2-6 中 c 直线所示的关系，用式（2-5）表达。

$$v = k(i - i_b) \tag{2-5}$$

式中　i_b——黏性土的起始水力坡降。

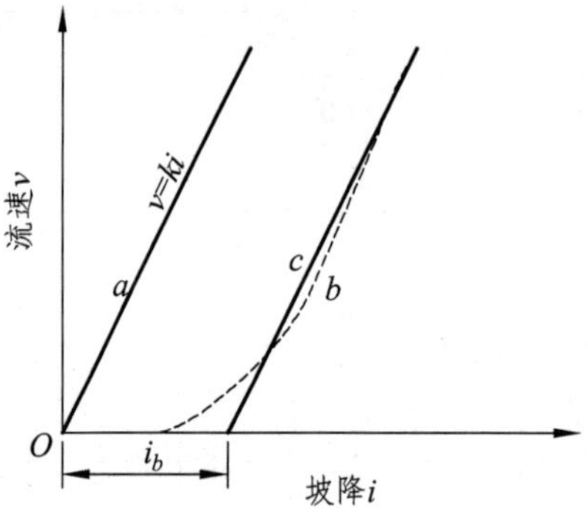

图 2-6　砂性土、黏性土的渗透规律

第二节　渗透系数与渗透力

一、渗透系数

土的渗透系数，是渗流计算中必不可少的一个基本参数。它的正确与否，直接影响到渗流计算的成果正确与否，通常应根据试验来确定。

（一）试验方法

土的渗透系数可通过现场和室内试验确定。前者是在现场进行注水、抽水试验，详细内容见《工程地质手册》。现仅介绍室内测定渗透系数的方法。室内渗透试验使用的仪器较多，但根据其原理，可分为常水头试验与变水头试验两种方法。常水头试验适用于渗透系数 $k = 10^{-2} \sim 10^{-3}$ cm/s 的砂土及含少量砾石的无黏性土，变水头试验适用于渗透系数 $k = 10^{-3} \sim 10^{-6}$ cm/s 的粉土和黏性土。对此范围以外的极高和极低的渗透性的土，应采用其他特殊方法或通过间接的推算求得渗透系数。

1. 常水头试验

常水头试验就是在试验过程中，水头始终保持不变。如图 2-7 所示，L 为两侧压孔中心间的试样高度，A 为土样的截面积，h 为作用于土样上的平均水位差，这三者都可以直接测定。

试验时测出某时间间隔 t 内流过土样的总水量 Q，即可根据达西定律求出土的渗透系数 k 值。

因为 $$Q = k_T \cdot \frac{H}{L} \cdot A \cdot t$$

则 $$k_T = \frac{Q \cdot L}{A \cdot H \cdot t} \tag{2-6}$$

式中 k_T——水温为 T（°C）时试样的渗透系数（cm/s）；

Q——时间 t（s）内的渗透水量（cm^3）；

L——渗径，两侧压孔中心间的试样高度（10 cm）；

h——平均水位差（cm），可按 $h=(h_1+h_2)/2$ 计算，h_1 为上、中测压管水位差（cm），h_2 为中、下测压管水位差（cm）；

t——时间（s）；

A——试样面积（cm^2）。

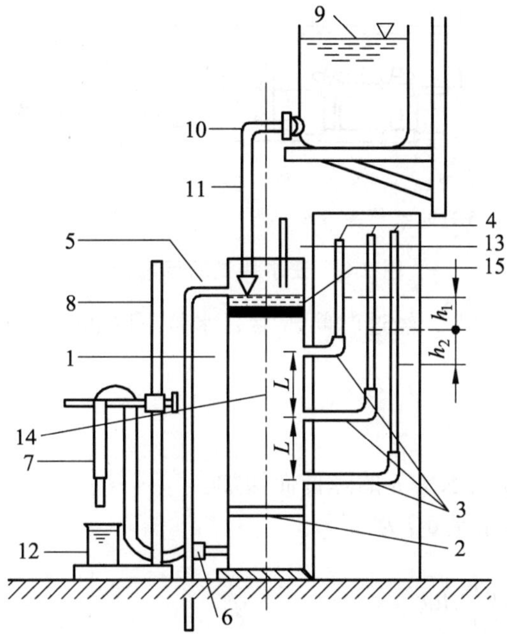

1—封底金属圆筒；2—金属孔板；3—测压孔；4—玻璃测压管；5—溢水孔；6—渗水孔；7—调节管；8—滑动支架；9—供水瓶；10—供水管；11—止水夹；12—量筒；13—温度计；14—试样；15—砾石层。

图 2-7 常水头试验示意图

2. 变水头试验

由于黏性土的透水性很小，流过土样的水量也很小，不易测准。另外由于试验需要的时间很长，会因蒸发而影响试验的精度，故测定黏性土的渗透系数常用变水头试验方法。所谓变水头试验，就是在整个试验过程中，水头随时间变化的一种试验方法，如图 2-8 所示。土样上端装一根有刻度的竖直玻璃管，便于在试验过程中观测水位的变化数值，其横截面积为 a。

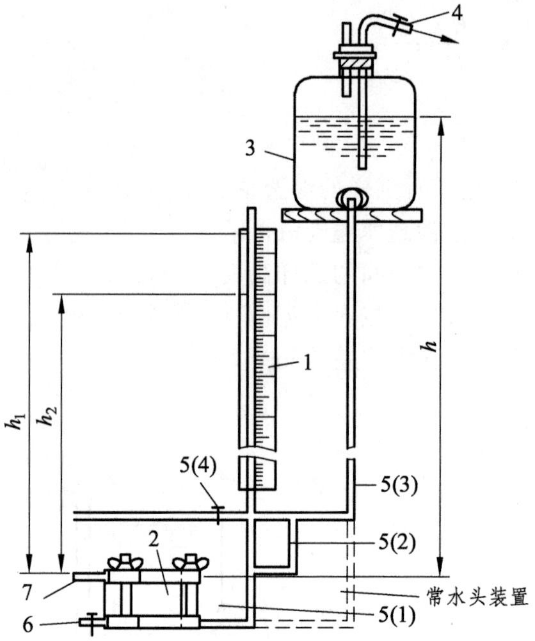

1—变水头管；2—渗透容器；3—供水瓶；4—接水源管；
5—进水管夹；6—排气管；7—出水管。

图 2-8　变水头试验示意图

设某一时间的水头为 h_1，经过时间 $\mathrm{d}t$ 后，水位下降 $\mathrm{d}h$，则从时间 t 至 $t+\mathrm{d}t$ 时间内流经土样的水量 $\mathrm{d}Q$ 为

$$\mathrm{d}Q = -a\mathrm{d}h$$

式中的负号表示水量 Q 随水头 h 的降低而增加。

根据达西定律，其水量 $\mathrm{d}Q$ 为

$$\mathrm{d}Q = k\frac{h}{L}A\mathrm{d}t$$

开始观测时（$t=t_1$）的水头为 h_1，结束时（$t=t_2$）的水头为 h_2。

$\mathrm{d}Q$ 相等，所以

$$-a\mathrm{d}h = k\frac{h}{L}A\mathrm{d}t$$

$$\int_{h_1}^{h_2}\frac{1}{h}\mathrm{d}h = -\frac{k}{L}\cdot\frac{A}{a}\int_{t_1}^{t_2}\mathrm{d}t$$

$$\ln\frac{h_1}{h_2} = \frac{k}{L}\cdot\frac{A}{a}(t_2-t_1)$$

$$k = \frac{aL}{A(t_2-t_1)}\ln\frac{h_1}{h_2} \tag{2-7}$$

用常用对数表示为

$$k = 2.3\frac{aL}{A(t_2 - t_1)}\lg\frac{h_1}{h_2} \tag{2-8}$$

式中 a——变水头管的断面积（cm^2）；

2.3——ln 和 lg 的变换因数；

L——渗径，即试样的高度（cm）；

t_1、t_2——测读水头的起始和终止时间（s）；

h_1、h_2——起始和终止水头（cm）。

关于渗透试验的具体操作方法见《铁路工程土工试验规程》（TB 10102—2010）。各种土的渗透系数参考值见表 2-1。

土的渗透系数不仅用于渗透计算，还可用来评定土层透水性的强弱，作为选择坝体、路堤等土工填料的依据。当 $k > 10^{-2}$ cm/s 时，称为强透水层；当 $k = 10^{-3} \sim 10^{-5}$ cm/s 时，称为中等透水层；当 $k < 10^{-6}$ cm/s 时，称为相对不透水层。又如筑坝土料的选择，常将渗透系数较小的土用于坝体的防渗部位，将渗透系数大的土用于坝体的其他部位。

（二）渗透系数的影响因素

由于渗透系数 k 综合反映了水在土孔隙中运动的难易程度，因而其值必然要受到土的性质和水的性质的影响。下面分别就这两方面的影响因素进行讨论。

1. 土的性质对 k 的影响

（1）土粒大小与级配。

土粒大小和土粒级配对土的渗透系数影响极大。如对于砾石土和砂土，土粒级配对渗透系数影响最大，因为土粒级配在很大程度上决定了土的孔隙大小、形状及孔隙特征。颗粒愈大、愈均匀、愈浑圆，土的渗透系数愈大。如砂土中粉粒和黏粒的含量增多时，砂土的渗透系数就会减小。

（2）孔隙比。

对土进行不同孔隙比下的渗透试验，在半对数坐标纸上绘制以孔隙比 e 为纵坐标、渗透系数 k_{20} 为横坐标的 e-lgk_{20} 关系线，见图 2-9。从图中可以看出，土越密实，渗透系数越小；越疏松，土的渗透系数越大。

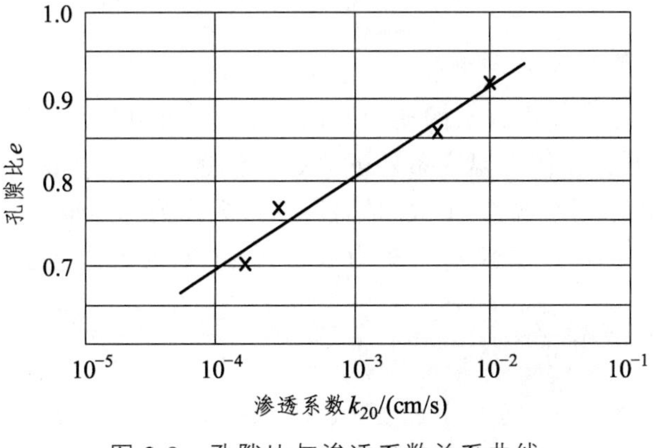

图 2-9 孔隙比与渗透系数关系曲线

（3）矿物成分与黏土含量。

黏性土的渗透系数在很大程度上取决于矿物成分及黏粒含量，如含蒙脱石（土）较多的黏性土，其透水性就很小。土粒愈小，黏粒含量愈高的土，其渗透系数就愈小。

（4）土的结构。

土的结构也是影响渗透系数 k 值的重要因素之一，特别是对黏性土其影响更为突出。例如在微观结构上，当孔隙比相同时，凝聚结构将比分散结构具有更大的透水性。在宏观构造上，天然沉积的层状黏性土层，由于扁平状黏土颗粒的水平排列，往往使土层水平方向的透水性远大于垂直层面方向的透水性，水平方向渗透系数 k_x 与竖直方向渗透系数 k_z 之比可大于 10，使土层呈现明显的各向异性。

（5）土体的饱和度。

土体的饱和度反映了土中含气体量的多少。试验证明，土中封闭气泡即使含量很少，也会对渗透性有很大的影响。它不仅使土的有效渗透面积减少，还可以堵塞某些孔隙通道，从而使渗透系数 k 值大为降低。图 2-10 表示某种砂土渗透系数与饱和度的关系，可见渗透系数几乎随饱和度的增加而直线上升。因此，为了保持测定 k 值时的试验精度，要求试样必须饱和。

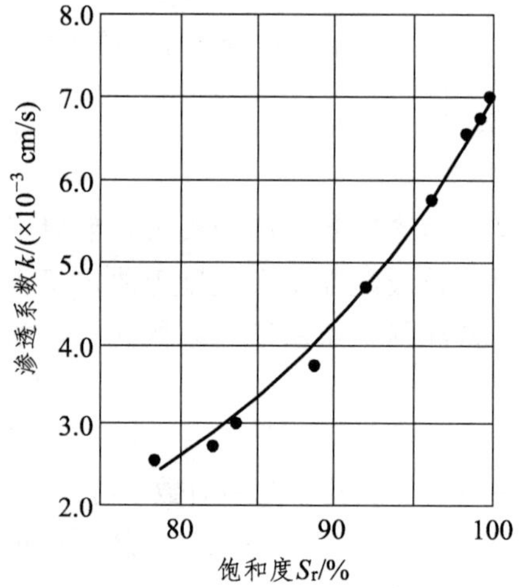

图 2-10　某种砂饱和度与渗透系数的关系

2. 渗透水的性质对 k 的影响

土的渗透系数（k）大小与水的动力黏度（η）密切相关，而水的动力黏度随温度的升高而减小。因此，在任意温度条件下测定的渗透系数应校正为标准温度下的渗透系数。工程实践中常采用水温为 20 °C 时的渗透系数作为标准值。故计算时要把在某一温度 T（°C）时测定的渗透系数 k_T 换算为水温为 20 °C 时的渗透系数 k_{20}，即

$$k_{20} = k_T \frac{\eta_T}{\eta_{20}} \tag{2-9}$$

式中　η_T、η_{20}——水温为 T（°C）和 20 °C 时水的动力黏度（10^{-6} kPa · s）。

（三）成层土的渗透性

天然土层一般都是由渗透系数不同的土层所组成的，宏观上具有非均值性。确定成层土的渗透性时，需了解各层土的渗透系数，然后根据水流方向，按下列公式，计算其平均渗透系数。如图 2-11 所示，设土为各向同性，其渗透系数分别为 k_1、k_2、k_3…，厚度分别为 H_1、H_2、H_3…，总厚度为 H。

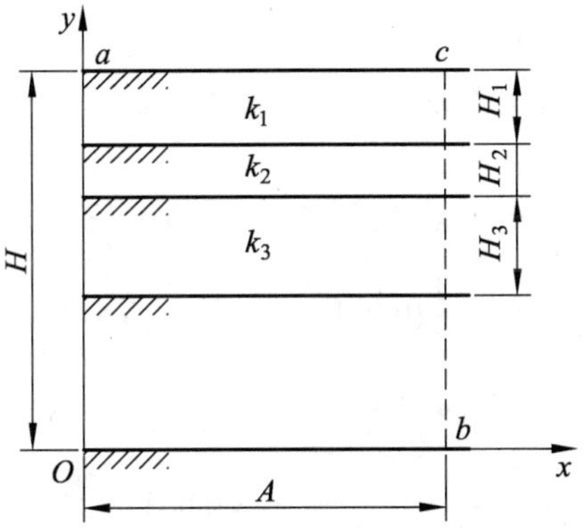

图 2-11　成层土的平均渗透系数

1. 平行于层面（x 方向）的渗透情况

在 ao 与 cb 间作用的水力坡降为 i，总渗透流量 q_x 等于各层土的渗透流量之和，即

$$q_x = q_1 + q_2 + q_3 + \cdots$$

取垂直于纸面的土层宽度为 1，根据达西定律可得

$$q_x = k_x iH = k_1 iH_1 + k_2 iH_2 + k_3 iH_3 + \cdots$$

约去 i 后，沿 x 方向的平均渗透系数 k_x 为

$$k_x = \frac{1}{H}(k_1 H_1 + k_2 H_2 + k_3 H_3 + \cdots) = \frac{1}{H}\sum_{i=1}^{n} k_i H_i \tag{2-10}$$

2. 垂直于层面（y 方向）的渗透情况

设流经土层厚度 H 的总水力坡降为 i，流经各土层的水力坡降为 i_1、i_2、i_3…。总渗透流量 q_y 应等于流经各土层的渗透流量 q_1、q_2、q_3…，即

$$q_y = q_1 = q_2 = q_3 = \cdots$$

所以

$$k_y iA = k_1 i_1 A = k_2 i_2 A = k_3 i_3 A = \cdots \tag{2-11}$$

式中　A——渗流经过的截面积。

又因总水头损失等于各土层水头损失之和，故

$$Hi = H_1 i_1 + H_2 i_2 + H_3 i_3 + \cdots \tag{2-12}$$

将式（2-12）代入式（2-11），则得

$$k_y \cdot \frac{1}{H}(H_1 i_1 + H_2 i_2 + H_3 i_3 + \cdots) = k_1 i_1 = \cdots$$

所以沿 y 方向的平均渗透系数为

$$k_y = \frac{H}{\frac{H_1}{k_1} + \frac{H_2}{k_2} + \frac{H_3}{k_3} + \cdots} = \frac{H}{\sum_{i=1}^{n} \frac{H_i}{k_i}} \tag{2-13}$$

【例题 2-1】 不透水岩基上有水平分布的 3 层土，层厚均为 1 m，渗透系数分别为 k_1=0.001 m/d，k_2=0.2 m/d，k_3=10 m/d，分别求土层的水平渗流与竖直渗流的等效渗透系数 k_x 和 k_y。

【解】 水平渗流的等效渗透系数 k_x 根据式（2-10）计算

$$k_x = \frac{1}{H}\sum_{i=1}^{3} k_i H_i = \frac{1}{3}(0.001 + 0.2 + 10) = 3.4\ \text{m/d}$$

竖直渗流的等效渗透系数 k_y 根据式（2-13）计算

$$k_y = \frac{H}{\sum_{i=1}^{3} \frac{H_i}{k_i}} = \frac{3}{\frac{1}{0.001} + \frac{1}{0.2} + \frac{1}{10}} = 0.003\ \text{m/d}$$

由例题计算可知：平行于土层面的等效渗透系数 k_x 值是各层土渗透系数按厚度的加权平均值，渗透系数大的土层起主要作用；而垂直于土层面的等效渗透系数 k_y 值是渗透系数小的土层起主要作用。因此，k_x 恒大于 k_y。

二、渗透力与临界水力坡降

（一）渗透力

水在渗流过程中将受到土粒的阻力，同时水对土粒也会产生一种作用力。这种由于水的渗流对土颗粒骨架产生的作用力，称为渗透力。

在渗流土体中沿渗流方向取出一个土柱来研究，如图 2-12 所示，取土柱长度为 L，横截面积为 A。因 $h_1 > h_2$，水从截面 1 流向截面 2。因渗流速度很小，惯性力可忽略不计。这样，渗流时作用于土柱上的力有：作用于截面 1 上的总水压力 $\gamma_w h_1 A$，作用于截面 2 上的总水压力 $\gamma_w h_2 A$。显然，引起渗流的力为 $\gamma_w (h_1 - h_2)A = \gamma_w \Delta h \cdot A$。设 f_s 为单位土体积中土粒对渗流的阻力，则土柱体 AL 对渗流的总阻力应为 $f_s AL$。

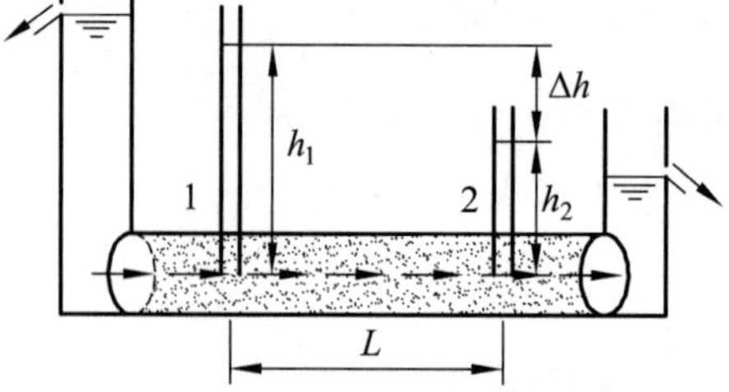

图 2-12　水在土中渗流

根据力的平衡条件，可得出

$$(h_1-h_2)\gamma_w A=f_s AL$$

所以 $$f_s=\frac{h_1-h_2}{L}\gamma_w=\frac{\Delta h}{L}\gamma_w=i\gamma_w \tag{2-14}$$

渗透力的大小应等于 f_s，但方向与水流方向相同。设渗透力为 j，则

$$j=i\gamma_w \tag{2-15}$$

渗透力是一种体积力，其单位为 kN/m^3，其作用方向与渗透方向一致，其值等于水力坡降与水的重度之乘积。

渗透力的方向不同，对土体的作用也不同。如图 2-13 所示，当渗流方向自上而下时，渗透力方向与重力方向一致（图中 a 点），增大了土粒间作用力，对土体稳定有利；反之，若渗流方向是自下而上，与土粒重力方向相反（图中 c 点），渗透力减小了土粒间的作用力，对土体稳定不利。当向上的渗透力大于土的浮重度时，土粒就会被渗流挟带向上涌出。这就是引起土体渗透变形的根本原因。显然，要了解土体渗透变形的机理，就必须了解渗透力的作用机理。另外，地基、土坝和基坑边坡也常有渗流，在进行稳定分析时也必须考虑渗透力的影响。

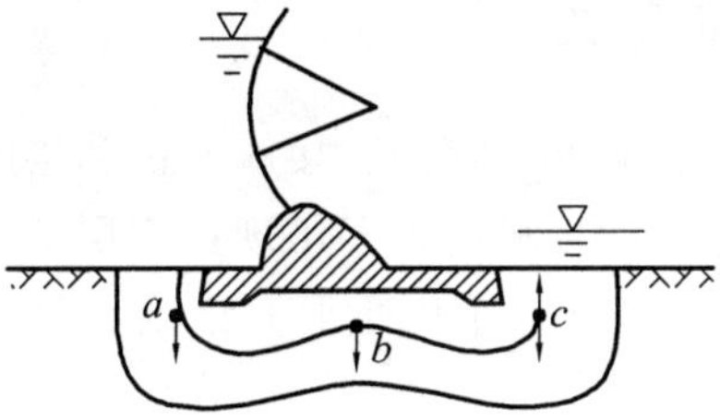

图 2-13　渗透力对土体作用示意

（二）临界水力坡降

使土体开始发生渗透变形的水力坡降，称为临界水力坡降。它可以用图 2-4 所示的试验方法加以确定。图中长度为 L 的土柱上、下两个截面间由浮重度产生的重力方向向下，大小为 $W'=AL\gamma'$，而向上的渗透力为 $jAL=i\gamma_w AL$。当水头差增大到一定值，使向上渗透力 $i\gamma_w AL$ 与向下重力 $AL\gamma'$ 相等时，土体处于临界状态。

由 $$AL\gamma'=i\gamma_w AL$$

得 $$i\gamma_w=\gamma' \tag{2-16}$$

式（2-16）表示临界状态渗透力等于土的浮重度，也可表示为

$$i\gamma_w=\frac{G_s-1}{1+e}\gamma_w=(1-n)(G_s-1)\gamma_w$$

以 i_{cr} 表示临界水力坡降，则

$$i_{cr}=\frac{\gamma'}{\gamma_w}=\frac{G_s-1}{1+e}=(1-n)(G_s-1) \tag{2-17}$$

由式（2-17）可知，临界水力坡降与土粒相对密度 G_s 及孔隙比 e（或孔隙率 n）有关，其值为 0.8 ~ 1.2。对于 G_s=2.65、e=0.65 的中等密实砂土，$i_{cr}=1.0$。在工程计算中，通常将土的临界水力坡降除以安全系数 2 ~ 3 后才得出设计上采用的允许水力坡降值[i]。一些资料指出：均粒砂土的允许水力坡降[i]=0.27 ~ 0.44，细粒含量大于 30% ~ 50%的砂砾土的允许水力坡降[i]=0.3 ~ 0.4。黏土由于黏聚力的作用，一般不易发生变形，其临界坡降值较大，故[i]值也可以提高。

临界水力坡降
教学案例

第三节　土的渗透变形

土工建筑物及地基由于渗流作用而出现的变形或破坏称为渗透变形或渗透破坏，如土层剥落，地面隆起，在向上水流作用下土颗粒悬浮，细颗粒被水带出以及出现集中渗流通道等。渗透变形是水工建筑物发生破坏的重要原因之一。

一、渗透变形的基本形式

土的渗透变形类型主要有流土、管涌、接触冲刷和接触流失等。流土和管涌主要出现在单一土层中，接触冲刷和接触流失多出现在多层结构地基中。除分散性黏性土外，黏性土的主要渗透变形是流土。下面主要介绍流土和管涌。

（一）流　土

在向上渗流作用下，局部土体表面隆起、顶穿或颗粒群同时发生悬浮、移动的现象称为流土。任何类型的土，只要水力坡降达到一定的数值，都会发生流土破坏。流土发生于渗流逸出处的土体表面而不是发生于土体内部。开挖渠道或基坑时常遇到的流砂现象，即属于流土类型。流砂往往发生在细砂、粉砂及黏砂土和淤泥质土中，而颗粒较粗（如中砂、粗砂等）及黏性较大的土（如黏土）则不易发生流砂。

实践表明，流土常发生在下游路堤渗流逸出处，且无保护的情况下。图 2-14 表示一填筑在双层地基上的河堤，地基表层为渗透系数较小的黏性土层，且较薄；下层为渗透性较大的无黏性土层，$k_1 \ll k_2$。当渗流经过双层地基时，水头将主要损失在上游水流渗入和下游水流渗出薄黏性土层的流程中，在砂层中的流程损失很小，因此造成下游逸出处渗透坡降 i 较大。当 $i>i_{cr}$ 时就会在下游坡脚处出现土表面隆起，裂缝开展，砂粒涌出，以至整块土体被渗透水流抬起的现象，这就是典型的流土破坏。

若地基为比较均匀的砂层（不均匀系数 $C_u<10$），当水位差较大、渗透途径不够长时，下游渗流逸出处也会有 $i>i_{cr}$，这时地表将普遍出现小泉眼，冒气泡，继而土颗粒群向上鼓起，发生浮动、跳跃，称为砂沸。砂沸也是流土的一种形式。

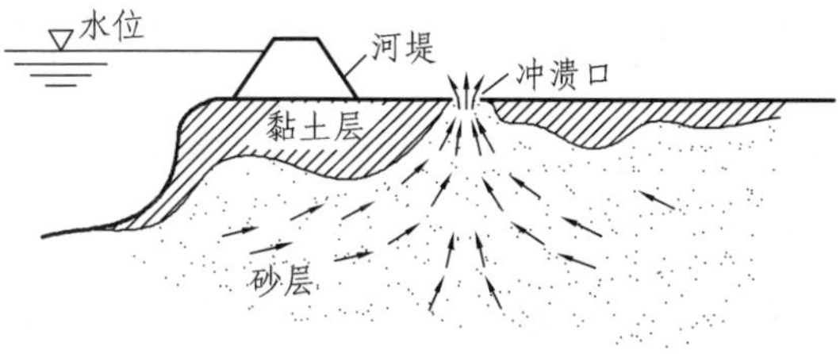

图 2-14　河堤下游逸出处的流土破坏

(二) 管　涌

管涌是指在渗透水流作用下，一定级配的无黏性土中的细小颗粒，在较大颗粒形成的孔隙中移动、流失；随着土中孔隙不断扩大，渗透流速不断增加，较粗的颗粒也相继被水流逐渐带走，最终导致土体内形成与地表贯通的渗流管道，从而引发建筑物或地基发生破坏的现象，如图 2-15 所示。可见，管涌破坏一般有时间发展过程，是一种渐进性质的破坏，故被称为渗流的潜蚀现象。管涌发生在一定级配的无黏性土中，发生的部位可以在渗流逸出处，也可以在土体内部。

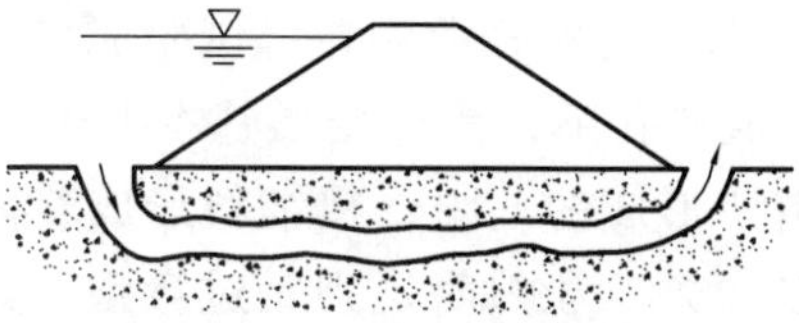

图 2-15　路基的管涌示意图

二、渗透破坏类型的判别

土的渗透变形的发生和发展过程有其内因和外因。内因是土的颗粒组成和结构，即常说的几何条件；外因是水力条件，即作用于土体骨架上渗透力的大小。

(一) 流土可能性的判别

在自下而上的渗流逸出处，任何土，包括黏性土或无黏性土，只要满足渗透坡降大于临界水力坡降这一水力条件，均会发生流土。因此，只要求出渗流逸出处的水力坡降 i，再用式（2-17）求出临界水力坡降 i_{cr} 值后，即可按下列条件，判别流土的可能性：

$i<i_{cr}$，土体处于稳定状态；

$i>i_{cr}$，土体发生流土破坏；

$i=i_{cr}$，土体处于临界状态。

由于流土将造成地基破坏、建筑物倒塌等灾难性事故，工程上是绝对不允许发生的，故设计时要保证有一定的安全系数，把逸出坡降限制在允许坡降[i]以内，即

$$i \leqslant [i]=\frac{i_{cr}}{F_s} \tag{2-18}$$

式中　F_s——流土安全系数，一般取 1.5 ~ 2.0。

计算流土破坏安全系数时应采用最大水头差和最短的渗流路径。

（二）管涌可能性的判别

发生管涌的土一般为无黏性土。管涌产生的必要条件之一是：土中含有适量的粗颗粒和细颗粒，且粗颗粒间的孔隙通道足够大，可容粒径较小的颗粒在其中顺水流翻滚移动；或者在黏性土中存在细、粉砂夹层。故无黏性土中产生管涌的必备条件有：

1. 几何条件

土中粗颗粒所构成的孔隙直径必须大于细颗粒的直径，才可能让细颗粒在其中移动，这是管涌产生的必要条件。

对于不均匀系数 $C_u<10$ 的较均匀土，颗粒粗细相差不多，粗颗粒形成的孔隙直径不比细颗粒大，因此细颗粒不能在孔隙中移动，也就不可能发生管涌。

对于 $C_u>10$ 的不均匀砂砾石土，大量试验证明，这种土既可能发生管涌也可能发生流土，主要取决于土的级配情况和细粒含量。对于缺乏中间粒径，级配不连续的土，其渗透变形形式主要决定于细料含量。这里所谓的细料是指级配曲线水平段以下的粒径、如图 2-16 曲线①中 b 点以下的粒径的颗粒。试验成果表明：当细料含量在 25%以下时，细料填不满粗料所形成的孔隙，渗透变形基本上属管涌型；当细料含量在 35%以上时，细料足以填满粗料所形成的孔隙，粗细料形成整体，抗渗能力增强，渗透变形是流土型；当细料含量在 25%～35%时，则是过渡型。具体形式还要看土的松密程度。对于级配连续的不均匀土，如图 2-16 中曲线②，不好找出骨架与充填料的分界线。一般可用土的孔隙平均直径 D_0 与最细部分的颗粒粒径 d_s 相比较，以判别土的渗透变形的类型。土的孔隙平均直径 D_0 可以下述经验公式表示：

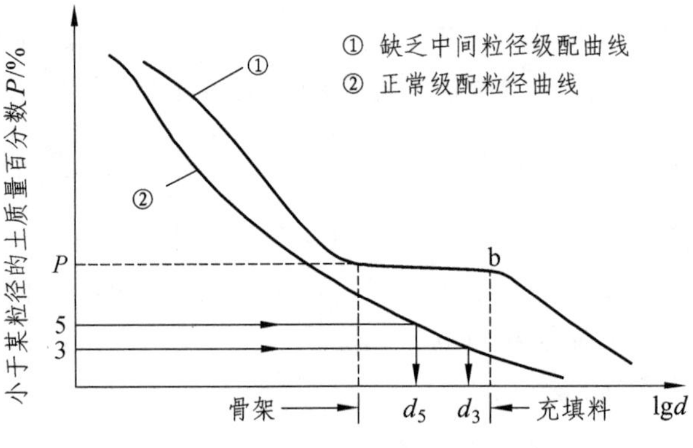

图 2-16　颗粒级配曲线

$$D_0=0.25d_{20} \tag{2-19}$$

式中：d_{20} 为小于该粒径的土质量占总质量的 20%。试验资料证明：当土中有 5%以上的细颗粒小于土的孔隙平均直径时，即 $D_0>d_5$ 时，破坏形式为管涌；而如果土中小于 D_0 的细粒含量<3%，即 $D_0<d_3$ 时，可能流失的土颗粒很少，不会发生管涌，呈流土破坏。综上所述，对于无黏性土是否发生管涌的几何条件可用下列准则判别：

（1）$C_u \leqslant 10$ 的比较均匀的土，为非管涌土。

（2）$C_u > 10$ 的较不均匀的土：

① 级配不连续的土：细料含量大于 35%，为非管涌土；细料含量小于 25%，为管涌土；细料含量为 25% ~ 35%，为过渡型土。

② 级配连续的土：$D_0 < d_3$，为非管涌土；$D_0 > d_5$，为管涌土；$D_0 = d_3 \sim d_5$，为过渡型土。

2. 水力条件

渗透力能够带动细颗粒在孔隙间滚动或移动是发生管涌的水力条件，所以渗透力可用管涌的水力坡降来表示。但至今，管涌的临界水力坡降的计算方法尚不成熟，国内外研究者提出的计算方法较多，但算得的结果差异较大，故还没有一个被公认的合适的公式。对于一些重大工程，临界水力坡降应由渗透破坏试验确定。在无试验条件的情况下，可参考国内外的一些研究成果。

我国学者在对级配连续与级配不连续的土进行理论分析与试验研究的基础上，提出了管涌土的破坏坡降与允许坡降的范围值，如表 2-2。

表 2-2　管涌的水力坡降范围

水力坡降	级配连续土	级配不连续土
破坏坡降 i_{cr}	0.2 ~ 0.4	0.1 ~ 0.3
允许坡降[i]	0.1 ~ 0.25	0.1 ~ 0.2

三、渗透变形的防治措施

建筑物的防渗措施一般以“上堵下疏”为原则，上游截渗、延长渗径，下游通畅渗透水流，减小渗透压力，防止渗透变形。

（1）垂直截渗：上游做垂直防渗帷幕，如混凝土防渗墙、水泥土截水墙、板桩或灌浆帷幕等。根据实际需要，帷幕可完全切断地基的透水层，彻底解决地基土的渗透变形问题；也可不完全切断透水层，做成悬挂式，起延长渗流途径、降低下游逸出坡降的作用。图 2-17 为混凝土防渗墙。

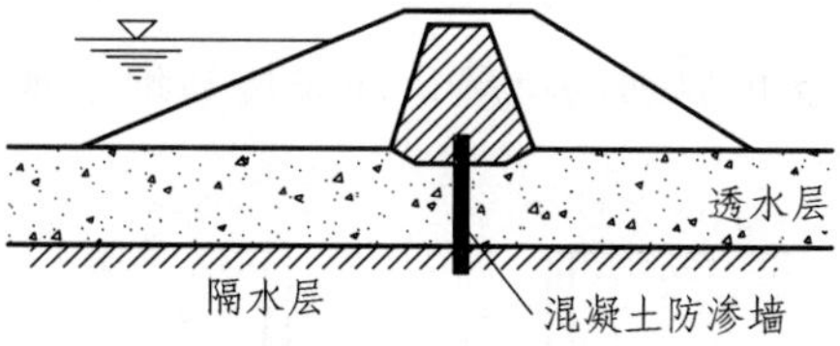

图 2-17　混凝土防渗墙

（2）上游做水平防渗铺盖：以延长渗流途径、降低下游的逸出坡降，如图 2-18。

（3）在下游水流逸出处挖减压沟或打减压井，贯穿渗透性小的黏性土层，以降低作用在黏性土层底面的渗透压力，如图 2-19。

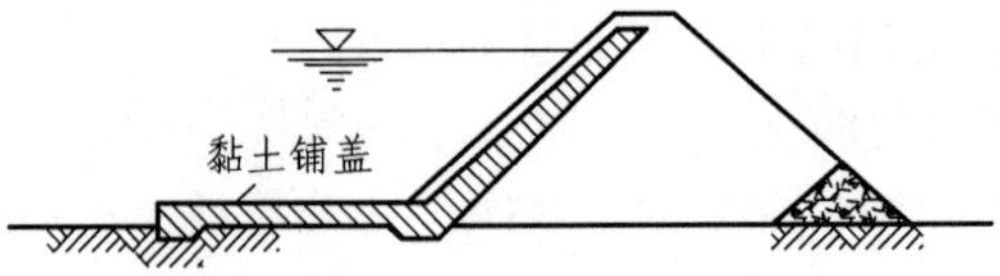

图 2-18　上游的水平防渗铺盖

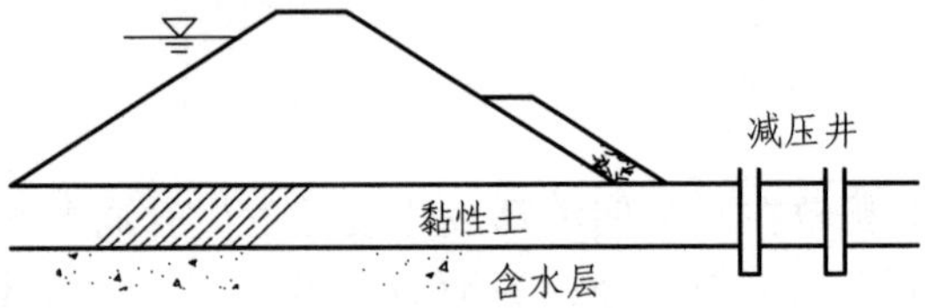

图 2-19　下游的减压井

（4）下游水流逸出处填筑一定厚度的透水盖重，以防止土体被渗透压力所悬浮。

这几种工程措施往往是联合使用的，具体的设计据实际情况而定。

四、基坑开挖的防渗措施

1. 工程降水

工程降水即采用明沟排水和井点降水的方法人工降低地下水位。明沟排水即在基坑内（外）设置排水沟、集水井，用抽水设备将地下水从排水沟或集水井排出，如图 2-20；如要求地下水位降得较深，可采用井点降水，即在基坑周围布置一排至几排井点，从井中抽水降低水位，如图 2-21。

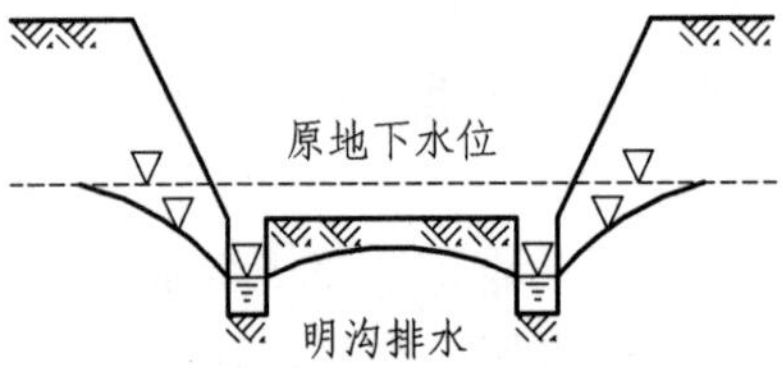

图 2-20　明沟排水

图 2-21　多级井点降水

2. 设置板桩围堰

沿坑壁打入板桩，它既可以加固坑壁，同时增加地下水的渗流路径，减小水力坡降，如图 2-22。

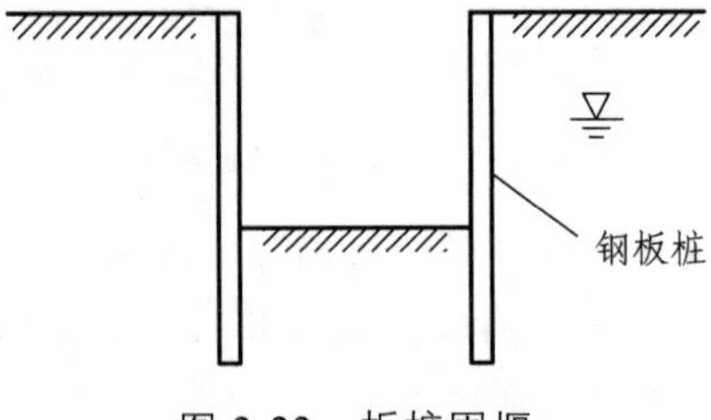

图 2-22　板桩围堰

3. 水下挖掘

在基坑或沉井中用机械在水下挖掘，可避免因排水而造成流砂的水头差。为了增加砂的稳定性，也可向基坑中注水，并同时进行挖掘。

【例题 2-2】 如图 2-23 所示，砂样受到自下而上的渗流水作用，已知砂样的长度为 25 cm，水头差为 20 cm。

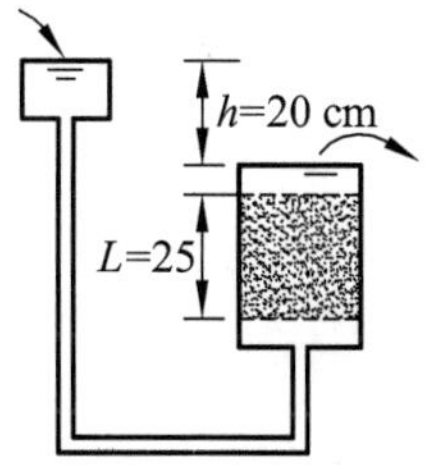

图 2-23　例题 2-2 图

试求：(1) 作用在砂样上的渗透力。

(2) 若砂样的土粒相对密度 $G_s = 2.68$，孔隙比 e=0.72，试判断该砂样是否会发生流砂现象。

(3) 砂样发生流砂破坏时，水头差应为多少?

【解】 由图可以看出，进水面与出水面水头差为 20 cm，所以

渗流水力坡降：$i = \dfrac{h}{L} = \dfrac{20}{25} = 0.8$

渗透力：$j = \gamma_w i = 10 \times 0.8 = 8\ \text{kN/m}^3$

临界水力坡降：$i_{cr} = \dfrac{G_s - 1}{1 + e} = \dfrac{2.68 - 1}{1 + 0.72} = 0.98$

因为 $i < i_{cr}$，所以不会发生流砂。

若要发生流砂，则要 $i = i_{cr}$，即

$$i_{cr} = 0.98 = \frac{h}{25}$$

$$h = 24.5\ \text{cm}$$

【例题 2-3】 有一水中基础，采用木板桩围堰，抽水明挖施工，地基土为细砂，土粒相对密度为 G_s=2.65，孔隙比 e=0.65（安全系数 F_s=1.5），如图 2-24 所示。

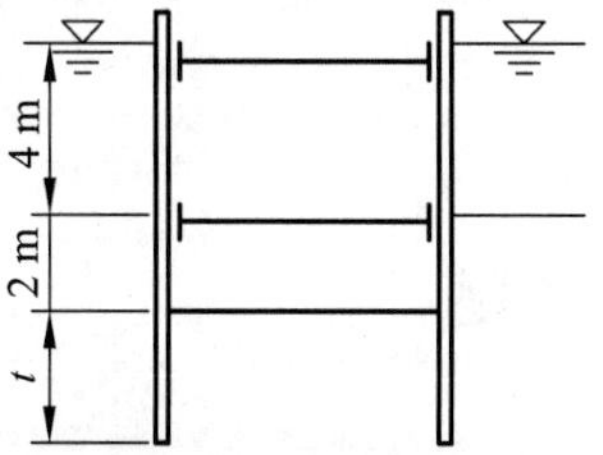

图 2-24　例题 2-3 图

防止渗透变形教学案例

试求：(1) 板桩应打入多深（基坑至桩尖）才能防止发生流砂?

（2）已知细砂的渗透系数为 0.006 cm/s，基坑底面积为 30 m^2，板桩入土深度 d=4.0 m，为防止流砂发生，抽水机向外抽水的最大值为多少？

【**解**】计算细砂的允许水力坡降：

$$[i]=\frac{i_{cr}}{F_s}=\frac{G_s-1}{1+e}.\frac{1}{F_s}=\frac{2.65-1}{1+0.65}.\frac{1}{1.5}=\frac{2}{3}$$

基坑底水流逸出处水力坡降：

$$i=\frac{\Delta h}{L}=\frac{6}{2+2t}$$

当允许水力坡降与基坑底水力坡降相等时，即 $\frac{2}{3}=\frac{6}{2+2t}$ 时，

求得板桩打入深度 $t=3.5$ m。

当板桩入土深度 d=4.0 m 时，水力坡降

$$i=\frac{\Delta h}{L}=\frac{6}{2+2\times 4}=0.6$$

抽水机向外抽水的最大值为

$$Q=KiA=1080\ \text{cm}^3/\text{s}=3.88\ \text{m}^3/\text{h}$$

本章小结

本章主要介绍了土的渗透性、渗透定律、渗透力、临界水力坡降、渗透破坏类型及防治措施。

渗透定律即达西定律，也称砂土层流定律，即水在土中的渗透速度与水力坡降成正比。

水在土中渗流会对土体产生渗透力，渗透力与水流方向相同，水流方向与重力方向不同时会降低土体的稳定性。

临界水力坡降是土体即将发生破坏时的水力坡降，与土粒相对密度 G_s 及孔隙比 e（或孔隙率 n）有关。

土体渗透破坏有两种主要形式：流土和管涌。流土的发生主要与水力坡降有关；管涌的发生除了与水力坡降有关外，还与土的组成、级配、密实程度有关。防止渗透破坏主要措施为上堵下疏。

复习思考题

2-1　水在土中是如何发生渗流的？

2-2　简述土体的渗透性和渗透定律，比较砂土和黏性土的渗透性。

2-3　渗透力与渗流对土体稳定性的影响有哪些？

2-4 土体流砂与管涌可能性如何判别？

2-5 渗透变形的防治措施有哪些？

2-6 工程降水的方式有哪几种？

习 题

2-1 一土样长 25 cm，截面积为 110 cm^2，作用于该试样两端的固定水头差为 75 cm，试验时，通过试样渗流出的水量为 120 cm^3/min。试求该土样的渗透系数 k 值，并判定其属于何种土。

2-2 有一水中基础，采用木板桩围堰，如图 2-25，抽水明挖施工，地基土为细砂，土粒有效重度为 γ'=8.9 kN/m^3，水深 3 m，基坑深度 2 m。问板桩应打入多深（基坑至桩尖）才能防止发生流砂？（取安全系数 F_s=1.5）

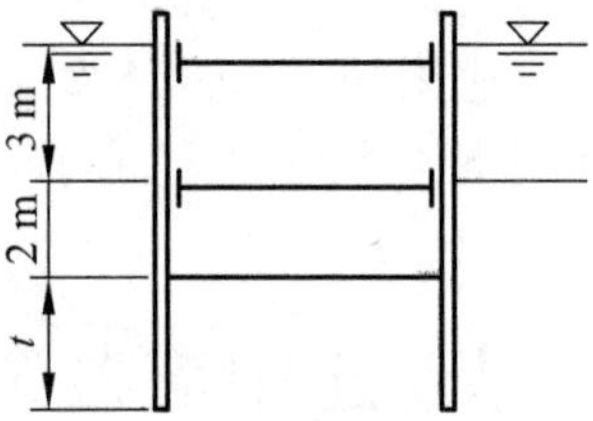

图 2-25 习题 2-2 图

2-3 某基坑在细砂中开挖，采用明沟排水，待水位稳定后，实测情况如图 2-26 所示。据场地勘察报告知细砂的饱和重度 γ_{sat}=18.7 kN/m^3，渗透系数 k=0.0045 cm/s。试求渗透水流平均速度和渗透力，并判定是否会发生流砂现象。

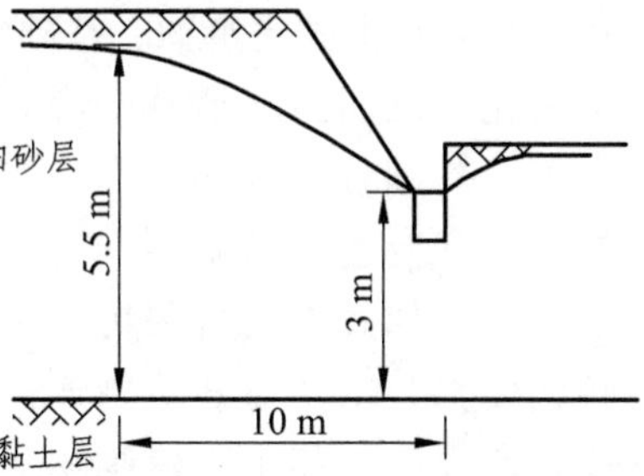

图 2-26 习题 2-3 图

第三章
土中应力计算

本章知识要点

（1）土中自重应力与附加应力的概念、计算方法及其分布规律。
（2）基底压力的简化计算，基底附加应力的计算。
（3）面积荷载和条形荷载作用下土中附加应力的计算及分布规律。

第一节　土中应力简介

大多数建筑物是建造在土层上的，我们把承受结构作用的土层称为地基。由天然土层直接支承建筑物的称天然地基，软弱土层经加固后支承建筑物的称人工地基；而与地基相接触的将结构所承受的荷载传递至地基上的构造物称为基础，如图 3-1 所示。建筑物的建造使地基土中原有的应力状态发生了变化，如同其他材料一样，地基受力后也要产生应力和变形。在地基土层上建造建筑物，基础将建筑物的荷载传递给地基，使地基中原有的应力状态发生变化，从而引起地基变形，其垂向变形即为沉降。由于建筑物荷载差异和地基不均匀等，基础各部分的沉降或多或少总是不均匀的，使得上部结构之中相应地产生额外的应力和变形。基础不均匀沉降超过了一定的限度，将导致建筑物的开裂、歪斜甚至破坏，例如砖墙出现裂缝，吊车轮子出现卡轨或滑轨，高层、高耸结构物倾斜，机器转轴偏斜，以及与建筑物连接的管道断裂，等等。因此，研究地基土中应力的分布规律是研究地基和土工建筑物变形和稳定问题的理论依据，是地基基础设计中的一个十分重要的问题。

土中应力可分为自重应力和附加应力。自重应力是上覆土体本身的重量所引起的应力，其值随深度的增加而增大。一般说来，自重应力不会使地基产生变形，这是因为土层形成的年代久远，在自重作用下，压缩变形早已完成。但对于新沉积的土、新填土，或地质条件改变，如地下水位发生变化时，则应重新考虑土层在自重作用下的地基变形。附加应力是建筑物荷载在地基土中产生的附加于原有应力之上的应力。它以一定的角度向下扩散传播到地基的深处，其值随深度的增加而减小。附加应力改变了地基土中原有的应力状态，使地基产生变形，并导致建筑物基础产生沉降。

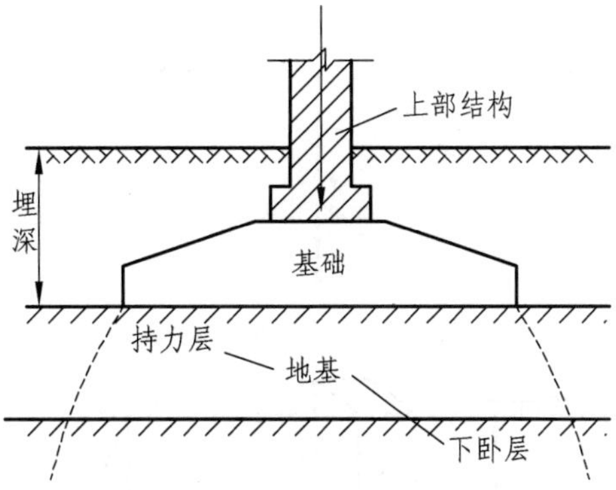

图 3-1　上部结构、基础、地基示意图

在计算土中应力时，通常使用弹性力学的方法求解，即假设土体为连续的、完全弹性的、均质的和各向同性的半无限直线变形体。研究土中应力与应变关系时，认为土处于弹性变形范围内。实际上，土是不符合理想弹性体的上述含义的，而是弹塑性和各向非均质的异性体。由于一般建筑物荷载引起的土中应力不大，所以应力与应变之间才有近似的直线关系，此时，才可以将土体作为弹性体看待，采用弹性理论计算土中应力。由于土是松散的介质，一般不能承受拉应力，或只有很小的抗拉强度。因此，在土力学中规定正应力以压为正，拉为负。

第二节　土中自重应力的分布及计算

由上覆土体本身重量引起的应力称为自重应力。自重应力是自土体形成之日起就产生于土中的，所以它引起的变形一般认为已经完成，因此我们只对新近填土以及在地下水位发生变化的时候才考虑在自重作用下的变形。

一、均匀土体中的自重应力

向两边无限延伸的平面称为无限大平面，无限大平面以下的无限空间称半无限空间，当地基相对于基础尺寸而言大很多时，就可以把地基看作半无限弹性体。如图 3-2 所示，以天然地面任一点为坐标原点 O，坐标 z 轴竖直向下为正。

当土质均匀时，则任一水平面上的竖向自重应力都是均匀无限分布的。在此应力作用下，地基土只能产生竖向变形，不可能产生侧向变形和剪切变形。土体内任一竖直面都是对称面，对称面上的剪应力等于零，根据剪应力互等定理可知，任一水平面上的剪应力也等于零。设地基土为均质体，其天然重度为 γ，在土中切取一个面积为 A 的土柱，深度 z 处的竖向自重应力 σ_{cz} 就等于单位面积上的土柱重量，用式（3-1）计算，如图 3-3 所示。

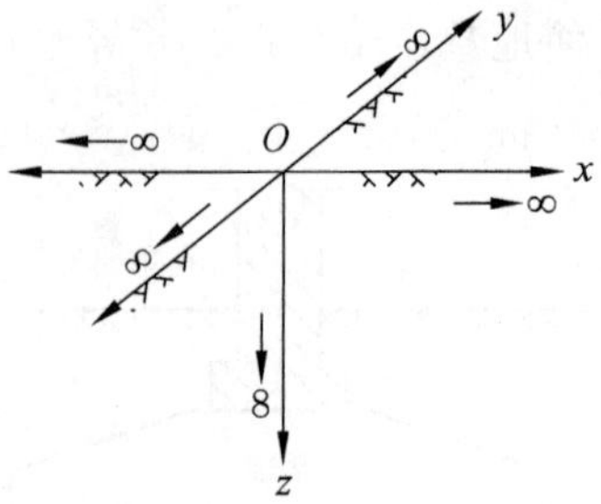

图 3-2　半无限空间体

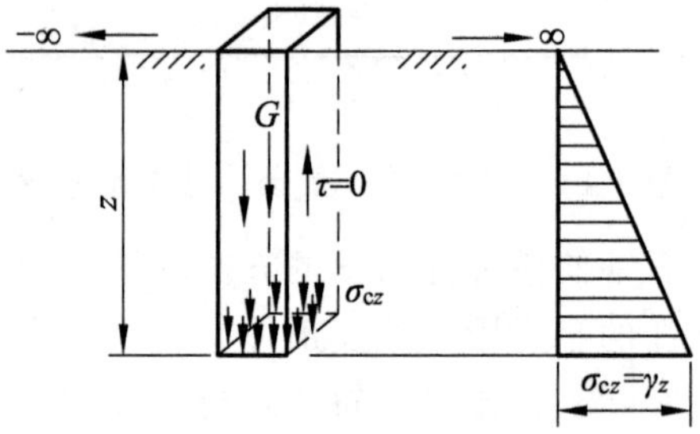

图 3-3　均质土的自重应力

$$\sigma_{cz} = \frac{G}{A} = \frac{\gamma z A}{A} = \gamma z \tag{3-1}$$

式中　σ_{cz}——土的竖向自重应力（kPa）;

G——土柱的重力（kN）;

γ——土的重度（kN/m^3）;

z——地面至计算点的深度（m）。

由式（3-1）可知：土的自重应力随深度 z 线性增加，当土为均质土层时，σ_{cz} 与 z 成正比，呈三角形分布，如图 3-3 所示。

二、成层土体中的自重应力

1. 成层土自重应力计算

天然地层往往由不同厚度、不同重度的土层组成，其自重应力需按式（3-1）分层计算后再叠加，按式（3-2）计算：

$$\sigma_{cz} = \gamma_1 h_1 + \gamma_2 h_2 + \cdots + \gamma_n h_n = \sum_{i=1}^{n} \gamma_i h_i \tag{3-2}$$

式中　n——计算范围内的土层数；

h_i——第 i 层土的厚度（m）;

γ_i——第 i 层土的重度（kN/m^3），地下水位以上的土层一般采用天然重度，地下水位以下的透水土层采用浮重度，毛细饱和带的土层采用饱和重度。

2. 成层土自重应力的分布

成层土的自重应力沿深度呈折线分布，在土层界面处和地下水位处发生转折，如图 3-4 所示。

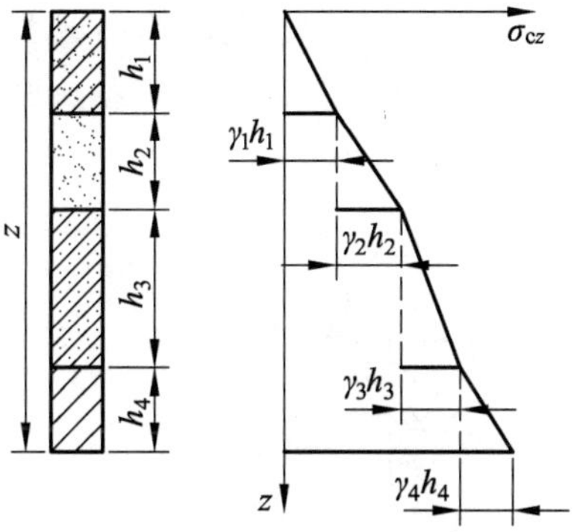

图 3-4　成层土中的自重应力

三、地下水的影响

1. 透水土层

对于地下水位以下透水层（如砂土），孔隙中充满自由水，土颗粒将受到水的浮力作用，计算自重应力时应采用浮重度 γ' 。

2. 不透水土层

若在地下水位以下有不透水土层（例如岩层或只含结合水的坚硬黏土层），由于结合水的物理特性与自由水不同，它不传递静水压力，不起浮力作用，所以土颗粒不受浮力影响，计算自重应力时应采用饱和重度 γ_{sat}。所以层面及层面以下的自重应力应按上覆土层的水土总重计算，这样，紧靠上覆层与不透水层界面上下的自重应力有突变，使层面处具有两个自重应力值，如图 3-5。

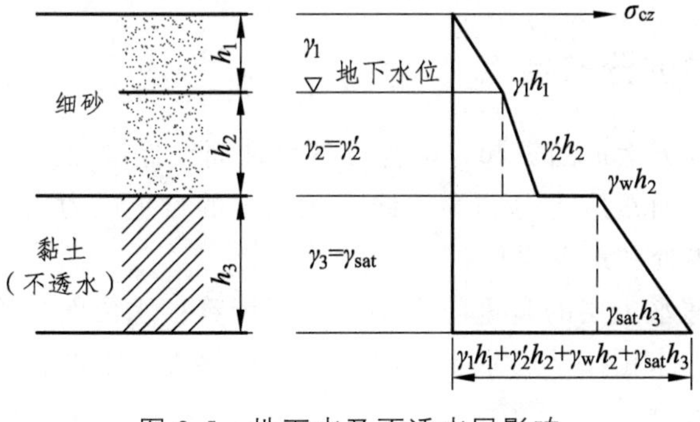

图 3-5　地下水及不透水层影响

图 3-5 中，细砂底面的自重应力按式（3-3a）计算：

$$\sigma_{cz} = \gamma_1 h_1 + \gamma_2' h_2 \tag{3-3a}$$

黏土顶面的自重应力按式（3-3b）计算：

$$\sigma_{cz}=\gamma_1 h_1+\gamma_2' h_2+\gamma_w h_2 \tag{3-3b}$$

对于黏性土很难确切判定其是否透水。一般认为：长期浸在水中的黏性土，若其液性指数 $I_L \leqslant 0$，表明该土处于半干硬状态，可按不透水考虑；若 $I_L \geqslant 1$，表明该土处于流塑状态，可按透水考虑；$0 < I_L < 1$，可按透水与不透水分别计算，取对工程不利计。

【例题 3-1】 如图 3-6 所示地层剖面图，试计算各层面处的自重应力并绘制自重应力分布图（取水的重度 $\gamma_w = 10\ \text{kN/m}^3$）。

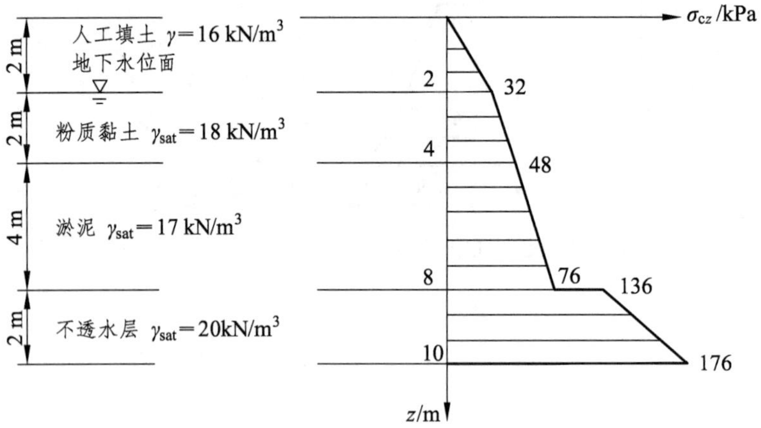

图 3-6　例题 3-1 图

复杂情况下自重应力的计算教学案例

【解】 天然地面：$\sigma_{cz0}=0\ \text{kPa}$

人工填土底面：$\sigma_{cz1}=\gamma_1 h_1=16\times 2=32\ \text{kPa}$

粉质黏土底面：$\sigma_{cz2}=\gamma_1 h_1+\gamma_2' h_2=32+(18-10)\times 2=48\ \text{kPa}$

淤泥底面：$\sigma_{cz3}=\gamma_1 h_1+\gamma_2' h_2+\gamma_3' h_3=48+(17-10)\times 4=76\ \text{kPa}$

不透水层顶面：$\sigma_{cz3}'=\gamma_1 h_1+\gamma_2' h_2+\gamma_3' h_3+\gamma_w(h_2+h_3)=76+(2+4)\times 10=136\ \text{kPa}$

不透水层底面：$\sigma_{cz4}=\gamma_1 h_1+\gamma_2' h_2+\gamma_3' h_3+\gamma_w(h_2+h_3)+\gamma_{sat4}h_4=136+20\times 2=176\ \text{kPa}$

自重应力分布如图 3-6 所示。

四、自重应力的分布特点

（1）自重应力自天然地面算起，随深度的增加而线性增加。

（2）均质土层的自重应力分布为直线，成层土的自重应力由于重度不同分布为折线，拐点在土层交界处和地下水位处。

（3）水位面下透水土层的自重应力用浮重度计算；水位面下不透水土层的自重应力用饱和重度计算；水位面下透水土层与不透水层界面上下的自重应力有突变，层面处具有两个自重应力值。

应当注意：以上所讨论的自重应力是指土颗粒之间接触点传递的粒间应力，故称有效自重应力；一般土层形成地质年代较长，在自重应力作用下变形早已稳定，故自重应力不再引起建筑物基础沉降。但对于新近沉积或堆积的土层，在自重应力作用下会产生变形；此外，地下水位升降会引起土中自重应力的变化。例如，抽取地下水会引起原水位面以下土的重度改变，有效自重应力增加，从而造成地表大面积下沉。反之，如地下水位上升，会引起地基承载力降低，黄土地基的湿陷、膨胀土地基的膨胀等问题，必须加以重视，如图 3-7。

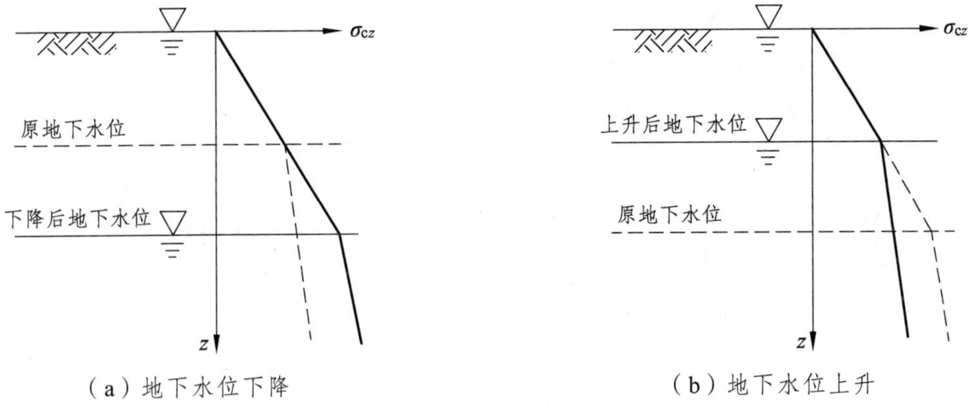

图 3-7　地下水位升降对土中自重应力的影响

注：虚线表示原来自重应力分布线；实线表示地下水位变动后自重应力分布线。

第三节　基底压力的分布与计算

一、基底压力分布

基底压力是指建筑物荷载由基础传给地基，在基础与地基接触面上存在的接触应力。基底反力指基底压力的反作用力，即地基土层反向施加于基础底面上的压力，也就是作用于基础底面土层单位面积上的压力，单位为 kPa。基底压力是计算土中附加应力的依据，地基对于基础的反作用力，是计算净反力的依据，而净反力是基础结构设计中内力计算的荷载条件。精确确定基底压力数值与形态是个很复杂的问题，这是由于基础与地基不是一种材料、一个整体，二者的刚度相差很大，变形不能协调；此外，基底压力还受基础的平面形状、尺寸、埋深等条件的影响。

1. 柔性基础

柔性基础（如土坝、路基等）刚度很小，除承受压力外还能承担一定量的弯矩。因此，柔性基础基底压力的分布形式与上部荷载的作用形式相同，如图 3-8 所示。

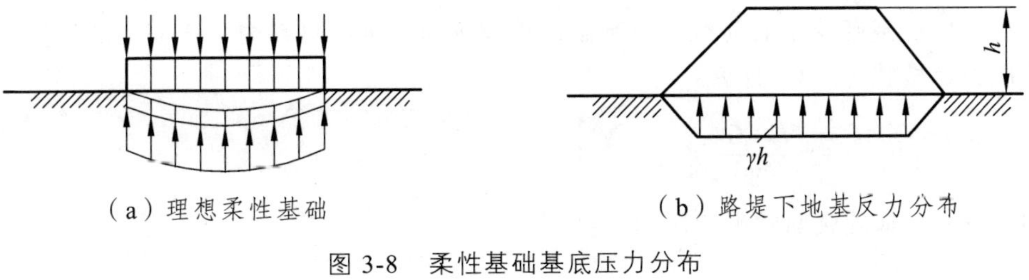

图 3-8　柔性基础基底压力分布

2. 刚性基础

刚性基础（如块式整体基础、素混凝土基础）刚度大，只能承受压力，基础受力后其本身变形很小，下沉后其底面仍保持平面形状。刚性基础基底压力分布有三种情况，如图 3-9 所示。当荷载较小时，基底压力分布形状呈马鞍形，如图 3-9（a）；随着荷载增大，边缘塑性破坏区逐渐扩大，所增加的荷载必须靠基底中部力的增大来平衡，基底压力图形变为抛物线形，如图 3-9（b）；荷载继续增大，基底压力图形发展为倒钟形分布，如图 3-9（c）。

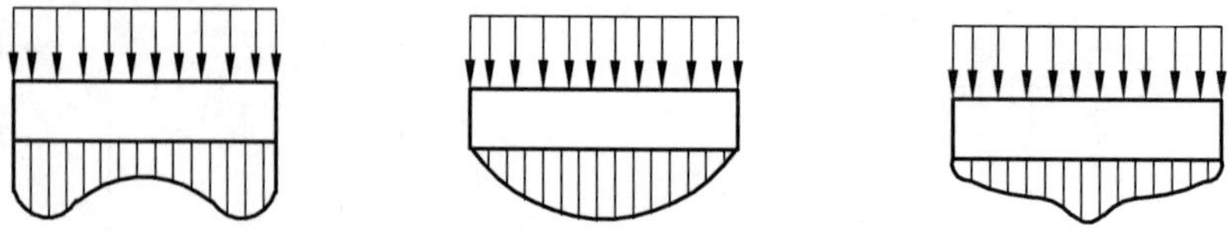

（a）马鞍形　　（b）抛物线形　　（c）倒钟形

图 3-9　刚性基础基底压力分布图

基底应力图的形状，主要受平均压力 σ、基底尺寸 b 或 $\sqrt{A}$（A 为基底面积）、土的压缩性、基础的埋置深度 h 等因素影响。

二、基底压力的简化计算

根据前面的内容分析，我们知道基底接触压力的分布形式十分复杂，在工程上应用很不方便，需要进一步处理。基底接触压力都是作用在地基表面的，根据弹性理论中的圣维南原理可知，其具体分布形式对地基中应力计算的影响将随深度的增加而减小，超过一定深度后，地基中应力分布几乎与基底压力的分布形状无关，而只决定于荷载合力的大小和位置。试验证明：当基础宽度不小于 1.0 m，而且荷载不是很大时，刚性基础的基底压力分布可近似按直线变化规律计算，这样简化计算而引起的误差在地基变形的实际计算中是容许的。其基本假定为：

（1）基础为不变形的绝对刚体，受荷载作用后基础底面始终保持为平面。

（2）基底压力与基础沉降成正比。

根据这两个假定，如基础所受的荷载为中心垂直荷载，则基底沉降是均匀的，基底压力也是均匀的，呈水平直线分布，而在偏心垂直荷载下，基底沉降是不均匀的，基底压力呈倾斜直线分布。于是得出以下基底压力的简化计算方法。

1. 中心受压基础

对于矩形基础受中心荷载，设基础底面积为 A，按照材料力学正应力的计算公式，基底压力 σ 按式（3-4）计算：

$$\sigma = \frac{F+G}{A} \tag{3-4}$$

式中　σ——基础底面的平均压力（kPa）。

G——基础自重及其上回填土标准值的总重（kN）。$G=\gamma_G \cdot A \cdot h$，其中：$\gamma_G=$ 20 kN/m^3，地下水位以下取 10 kN/m^3；h——基础埋置深度（m）；A——基础底面面积（m^2）；

F——作用在基础顶面中心的竖直荷载设计值（kN）。

2. 单向偏心受压基础

基础边缘的基底压力按材料力学中的公式进行计算，即

$$\begin{matrix}\sigma_{max}\\ \sigma_{min}\end{matrix}=\frac{P}{A}\pm\frac{M}{W}=\frac{P}{A}\pm\frac{P\cdot e}{A}=\frac{P}{A}\left(1\pm\frac{6e}{b}\right) \tag{3-5}$$

式中 σ_{min}、σ_{max}——基础底面边缘的最小和最大压力（kPa）；

P——作用在基础底面中心的竖直荷载合力（kN），$P=F+G$；

e——竖直荷载合力的偏心距（m）；

b——有偏心方向的基础底面边长（m）。

从式（3-5）可以得出，基底应力的分布有以下 4 种情况，见图 3-10：

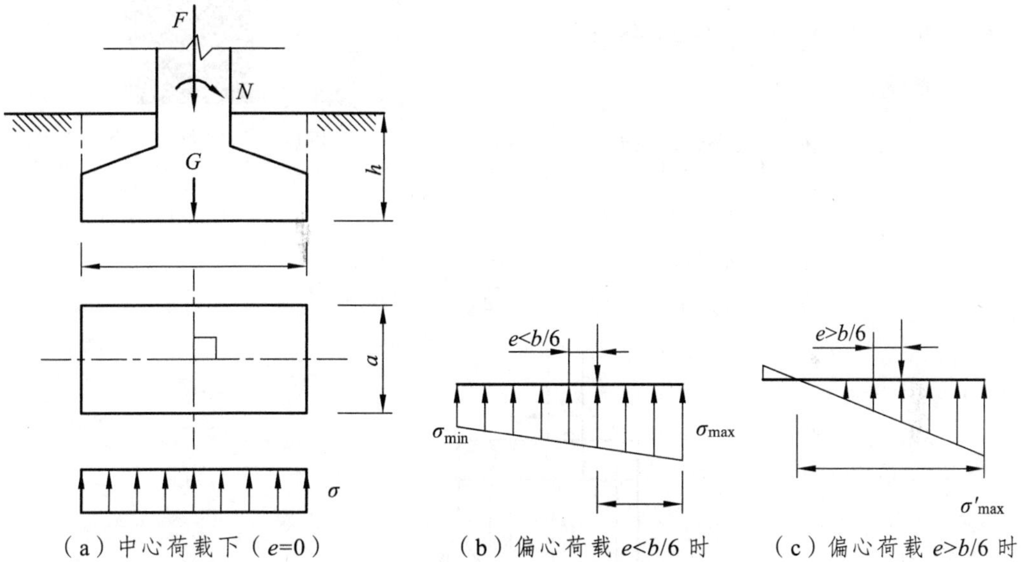

（a）中心荷载下（e=0）（b）偏心荷载 $e<b/6$ 时（c）偏心荷载 $e>b/6$ 时

图 3-10 基底反力分布的简化计算

（1）当 $e=0$ 时，基底压力为矩形。

（2）当 $e<\frac{b}{6}$ 时，σ_{min} 为正值，基底压力按梯形分布。

（3）当 $e=\frac{b}{6}$ 时，σ_{min} 为零，基底压力为三角形分布。

（4）当 $e>\frac{b}{6}$ 时，σ_{min} 为负值，表示基底一侧出现拉应力。

基底压力出现负值，表明地基与基础间出现了拉应力，由于地基土不可能承受拉应力，此时基底与地基土局部脱开，应力会重新分布。根据偏心荷载与基底地基反力

的平衡条件，地基反力的合力作用线应与偏心荷载作用线重合，如图 3-10（c），所以基底边缘最大地基反力 σ'_{max} 用式（3-6）计算：

$$\sigma'_{max}=\frac{2P}{3\left(\frac{b}{2}-e\right)\cdot a} \tag{3-6}$$

一般而言，工程上不允许基底出现拉力，因此，在设计基础尺寸时，应使合力偏心矩满足 $e<\frac{b}{6}$ 的条件，以策安全。为了减少因地基应力不均匀而引起过大的不均匀沉降，通常要求 $\frac{\sigma_{max}}{\sigma_{min}}\leqslant 1.5\sim 3.0$；对压缩性大的黏性土应采取小值，对压缩性小的无黏性土可取大值。

【例题 3-2】 有一矩形桥墩基础 $a=8.0\ \text{m}$，$b=6.0\ \text{m}$，受到沿 b 方向的单向竖直偏心荷载 P=12 000 kN 的作用，荷载作用在基础底面。试求：当偏心距 $e=0.9\ \text{m}$ 时，基底最大、最小应力为多少？

【解】 基底面积：

$$A=a\cdot b=8\times 6=48\ \text{m}^2$$

截面抵抗矩：

$$W=\frac{1}{6}a\cdot b^2=\frac{1}{6}\times 8\times 6^2=48\ \text{m}^3$$

基底压力的简化计算教学案例

当 $e=0.9\ \text{m}$ 时，由于 $e=0.9\ \text{m}<b/6$，基底压力分布为梯形，如图 3-11 所示。

$$\begin{matrix}\sigma_{max}\\ \sigma_{min}\end{matrix}=\frac{P}{A}\pm\frac{M}{W}=\frac{12\ 000}{48}\pm\frac{12\ 000\times 0.9}{48}=\begin{matrix}475\\ 25\end{matrix}\ \text{kPa}$$

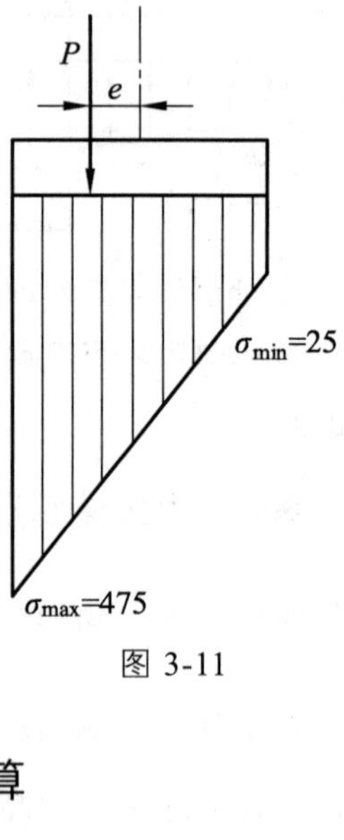

图 3-11

三、基底附加压力的计算

建筑物的基础底面总是要埋置在地面以下一定的深度，这个深度称为基础埋置深度，用 h 表示。基底附加压力是指作用于地基表面，由于建造建筑物而新增加的压力，是导致地基变形、基础沉降的主要因素。基底附加压力在数值上等于基底压力扣除基底标高处原有土体的自重应力，见图 3-12。一般情况下，建筑物建造前天然土层在自重作用下的变形早已结束。因此，只有基底附加压力才能引起地基的附加应力和变形。

基底压力均匀分布时，基底附加压力为

$$\sigma_{z0} = \sigma - \gamma_0 h \tag{3-7a}$$

基底压力呈梯形分布时，基底附加压力为

$$\sigma_{z0} = \begin{matrix}\sigma_{\max} \\ \sigma_{\min}\end{matrix} - \gamma_0 h \tag{3-7b}$$

式中　σ_{z0}——基底附加压力（kPa）；

σ、$\sigma_{\max}$、$\sigma_{\min}$——基底压力（kPa）；

γ_0——基底标高以上各天然土层的加权平均重度（kN/m^3），地下水位以下取有效重度；

h——从天然地面起算的基础埋深（m）。

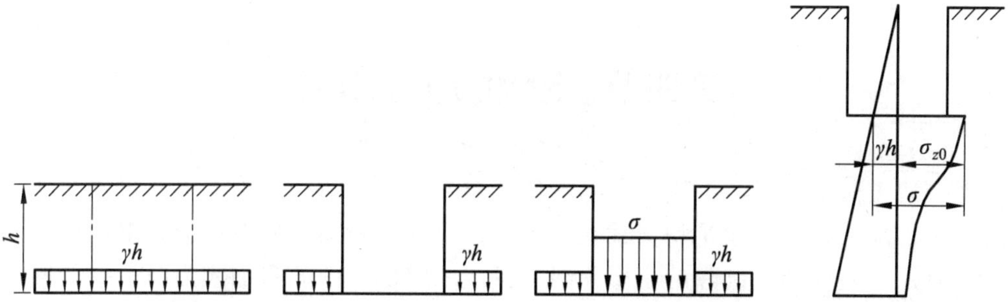

（a）建筑物建造前　（b）基坑开挖后　（c）建筑物建造后　（d）基底下应力分布

图 3-12　建筑物在建造过程中基底压力的变化

【例题 3-3】有一矩形桥墩基础 a=8.0 m，b=6.0 m，如图 3-13 所示，基础埋深 h=3.0 m，γ_0=18.5 kN/m^3，受到沿 b 方向的单向偏心荷载 P=12 000 kN 的作用，偏心距 e=0.3 m。试计算基底压力与基底附加压力。若偏心距 e=1.1 m，试计算基底压力。

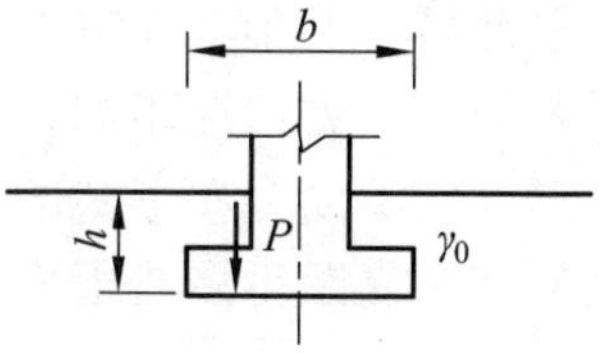

图 3-13　例题 3-3 图

基底附加压力的计算
教学案例

【解】（1）基底面积：

$$A = ab = 8 \times 6 = 48\ \mathrm{m}^2$$

截面抵抗矩：

$$W=\frac{1}{6}ab^2=\frac{1}{6}\times 8\times 6^2=48\ \text{m}^3$$

基础埋深内土层自重应力：

$$\gamma_0 h=18.5\times 3=55.5\ \text{kPa}$$

基底压力：

$$\begin{matrix}\sigma_{\max}\\ \sigma_{\min}\end{matrix}=\frac{P}{A}\left(1\pm\frac{6e}{b}\right)=\frac{12\ 000}{48}\left(1\pm\frac{6\times 0.3}{6}\right)=\begin{matrix}325\\ 175\end{matrix}\ \text{kPa，梯形分布}$$

基底附加压力：

$$\sigma_{z0}=\sigma-\gamma_0 h=\begin{matrix}325\\ 175\end{matrix}-55.5=\begin{matrix}269.5\\ 119.5\end{matrix}\ \text{kPa，梯形分布}$$

（2）偏心距 e=1.1 m＞b/6=1.0 m，基底压力重分布。

重分布后基底压力的最大值：

$$\sigma'_{\max}=\frac{2P}{3\left(\frac{b}{2}-e\right)\cdot a}=526\ \text{kPa}$$

第四节　附加应力的计算

对一般天然土层，由自重应力引起的压缩变形已经趋于稳定，不会再引起地基的沉降。附加应力是由于建筑物荷载在土体中产生的，附加于原有应力之上的应力，因此，它是使地基变形、沉降的主要原因。目前求解地基中的附加应力时，一般假定地基土是连续、均质、各向同性的完全弹性体，然后根据弹性理论的基本公式进行计算。实际上，地基土往往是分层的，各层土之间的性质差别较大，严格地说，上述假定与实际情况不一定相符。但当荷载不大，地基中的塑性变形区很小时，荷载与变形之间近似于直线关系。实践证明，用弹性理论计算的应力值与实测的结果出入不大，在工程中是容许的。

如果作用于地基面上的荷载是均匀满布的，例如大面积水平填土，则地基附加应力的分布不随深度而变化，即各个深度处的 σ_z 相等，其值等于满布荷载的强度。但是建筑物的基础总是有限的，并且基底的形状各异，受力情况不同，因此，作用于地基面上的荷载（即基底压力）必然是具有不同形状和不同分布形式的局部荷载，这种荷载所引起的地基附加应力要比均匀满布荷载的情况复杂得多。下面介绍地基表面上作用不同类型荷载时，地基内的附加应力的分布与计算。

一、竖直集中荷载作用下的地基附加应力计算

1. 竖直集中荷载作用下的地基附加应力计算

如图 3-14，在均匀的、各向同性的半无限弹性体表面作用一竖向集中力 P 时，弹

性体内部任意点 M 的 6 个应力分量为 σ_x、σ_y、σ_z、$\tau_{xy}=\tau_{yx}$、$\tau_{yz}=\tau_{zy}$、$\tau_{xz}=\tau_{zx}$，由弹性理论求出的表达式为：

$$\left.\begin{aligned}
\sigma_z &= \frac{3P}{2\pi}\cdot\frac{z^3}{R^5} \\
\sigma_y &= \frac{3P}{2\pi}\cdot\left\{\frac{y^2 z}{R^5}+\frac{1-2\mu}{3}\left[\frac{1}{R(R+z)}-\frac{(2R+z)y^2}{(R+z)^2R^3}-\frac{z}{R^3}\right]\right\} \\
\sigma_x &= \frac{3P}{2\pi}\cdot\left\{\frac{x^2 z}{R^5}+\frac{1-2\mu}{3}\left[\frac{1}{R(R+z)}-\frac{(2R+z)x^2}{(R+z)^2R^3}-\frac{z}{R^3}\right]\right\} \\
\tau_{xy} &= \frac{3P}{2\pi}\cdot\left[\frac{xyz}{R^5}+\frac{1-2\mu}{3}\cdot\frac{(2R+z)xy}{(R+z)^2R^3}\right] \\
\tau_{zy} &= \frac{3P}{2\pi}\cdot\frac{yz^2}{R^5} \\
\tau_{zx} &= \frac{3P}{2\pi}\cdot\frac{xz^2}{R^5}
\end{aligned}\right\} \tag{3-8}$$

式中　σ_x、σ_y、σ_z——x、y、z 方向的法向应力；

τ_{xy}、τ_{xz}、τ_{zy}——剪应力；

μ——土的泊松比；

R——M 点至坐标原点 O 的距离 $R=\sqrt{x^2+y^2+z^2}=\sqrt{r^2+z^2}$。

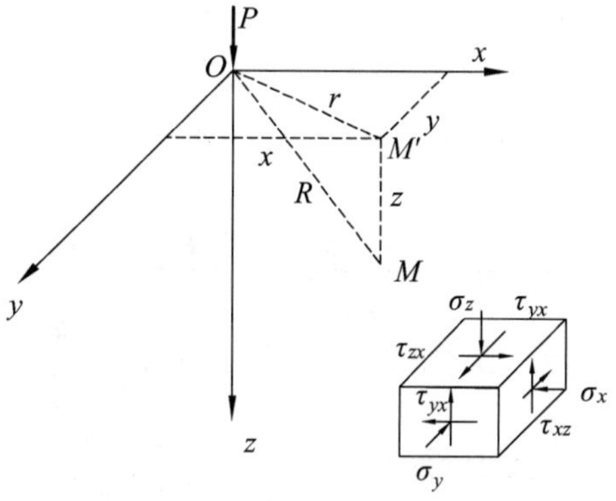

图 3-14　集中力作用下土中应力计算

上式为著名的布西内斯克（Boussinesq）解答，它是求解地基中附加应力的基本公式。对于地基来说，我们主要关注其竖直方向的应力与应变，因此只要把 σ_z 求出即可。

$$\sigma_z=\frac{3P}{2\pi}\frac{z^3}{R^5}=\frac{3P}{2\pi z^2}\frac{1}{\left[1+\left(\frac{r}{z}\right)^2\right]^{\frac{5}{2}}}=\alpha_1\frac{P}{z^2} \tag{3-9}$$

式中 $\alpha_1=\dfrac{3}{2\pi\left[1+\left(\dfrac{r}{z}\right)^2\right]^{\frac{5}{2}}}$，称为集中荷载作用下竖向附加应力系数，是 r/z 的函数，可由表 3-1 查得。从表 3-1 中可以看出，随 r/z 的增加，附加应力系数越来越小。

表 3-1 集中荷载作用下的竖向附加应力系数

r/z	α_1	r/z	α_1	r/z	α_1	r/z	α_1
0.00	0.4775	0.65	0.1978	1.30	0.0402	1.95	0.0095
0.05	0.4745	0.70	0.1762	1.35	0.0357	2.00	0.0085
0.10	0.4657	0.75	0.1565	1.40	0.0317	2.20	0.0058
0.15	0.4516	0.80	0.1386	1.45	0.0282	2.40	0.0040
0.20	0.4329	0.85	0.1226	1.50	0.0251	2.60	0.0029
0.25	0.4103	0.90	0.1083	1.55	0.0224	2.80	0.0021
0.30	0.3849	0.95	0.0956	1.60	0.0200	3.00	0.0015
0.35	0.3577	1.00	0.0844	1.65	0.0179	3.50	0.0007
0.40	0.3294	1.05	0.0741	1.70	0.0160	4.00	0.0004
0.45	0.3011	1.10	0.0658	1.75	0.0144	4.50	0.0002
0.50	0.2733	1.15	0.0581	1.80	0.0129	5.00	0.0001
0.55	0.2466	1.20	0.0513	1.85	0.0116		
0.60	0.2214	1.25	0.0454	1.90	0.0105		

2. 土中集中力作用下附加应力分布的特点

（1）在集中力 P 作用线上的附加应力分布，见图 3-15。

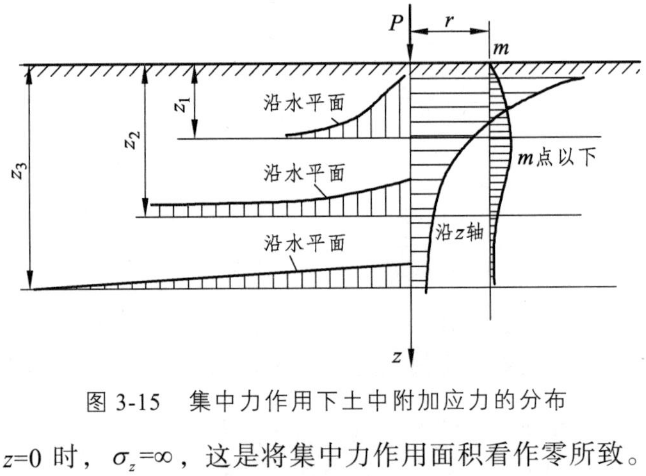

图 3-15 集中力作用下土中附加应力的分布

① 当 $r=0$、$z=0$ 时，$\sigma_z=\infty$，这是将集中力作用面积看作零所致。这说明布西内斯克解不适用集中力作用点附近，另外也说明在靠近集中力作用点 P 处附加应力 σ_z 很大。

② 当 $r=0$、$z=\infty$ 时，$\sigma_z=0$，这说明在集中力作用线下无穷远处，附加应力为零。

③ 沿 P 作用线上的 σ_z 的分布规律是随着深度的增加按与 z^2 成反比的规律而递减的。

（2）在 $r>0$ 的竖直线上的附加应力分布。

随 z 的增加，σ_z 从零逐渐增大，至一定深度后又随着 z 的增加而逐渐变小，见图 3-15。

（3）地面下同一深度的水平面上的附加应力不同，z=常数时，沿力的作用线下的附加应力 σ_z 最大，向两边则逐渐减小；距地面愈深，应力分布范围愈大，在同一铅直线上的附加应力不同，愈深则 σ_z 愈小，如图 3-15。

3. 附加应力等值线

在空间将 σ_z 相同的点连接成曲面，可以得到图 3-16 所示的 σ_z 等值线，其空间曲面的形状如泡状，所以也称为应力泡。从图中可以看出：应力越小，范围越大；应力越大，范围越小。

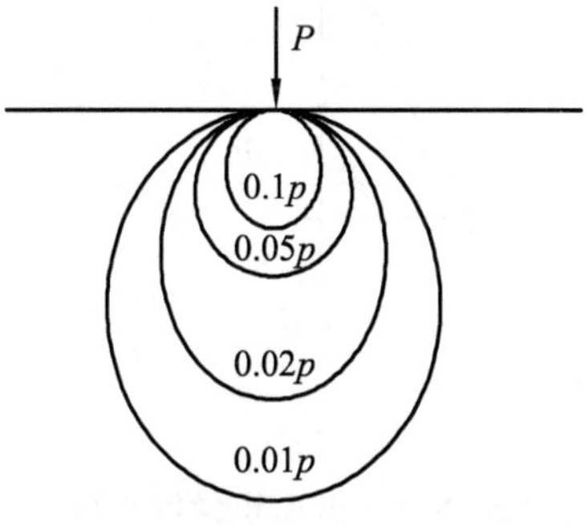

图 3-16　附加应力 σ_z 的等值线

通过上述对附加应力 σ_z 分布图形的讨论，可知集中力作用下的 σ_z 是向下、向四周扩散开的。

4. 应力叠加原理

当地基表面作用有几个集中力时，可分别算出各集中力在地基中引起的附加应力，然后根据弹性体应力叠加原理求出附加应力的总和。图 3-17 中曲线 a 表示集中力 P_1 在深度 z 水平线上引起的应力分布；曲线 b 表示集中力 P_2 在深度 z 水平线上引起的应力分布；把曲线 a 和曲线 b 相加得到的曲线 c 就是该水平线上由集中力 P_1 和 P_2 共同作用所产生的总附加应力。

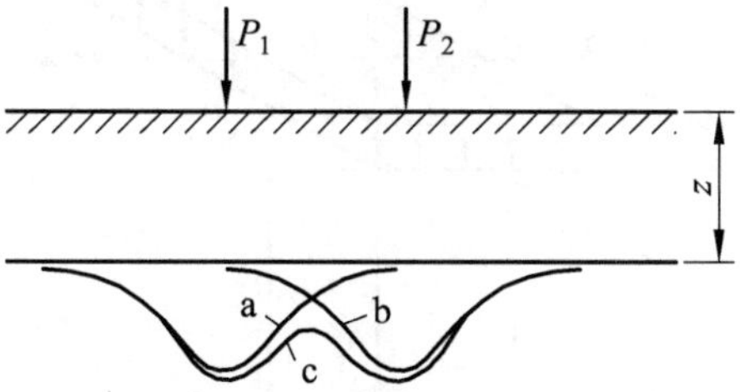

图 3-17　两个集中力作用下地基中附加应力 σ_z 的叠加

实际工程中普遍存在的分布荷载作用时的土中应力计算，采用如下方法处理：当基础底面的形状或基底下的荷载分布不规则时，可以把分布荷载分割为许多集中力，然后用布西内斯克公式和叠加原理计算土中应力。当基础底面的形状及分布荷载都有规律时，则可以通过积分求解得相应的土中应力。

二、面积荷载作用下的土中附加应力计算

1. 矩形面积受均布荷载作用下的土中竖向附加应力

（1）中心点下的应力。

在矩形地面上作用着均布荷载 p 时，承载面积中心点下深度 z 处的 M 点上的竖向附加应力求解，是在荷载面积中取微小单元体看作集中力，由布西内斯克解答微小单元体在 M 处产生的附加应力，然后再利用应力叠加原理进行面积积分得到的，用式（3-10）计算，如图 3-18：

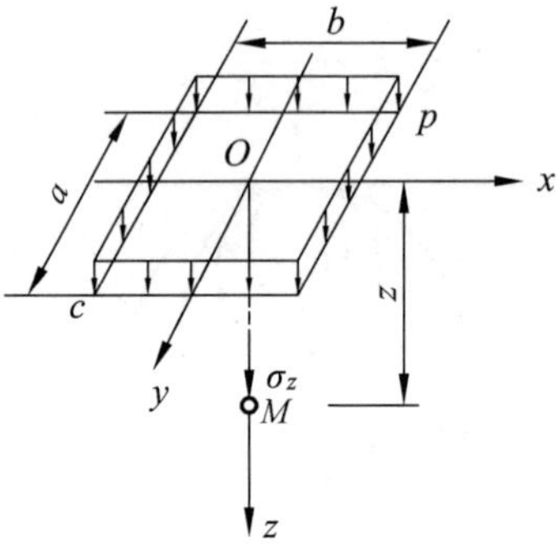

图 3-18　矩形面积受均布荷载

$$\sigma_z = \alpha_0 p \tag{3-10}$$

式中　α_0——矩形面积受均布荷载竖向附加应力系数，是（a/b，z/b）的函数，可由表 3-2 查得。

（2）角点下的应力。

角点下的应力求解与中点下附加应力求解原理相同，只是将所求的点放在荷载的某个角上，如图 3-19。依布西内斯克解，将公式沿长度 a 和宽度 b 两个方向进行二重积分，求得角点下任一深度 z 处 M 点的附加应力：

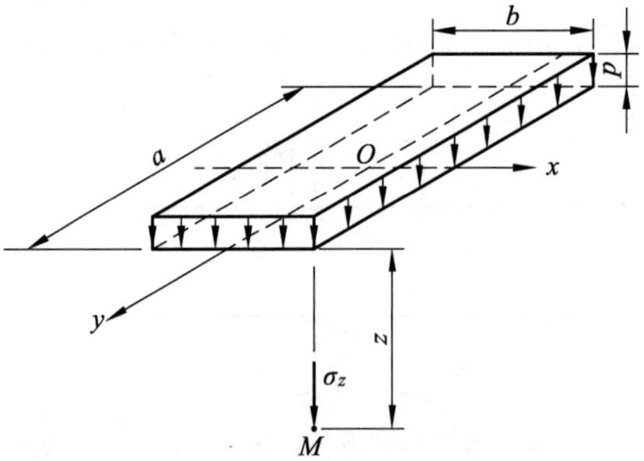

图 3-19　角点下应力求解示意

$$\sigma_z = \alpha_{\mathrm{d}} p \tag{3-11}$$

式中　α_{d}——垂直均布荷载下矩形基底角点下的竖向附加应力系数，无量纲，是（a/b，z/b）的函数，可由表 3-3 查得。

表 3-2　矩形面积均布荷载中点下的竖向应力系数

z/b	矩形长宽比 a/b											$a/b \geq 10$ 条型基础
	1	1.2	1.4	1.6	1.8	2	2.4	2.8	3.2	4	5	
0.0	1	1	1	1	1	1	1	1	1	1	1	1
0.1	0.980	0.984	0.986	0.987	0.987	0.988	0.988	0.988	0.989	0.989	0.989	0.989
0.2	0.960	0.968	0.972	0.974	0.975	0.976	0.976	0.977	0.977	0.977	0.977	0.977
0.3	0.880	0.899	0.910	0.917	0.920	0.923	0.925	0.926	0.928	0.929	0.929	0.929
0.4	0.800	0.830	0.848	0.859	0.866	0.870	0.875	0.878	0.879	0.880	0.881	0.881
0.5	0.703	0.741	0.765	0.781	0.791	0.799	0.809	0.812	0.814	0.817	0.818	0.819
0.6	0.606	0.651	0.682	0.703	0.717	0.727	0.740	0.746	0.749	0.753	0.754	0.755
0.7	0.527	0.574	0.607	0.630	0.646	0.660	0.674	0.685	0.690	0.694	0.697	0.698
0.8	0.449	0.496	0.532	0.558	0.579	0.593	0.612	0.623	0.630	0.636	0.639	0.642
0.9	0.432	0.437	0.473	0.499	0.518	0.536	0.559	0.572	0.579	0.588	0.592	0.596
1.0	0.334	0.373	0.414	0.441	0.463	0.481	0.505	0.520	0.529	0.540	0.545	0.550
1.1	0.295	0.335	0.369	0.396	0.418	0.436	0.462	0.478	0.488	0.501	0.508	0.513
1.2	0.257	0.294	0.325	0.352	0.374	0.392	0.491	0.437	0.447	0.462	0.470	0.477
1.3	0.229	0.263	0.292	0.318	0.339	0.357	0.384	0.403	0.426	0.431	0.440	0.448
1.4	0.201	0.232	0.260	0.284	0.304	0.321	0.350	0.369	0.383	0.400	0.410	0.420
1.5	0.180	0.209	0.235	0.258	0.277	0.294	0.332	0.341	0.356	0.374	0.385	0.397
1.6	0.160	0.187	0.210	0.232	0.251	0.267	0.294	0.314	0.329	0.348	0.360	0.374
1.7	0.145	0.170	0.191	0.212	0.230	0.245	0.272	0.292	0.307	0.326	0.340	0.355
1.8	0.130	0.153	0.173	0.192	0.209	0.224	0.250	0.270	0.285	0.305	0.320	0.337
1.9	0.119	0.140	0.159	0.177	0.192	0.207	0.233	0.251	0.263	0.288	0.303	0.320

续表

z/b	矩形长宽比 a/b										$a/b \geq 10$ 条型基础
	1	1.2	1.4	1.6	1.8	2	2.4	2.8	3.2	4	5	
2.0	0.108	0.127	0.145	0.161	0.176	0.189	0.214	0.233	0.241	0.270	0.285	0.304
2.1	0.099	0.116	0.133	0.148	0.163	0.176	0.199	0.220	0.230	0.255	0.270	0.292
2.2	0.090	0.107	0.122	0.137	0.150	0.163	0.185	0.208	0.218	0.239	0.256	0.280
2.3	0.083	0.099	0.113	0.127	0.137	0.151	0.173	0.193	0.205	0.226	0.243	0.269
2.4	0.077	0.092	0.105	0.118	0.130	0.141	0.161	0.178	0.192	0.213	0.230	0.258
2.5	0.072	0.085	0.097	0.109	0.121	0.131	0.151	0.167	0.181	0.202	0.219	0.249
2.6	0.066	0.079	0.091	0.102	0.112	0.123	0.141	0.157	0.170	0.191	0.208	0.239
2.7	0.062	0.073	0.084	0.095	0.105	0.115	0.132	0.148	0.161	0.182	0.199	0.234
2.8	0.058	0.069	0.079	0.089	0.099	0.108	0.124	0.139	0.152	0.172	0.189	0.228
2.9	0.054	0.064	0.074	0.083	0.093	0.101	0.117	0.132	0.144	0.163	0.180	0.218
3.0	0.051	0.060	0.070	0.078	0.087	0.095	0.110	0.124	0.136	0.155	0.172	0.208
3.2	0.045	0.053	0.062	0.070	0.077	0.085	0.098	0.111	0.122	0.141	0.158	0.190
3.4	0.040	0.048	0.055	0.062	0.069	0.076	0.088	0.100	0.110	0.128	0.144	0.184
3.6	0.036	0.042	0.049	0.056	0.062	0.068	0.080	0.090	0.100	0.117	0.133	0.175
3.8	0.032	0.033	0.044	0.050	0.056	0.062	0.070	0.080	0.091	0.107	0.123	0.166
4.0	0.029	0.035	0.040	0.046	0.051	0.056	0.066	0.075	0.084	0.095	0.113	0.158
4.2	0.026	0.031	0.037	0.042	0.048	0.051	0.060	0.069	0.077	0.091	0.105	0.15
4.4	0.024	0.029	0.034	0.038	0.042	0.047	0.055	0.063	0.070	0.084	0.098	0.144
4.6	0.022	0.026	0.031	0.035	0.039	0.043	0.051	0.058	0.065	0.078	0.091	0.137
4.8	0.020	0.024	0.028	0.032	0.038	0.040	0.047	0.054	0.060	0.070	0.085	0.132
5.0	0.019	0.022	0.026	0.030	0.033	0.037	0.044	0.050	0.056	0.067	0.079	0.126

表 3-3　矩形面积均布荷载角点下的竖向应力系数

z/b	矩形基础长宽比 a/b																	
	1.0	1.2	1.4	1.6	1.8	2.0	2.2	2.4	2.6	2.8	3.0	4.0	5.0	6.0	7.0	8.0	9.0	10.0
0.0	0.2500	0.2500	0.2500	0.2500	0.2500	0.2500	0.2500	0.2500	0.2500	0.2500	0.2500	0.2500	0.2500	0.2500	0.2500	0.2500	0.2500	0.2500
0.2	0.2486	0.2489	0.2490	0.2491	0.2491	0.2491	0.2492	0.2492	0.2492	0.2492	0.2492	0.2492	0.2492	0.2492	0.2492	0.2492	0.2492	0.2492
0.4	0.2401	0.2420	0.2429	0.2434	0.2439	0.2439	0.2440	0.2441	0.2442	0.2442	0.2442	0.2443	0.2443	0.2443	0.2443	0.2443	0.2443	0.2443
0.6	0.2229	0.2275	0.2300	0.2315	0.2324	0.2329	0.2333	0.2335	0.2337	0.2338	0.2339	0.2341	0.2342	0.2342	0.2342	0.2342	0.2342	0.2342
0.8	0.1999	0.2075	0.2120	0.2147	0.2165	0.2176	0.2183	0.2188	0.2192	0.2194	0.2196	0.2200	0.2202	0.2202	0.2202	0.2202	0.2202	0.2202
1.0	0.1752	0.1851	0.1911	0.1955	0.1981	0.1999	0.2012	0.2020	0.2026	0.2031	0.2034	0.2042	0.2044	0.2045	0.2045	0.2046	0.2046	0.2046
1.2	0.1516	0.1626	0.1705	0.1758	0.1793	0.1818	0.1836	0.1849	0.1858	0.1865	0.1870	0.1882	0.1885	0.1887	0.1888	0.1888	0.1888	0.1888
1.4	0.1308	0.1423	0.1508	0.1569	0.1613	0.1644	0.1667	0.1685	0.1696	0.1705	0.1702	0.1730	0.1735	0.1738	0.1739	0.1739	0.1739	0.1740
1.6	0.1123	0.1241	0.1329	0.1396	0.1445	0.1482	0.1509	0.1530	0.1545	0.1557	0.1567	0.1590	0.1598	0.1601	0.1602	0.1603	0.1604	0.1604
1.8	0.0969	0.1083	0.1172	0.1241	0.1294	0.1334	0.1365	0.1389	0.1408	0.1423	0.1434	0.1463	0.1474	0.1478	0.1480	0.1481	0.1482	0.1482
2.0	0.0840	0.0947	0.1034	0.1103	0.1158	0.1202	0.1236	0.1263	0.1284	0.1300	0.1314	0.1350	0.1363	0.1368	0.1371	0.1372	0.1373	0.1374
2.2	0.0732	0.0832	0.0917	0.0984	0.1039	0.1084	0.1120	0.1149	0.1172	0.1191	0.1205	0.1248	0.1264	0.1271	0.1274	0.1276	0.1277	0.1277
2.4	0.0642	0.0734	0.0813	0.0879	0.0934	0.0979	0.1016	0.1047	0.1071	0.1092	0.1108	0.1156	0.1175	0.1184	0.1188	0.1190	0.1191	0.1192
2.6	0.0566	0.0651	0.0725	0.0788	0.0842	0.0887	0.0942	0.0955	0.0981	0.1003	0.1020	0.1073	0.1095	0.1106	0.1111	0.1113	0.1115	0.1116
2.8	0.0502	0.0580	0.0649	0.0709	0.0761	0.0805	0.0842	0.0875	0.0900	0.0923	0.0942	0.0999	0.1024	0.1036	0.1041	0.1045	0.1047	0.1048
3.0	0.0447	0.0519	0.0583	0.0640	0.0690	0.0732	0.0769	0.0801	0.0828	0.0851	0.0870	0.0931	0.0959	0.0973	0.0980	0.0983	0.0986	0.0987

续表

z/b	矩形基础长宽比 a/b																	
	1.0	1.2	1.4	1.6	1.8	2.0	2.2	2.4	2.6	2.8	3.0	4.0	5.0	6.0	7.0	8.0	9.0	10.0
3.2	0.0401	0.0467	0.0526	0.0580	0.0627	0.0668	0.0704	0.0735	0.0762	0.0786	0.0806	0.0870	0.0900	0.0916	0.0923	0.0928	0.0930	0.0933
3.4	0.0361	0.0421	0.0477	0.0527	0.0571	0.0611	0.0646	0.0677	0.0704	0.0727	0.0747	0.0814	0.0847	0.0864	0.0873	0.0877	0.0880	0.0882
3.6	0.0326	0.0282	0.0433	0.0480	0.0523	0.0561	0.0594	0.0624	0.0651	0.0674	0.0694	0.0753	0.0799	0.0816	0.0826	0.0832	0.0835	0.0837
3.8	0.0296	0.0348	0.0395	0.0439	0.0479	0.0516	0.0548	0.0577	0.0603	0.0626	0.0646	0.0706	0.0717	0.0753	0.0773	0.0784	0.0794	0.0796
4.0	0.0270	0.0318	0.0362	0.0403	0.0441	0.0474	0.0507	0.0535	0.0560	0.0588	0.0603	0.0674	0.0712	0.0733	0.0745	0.0752	0.0756	0.0758
4.2	0.0247	0.0291	0.0333	0.0371	0.0407	0.0439	0.0469	0.0496	0.0521	0.0543	0.0563	0.0634	0.0674	0.0696	0.0709	0.0716	0.0721	0.0724
4.4	0.0227	0.0268	0.0306	0.0343	0.0376	0.0407	0.0436	0.0462	0.0485	0.0507	0.0527	0.0597	0.0639	0.0662	0.0676	0.0684	0.0689	0.0692
4.6	0.0209	0.0247	0.0283	0.0317	0.0348	0.0378	0.0405	0.0430	0.0453	0.0474	0.0493	0.0564	0.0606	0.0630	0.0644	0.0654	0.0659	0.0663
4.8	0.0193	0.0229	0.0262	0.0294	0.0324	0.0352	0.0378	0.0402	0.0424	0.0444	0.0463	0.0533	0.0576	0.0601	0.0616	0.0626	0.0631	0.0635
5.0	0.0179	0.0212	0.0243	0.0274	0.0302	0.0328	0.0358	0.0376	0.0397	0.0417	0.0435	0.0504	0.0547	0.0573	0.0589	0.0599	0.0608	0.0810
6.0	0.0127	0.0151	0.0174	0.0196	0.0218	0.0238	0.0257	0.0276	0.0293	0.0310	0.0325	0.0388	0.0431	0.0460	0.0479	0.0491	0.0500	0.0506
7.0	0.0094	0.0112	0.0130	0.0147	0.0164	0.0180	0.0195	0.0210	0.0224	0.0238	0.0251	0.0306	0.0346	0.0376	0.0396	0.0411	0.0421	0.0428
8.0	0.0073	0.0087	0.0101	0.0114	0.0127	0.0140	0.0153	0.0165	0.0176	0.0187	0.0198	0.0240	0.0283	0.0311	0.0332	0.0348	0.0359	0.0367
9.0	0.0058	0.0069	0.0080	0.0091	0.0102	0.0112	0.0122	0.0132	0.0142	0.0152	0.0161	0.0202	0.0235	0.0262	0.0282	0.0298	0.0310	0.0319
10.0	0.0047	0.0056	0.0065	0.0074	0.0083	0.0092	0.0100	0.0109	0.0117	0.0125	0.0132	0.0167	0.0198	0.0222	0.0242	0.0258	0.0270	0.0280

（3）任意点下的应力（角点法）。

利用角点下的应力计算公式和应力叠加原理，可推求地基中任意点的附加应力，这一方法称为角点法。利用角点法求矩形范围以内或以外任意点 M 的竖向附加应力时，如图 3-20，通过 M 点在基础底面的投影点 o 作平行于矩形两边的辅助线，使 M 点成为几个小矩形的共角点，利用应力叠加原理，即可求得 M 点的附加应力。

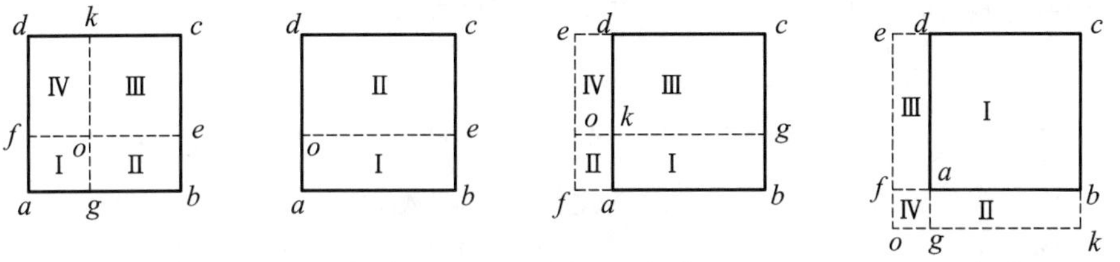

（a）　　（b）　　（c）　　（d）

图 3-20　角点法示意图

求解点在荷载面内，如图 3-20（a）：$\sigma_z=(\alpha_{\mathrm{d\,I}}+\alpha_{\mathrm{d\,II}}+\alpha_{\mathrm{d\,III}}+\alpha_{\mathrm{d\,IV}})p$

求解点在荷载面边缘，如图 3-20（b）：$\sigma_z=(\alpha_{\mathrm{d\,I}}+\alpha_{\mathrm{d\,II}})p$

求解点在荷载面边缘外，如图 3-20（c）：$\sigma_z=(\alpha_{\mathrm{d\,I}}-\alpha_{\mathrm{d\,II}}+\alpha_{\mathrm{d\,III}}-\alpha_{\mathrm{d\,IV}})p$（Ⅰ为 *ofbg*，Ⅱ为 *ofak*，Ⅲ为 *ogce*，Ⅳ为 *okde*）

求解点在荷载面角点外侧，如图 3-20（d）：$\sigma_z=(\alpha_{\mathrm{d\,I}}-\alpha_{\mathrm{d\,II}}-\alpha_{\mathrm{d\,III}}+\alpha_{\mathrm{d\,IV}})p$（Ⅰ为 *okce*，Ⅱ为 *okbf*，Ⅲ为 *ogde*，Ⅳ为 *ogaf*）

【注意】 a 为基础长边，b 为基础短边；z 是从基底面起算的深度；p 为基底附加压力。

【例题 3-4】 地面上一矩形承载面积 *abcd* 的长边 a=6 m，短边 b=4 m，如图 3-21 所示，其上作用的均布荷载 p=300 kPa。求矩形面积中心点、角点和矩形面积内、外的 N、M 点下 4 m 深度处的竖向附加应力。

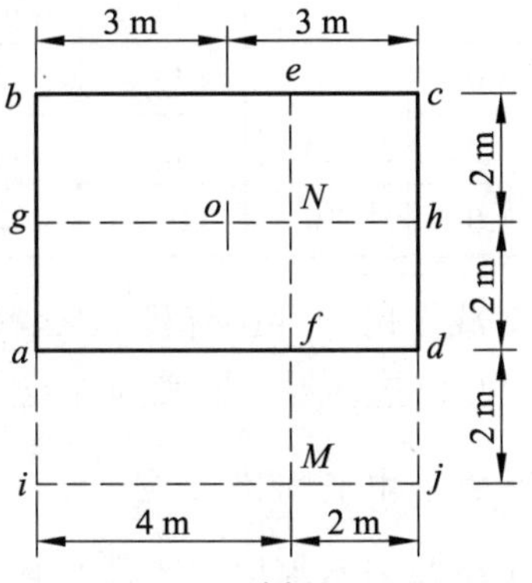

图 3-21　例题 3-4 图

面积荷载作用下
土中附加应力教学案例

【解】（1）中心点 O 下 4 m 深度处的竖向附加应力。

已知　a=6 m、b=4 m、z=4 m、p=300 kPa，

按 $\dfrac{a}{b}=\dfrac{6}{4}=1.5$，$\dfrac{z}{b}=\dfrac{4}{4}=1$，查表 3-2，得 $\alpha_0=0.4275$。

$$\sigma_z=\alpha_0 p=0.4275\times300=128\ \text{kPa}$$

（2）角点下 4 m 深度处的竖向附加应力。

已知　a=6 m、b=4 m、z=4 m、p=300 kPa，

按 $\frac{a}{b}=\frac{6}{4}=1.5$，$\frac{z}{b}=\frac{4}{4}=1$，查表 3-3，得 $\alpha_d=0.1933$。

$$\sigma_z=\alpha_d p=0.1933\times 300=58.0 \text{ kPa}$$

（3）矩形承载面积内 N 点下 4 m 深度处的竖向附加应力。

将矩形面积 $abcd$ 划分成 4 小块矩形面积，按角点法列表 3-4 计算。

$$\sigma_z=(\alpha_{d-fagN}+\alpha_{d-gbeN}+\alpha_{d-echN}+\alpha_{d-hdfN})p$$
$$=36.1+36.1+25.2+25.2=122.6 \text{ kPa}$$

（4）矩形承载面积外 M 点下 4 m 深度处的竖向附加应力。

将矩形面积 $abcd$ 按图 3-21 进行划分，再利用角点法列表 3-5 计算。

$$\sigma_z=(\alpha_{d-ibeM}+\alpha_{d-ecjM}-\alpha_{d-iafM}-\alpha_{d-fdjM})p$$
$$=58.0+39.4-36.1-25.2=36.1 \text{ kPa}$$

表 3-4　N 点下 4 m 深度处竖向附加应力

小矩形面积	a/m	b/m	z/m	a/b	z/b	α_d	p/kPa	$\alpha_d p$/kPa
$fagN$	4.0	2.0	4.0	2.0	2.0	0.1202	300	36.1
$gbeN$	4.0	2.0	4.0	2.0	2.0	0.1202	300	36.1
$echN$	2.0	2.0	4.0	1.0	2.0	0.0840	300	25.2
$hdfN$	2.0	2.0	4.0	1.0	2.0	0.0840	300	25.2

表 3-5　M 点下 4 m 深度处的竖向附加应力

小矩形面积	a/m	b/m	z/m	a/b	z/b	α_d	p/kPa	$\alpha_d p$/kPa
$ibeM$	6.0	4.0	4.0	1.5	1.0	0.1933	300	58.0
$ecjM$	6.0	2.0	4.0	3.0	2.0	0.1314	300	39.4
$iafM$	4.0	2.0	4.0	2.0	2.0	0.1202	300	36.1
$fdjM$	2.0	2.0	4.0	1.0	2.0	0.0840	300	25.2

从本题计算结果可知，矩形面积均布荷载作用下，在荷载下某深度的平面上，面积中心下面位置所受附加应力最大，距离中心位置越远，所受附加应力越小。

2. 矩形面积受三角形分布荷载作用下的土中竖向附加应力

矩形面积受三角形分布荷载作用下的土中竖向附加应力一般求荷载强度为零的角点下和荷载强度最大值角点下的附加应力。

由图 3-22，荷载强度为零的角点 A 下深度 z 处的 M_1 点的竖向附加应力

$$\sigma_z=\alpha_{T1}p \tag{3-12a}$$

荷载强度最大值 p 角点 B 下、深度 z 处的 M_2 点的竖向附加应力

$$\sigma_z=\alpha_{T2}p \tag{3-12b}$$

式中　α_{T1}、α_{T2}——角点下的附加应力系数，按（a/b，z/b）由表 3-6 查得。

表 3-6　矩形面积受三角形分布荷载时角点下的竖向应力系数

z/b	a/b														
	0.2		0.4		0.6		0.8		1.0		1.2		1.4		1.6
	α_{T1}	α_{T2}	α_{T1}	α_{T2}	α_{T1}	α_{T2}	α_{T1}	α_{T2}	α_{T1}	α_{T2}	α_{T1}	α_{T2}	α_{T1}	α_{T2}	α_{T1}
0.0	0.0000	0.2500	0.0000	0.2500	0.0000	0.2500	0.0000	0.2500	0.0000	0.2500	0.0000	0.2500	0.0000	0.2500	0.0000
0.2	0.0223	0.1821	0.0280	0.2115	0.0296	0.2165	0.0301	0.2178	0.0304	0.2182	0.0305	0.2184	0.0305	0.2185	0.0306
0.4	0.0269	0.1094	0.0420	0.1604	0.0487	0.1781	0.0517	0.1844	0.0531	0.1870	0.0539	0.1881	0.0543	0.1886	0.0545
0.6	0.0259	0.0700	0.0448	0.1165	0.0560	0.1405	0.0621	0.1520	0.0654	0.1575	0.0673	0.1602	0.0684	0.1616	0.0690
0.8	0.0232	0.0480	0.0421	0.0853	0.0553	0.1093	0.0637	0.1232	0.0688	0.1311	0.0720	0.1355	0.0739	0.1381	0.0751
1.0	0.0201	0.0346	0.0375	0.0638	0.0508	0.0852	0.0602	0.0996	0.0666	0.1086	0.0708	0.1143	0.0735	0.1176	0.0753
1.2	0.0171	0.0260	0.0324	0.0491	0.0460	0.0673	0.0546	0.0807	0.0615	0.0901	0.0664	0.0962	0.0698	0.1007	0.0721
1.4	0.0145	0.0202	0.0278	0.0386	0.0392	0.0540	0.0483	0.0661	0.0554	0.0751	0.0606	0.0817	0.0644	0.0864	0.0672
1.6	0.0123	0.0160	0.0238	0.0310	0.0339	0.0440	0.0424	0.0547	0.0492	0.0628	0.0545	0.0696	0.0586	0.0743	0.0616
1.8	0.0105	0.0130	0.0204	0.0254	0.0294	0.0363	0.0371	0.0457	0.0435	0.0534	0.0487	0.0596	0.0528	0.0644	0.0560
2.0	0.0090	0.0108	0.0176	0.0211	0.0255	0.0304	0.0324	0.0387	0.0384	0.0456	0.0434	0.0513	0.0474	0.0560	0.0507
2.5	0.0063	0.0072	0.0125	0.0140	0.0183	0.0205	0.0236	0.0265	0.0284	0.0318	0.0326	0.0365	0.0362	0.0405	0.0393
3.0	0.0046	0.0051	0.0092	0.0100	0.0135	0.0148	0.0176	0.0192	0.0214	0.0233	0.0249	0.0270	0.0280	0.0303	0.0307
5.0	0.0018	0.0019	0.0036	0.0038	0.0054	0.0056	0.0071	0.0074	0.0088	0.0091	0.0104	0.0108	0.0120	0.0123	0.0135
7.0	0.0009	0.0010	0.0019	0.0019	0.0028	0.0029	0.0038	0.0038	0.0047	0.0047	0.0056	0.0056	0.0064	0.0066	0.0073
10.0	0.0005	0.0004	0.0009	0.0010	0.0014	0.0014	0.0019	0.0019	0.0023	0.0024	0.0028	0.0028	0.0033	0.0032	0.0037

续表

z/b	a/b														
	1.6	1.8		2.0		3.0		4.0		6.0		8.0		10.0	
	α_{T2}	α_{T1}	α_{T2}	α_{T1}	α_{T2}	α_{T1}	α_{T2}	α_{T1}	α_{T2}	α_{T1}	α_{T2}	α_{T1}	α_{T2}	α_{T1}	α_{T2}
0.0	0.2500	0.0000	0.2500	0.0000	0.2500	0.0000	0.2500	0.0000	0.2500	0.0000	0.2500	0.0000	0.2500	0.0000	0.2500
0.2	0.2185	0.0306	0.2185	0.0306	0.2185	0.0306	0.2186	0.0306	0.2186	0.0306	0.2186	0.0306	0.2186	0.0306	0.2186
0.4	0.1889	0.0546	0.1891	0.0547	0.1892	0.0548	0.1894	0.0549	0.1894	0.0549	0.1894	0.0549	0.1894	0.0549	0.1894
0.6	0.1625	0.0694	0.163	0.0696	0.1633	0.0701	0.1638	0.0702	0.1639	0.0702	0.1640	0.0702	0.1640	0.0702	0.1640
0.8	0.1396	0.0759	0.1405	0.0764	0.1412	0.0773	0.1423	0.0776	0.1424	0.0776	0.1426	0.0776	0.1426	0.0776	0.1426
1.0	0.1202	0.0766	0.1215	0.0774	0.1225	0.0790	0.1244	0.0794	0.1248	0.0795	0.1250	0.0796	0.1250	0.0796	0.1250
1.2	0.1037	0.0738	0.1055	0.0749	0.1096	0.0774	0.1096	0.0779	0.1103	0.0782	0.1105	0.0783	0.1105	0.0783	0.1105
1.4	0.0897	0.0692	0.0921	0.0707	0.0937	0.0739	0.0973	0.0748	0.0982	0.0752	0.0986	0.0752	0.0987	0.0753	0.0987
1.6	0.078	0.0639	0.0806	0.0656	0.0826	0.0697	0.0870	0.0708	0.0882	0.0714	0.0887	0.0715	0.0888	0.0715	0.0889
1.8	0.0681	0.0585	0.0709	0.0604	0.0730	0.0652	0.0782	0.0666	0.0797	0.0673	0.0805	0.0675	0.0806	0.0675	0.0808
2.0	0.0596	0.0533	0.0625	0.0553	0.0649	0.0607	0.0707	0.0624	0.0726	0.0634	0.0734	0.0636	0.0736	0.0636	0.0738
2.5	0.044	0.0419	0.0469	0.044	0.0491	0.0504	0.0559	0.0529	0.0585	0.0543	0.0601	0.0547	0.0604	0.0548	0.0605
3.0	0.0333	0.0331	0.0359	0.0352	0.0380	0.0419	0.0451	0.0449	0.0482	0.0469	0.0504	0.0474	0.0509	0.0476	0.0511
5.0	0.0139	0.0148	0.0154	0.0161	0.0167	0.0214	0.0221	0.0248	0.0256	0.0283	0.0290	0.0296	0.0303	0.0301	0.0309
7.0	0.0074	0.0081	0.0083	0.0089	0.0091	0.0124	0.0126	0.0152	0.0154	0.0186	0.0190	0.0204	0.0207	0.0212	0.0216
10.0	0.0037	0.0041	0.0042	0.0046	0.0046	0.0066	0.0066	0.0084	0.0083	0.0111	0.0111	0.0128	0.0130	0.0139	0.0141

3. 条形面积受均布荷载作用下的土中竖向附加应力

研究表明，当地面作用有宽度为 b，长度无限延伸的均布荷载 p 作用时，若荷载长宽比 $a/b \geqslant 10$ 时，可将其视为平面问题，计算的附加压力结果误差甚微，如图 3-23。

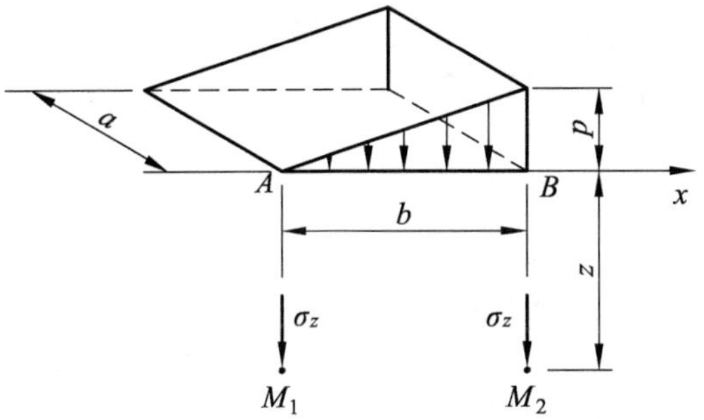

图 3-22　矩形面积受三角形荷载

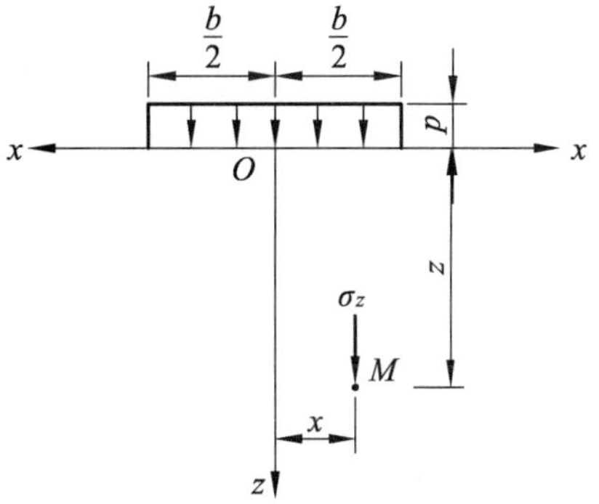

图 3-23　条形均布荷载下的附加应力

$$\sigma_z = \alpha_2 p \tag{3-13}$$

式中　α_2——（x/b，z/b）的函数，可由表 3-7 查得。

【注意】坐标原点的位置在荷载对称轴上，向两边都是正方向。

表 3-7　条形基础受均布荷载下任意点的竖向应力系数

z/b	x/b										
	0.00	0.10	0.25	0.50	0.75	1.00	1.50	2.00	3.00	4.00	5.00
0.00	1.000	1.000	1.000	0.500	0.000	0.000	0.000	0.000	0.000	0.000	0.000
0.10	0.997	0.996	0.499	0.010	0.005	0.000	0.000	0.000	0.000	0.000	0.000
0.25	0.960	0.954	0.905	0.496	0.088	0.019	0.002	0.001	0.000	0.000	0.000
0.50	0.820	0.812	0.735	0.481	0.218	0.082	0.017	0.005	0.001	0.000	0.000
0.75	0.668	0.66	0.61	0.45	0.26	0.15	0.04	0.02	0.01	0.00	0.00
1.00	0.552	0.54	0.51	0.41	0.29	0.19	0.07	0.03	0.01	0.00	0.00
1.50	0.396	0.40	0.38	0.33	0.27	0.21	0.11	0.06	0.02	0.01	0.00
2.00	0.306	0.30	0.29	0.28	0.24	0.21	0.13	0.08	0.03	0.01	0.01
2.50	0.245	0.24	0.24	0.23	0.22	0.19	0.14	0.10	0.03	0.02	0.01
3.00	0.21	0.21	0.21	0.20	0.19	0.17	0.14	0.10	0.05	0.03	0.02
4.00	0.16	0.16	0.16	0.15	0.15	0.14	0.12	0.10	0.07	0.04	0.03
5.00	0.13	0.13	0.13	0.12	0.12	0.12	0.11	0.10	0.07	0.05	0.03

4. 条形面积受三角形分布荷载作用下的土中竖向附加应力

地面上作用有三角形分布荷载，作用在宽度为 b，长度为无限长的条形面积上时，如图 3-24，土中任意点 M 的竖向附加应力为

$$\sigma_z = \alpha_3 p \tag{3-14}$$

式中　α_3——（x/b，z/b）的函数，可由表 3-8 查得。

【注意】坐标原点在荷载为零处，向荷载增大的方向为正方向，x 值为正，坐标另一侧为负。

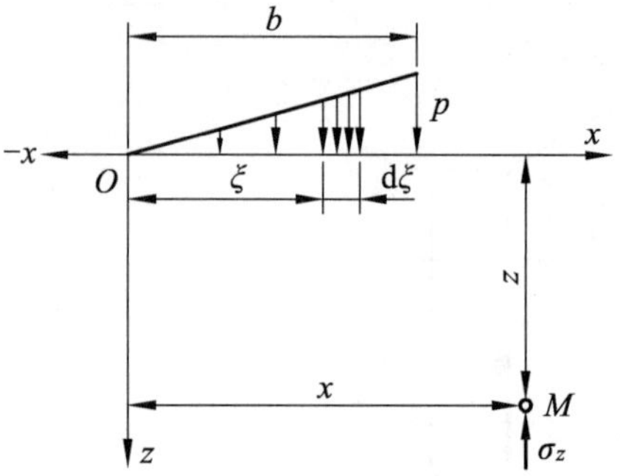

图 3-24　条形面积三角形荷载下的附加应力

表 3-8　条形面积三角形分布荷载下任意点的竖向应力系数

z/b	x/b										
	−1.5	−1.0	−0.5	0	0.25	0.50	0.75	1.0	1.5	2.0	2.5
0.00	0.000	0.000	0.000	0.000	0.250	0.500	0.750	0.500	0.000	0.000	0.000
0.25	0.000	0.000	0.001	0.075	0.256	0.480	0.643	0.424	0.015	0.003	0.000
0.50	0.002	0.003	0.023	0.120	0.263	0.410	0.477	0.353	0.056	0.017	0.003
0.75	0.006	0.016	0.042	0.153	0.248	0.355	0.361	0.293	0.108	0.024	0.009
1.0	0.014	0.025	0.061	0.159	0.223	0.275	0.279	0.241	0.129	0.045	0.013
1.5	0.020	0.048	0.096	0.145	0.178	0.200	0.202	0.185	0.124	0.062	0.041
2.0	0.033	0.061	0.092	0.127	0.146	0.155	0.163	0.153	0.108	0.069	0.050
3.0	0.050	0.064	0.080	0.096	0.103	0.104	0.108	0.104	0.090	0.071	0.050
4.0	0.051	0.060	0.067	0.075	0.078	0.085	0.082	0.075	0.073	0.060	0.049
5.0	0.047	0.052	0.057	0.059	0.062	0.063	0.063	0.065	0.061	0.051	0.047
6.0	0.041	0.041	0.050	0.051	0.052	0.053	0.053	0.053	0.050	0.050	0.040

实际工程中，不可能有无限延伸的条形荷载。但当分布长度和宽度的比 $a/b \geqslant 10$ 时，就可以近似地将其看作无限延伸的条形荷载，例如挡墙、堤坝、路堤等基础所受的荷载，都可以看作条形荷载。当条形荷载在基底横截面上的应力分布呈梯形时，可以把它划分成矩形和三角形分布的荷载，分别计算土中应力，再叠加得总附加应力。

条形荷载作用下土中附加应力教学案例

【例题 3-5】有一单线土质路堤，横断面尺寸如图 3-25 所示，边坡坡度为 1∶1.5，已知填土重度 γ=19.5 kN/m^3，分别计算地面下 5.4 m 处 M、N 两点的竖向附加应力。

【解】路堤填土自重产生的荷载为梯形分布，最大荷载强度 $p=\gamma h$=19.5×2.4=46.8 kPa。将梯形分成两个三角形荷载和一个均布荷载，分别求出

3 个荷载在 M、N 两点的 σ_z，然后各自叠加即得总附加应力，见表 3-9。

【**注意**】条形均布荷载坐标原点在荷载中间，三角形在荷载为零处。

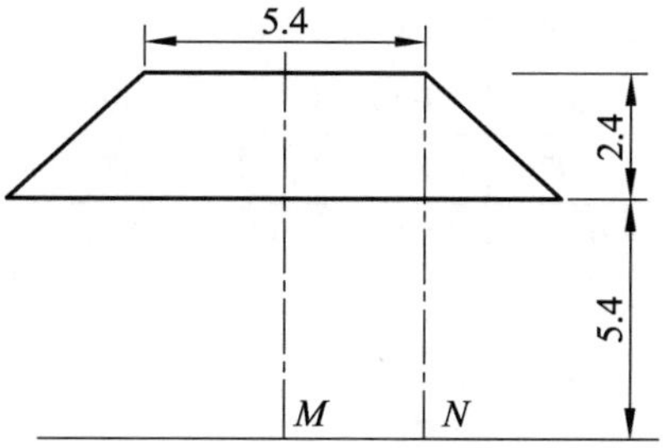

图 3-25　土质路堤横断面图

表 3-9　M、N 点附加应力计算表

计算点号	荷载形式	x/b	z/b	α_3	$\sigma_z=\alpha_3 p$	$\sum\sigma_z$
M		6.3/3.6=1.75	5.4/3.6=1.5	0.093	4.35	34.5
		0/5.4=0	5.4/5.4=1	0.552	25.83	
		6.3/3.6=1.75	5.4/3.6=1.5	0.093	4.35	
N		9.0/3.6=2.5	5.4/3.6=1.5	0.041	1.92	29.8
		2.7/5.4=0.5	5.4/5.4=1	0.410	19.2	
		3.6/3.6=1	5.4/3.6=1.5	0.185	8.66	

5. 圆形面积受均布荷载作用下的竖向附加应力

如图 3-26 所示，圆形面积的地面上作用着均布荷载 p 时，土中深度 z 处的任意点 M 上的竖向附加应力可用式（3-15）计算：

$$\sigma_z=\alpha_c\cdot p \tag{3-15}$$

式中　α_c——（ρ/r，z/r）的函数，查表 3-10 可得，其中 r 为圆形面积的半径，ρ 为 M 点至圆心的水平距离。

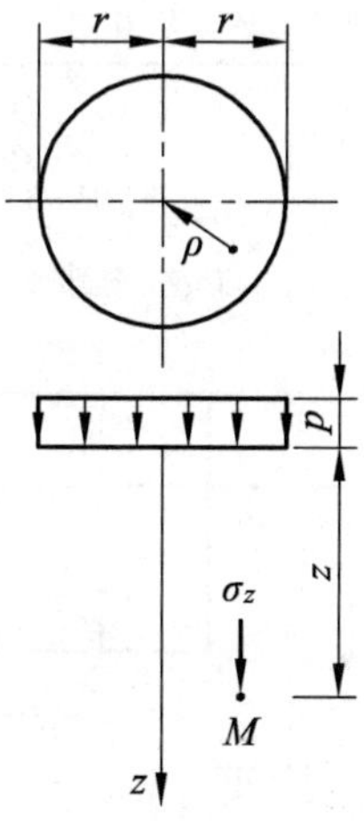

图 3-26　圆形面积均布荷载作用下的竖向附加应力

表 3-10　圆形面积均布荷载作用下的竖向附加应力系数

z/r	ρ/r										
	0.0	0.2	0.4	0.6	0.8	1.0	1.2	1.4	1.6	1.8	2.0
0.0	1.000	1.000	1.000	1.000	1.000	0.500	0.000	0.000	0.000	0.000	0.000
0.2	0.992	0.991	0.987	0.970	0.890	0.468	0.077	0.015	0.005	0.002	0.001
0.4	0.949	0.943	0.922	0.860	0.712	0.435	0.181	0.065	0.026	0.012	0.006
0.6	0.864	0.852	0.813	0.733	0.591	0.400	0.224	0.113	0.056	0.029	0.016
0.8	0.756	0.742	0.699	0.619	0.504	0.366	0.237	0.142	0.083	0.048	0.029
1.0	0.646	0.633	0.593	0.525	0.434	0.332	0.235	0.157	0.102	0.065	0.042
1.2	0.547	0.535	0.502	0.447	0.337	0.300	0.226	0.162	0.113	0.078	0.053
1.4	0.461	0.452	0.425	0.383	0.329	0.270	0.212	0.161	0.118	0.086	0.062
1.6	0.390	0.383	0.362	0.330	0.288	0.243	0.197	0.156	0.120	0.090	0.068
1.8	0.332	0.327	0.311	0.285	0.254	0.218	0.182	0.148	0.118	0.092	0.072
2.0	0.285	0.280	0.268	0.248	0.224	0.196	0.167	0.140	0.114	0.092	0.074
2.2	0.246	0.342	0.233	0.218	0.198	0.176	0.153	0.131	0.109	0.090	0.074
2.4	0.214	0.211	0.203	0.192	0.176	0.159	0.140	0.122	0.104	0.087	0.073
2.6	0.187	0.185	0.179	0.170	0.158	0.144	0.129	0.113	0.098	0.084	0.071
2.8	0.165	0.163	0.159	0.150	0.141	0.130	0.118	0.105	0.092	0.080	0.069
3.0	0.146	0.145	0.141	0.135	0.127	0.118	0.108	0.097	0.087	0.077	0.067
3.4	0.117	0.116	0.114	0.110	0.105	0.098	0.091	0.084	0.076	0.068	0.061
3.8	0.096	0.095	0.093	0.091	0.087	0.083	0.078	0.073	0.067	0.061	0.055
4.2	0.079	0.079	0.078	0.076	0.073	0.070	0.067	0.063	0.059	0.054	0.050
4.6	0.067	0.067	0.066	0.064	0.063	0.060	0.058	0.055	0.052	0.048	0.045
5.0	0.057	0.057	0.056	0.055	0.054	0.052	0.050	0.048	0.046	0.043	0.041
5.5	0.048	0.048	0.047	0.045	0.045	0.044	0.043	0.041	0.039	0.038	0.036
6.0	0.040	0.040	0.040	0.039	0.039	0.038	0.037	0.036	0.034	0.033	0.031

【例题 3-6】某矩形钢筋混凝土基础，承受中心荷载 F（不包括基础自重）是 6000 kN，基底截面尺寸为 4 m×6 m，基础埋深 3 m，地质资料如图 3-27。试计算基底中心点下 z=2 m、4 m、6 m、8 m 处的附加应力，以及基础底面以下 8 m 处的总应力。

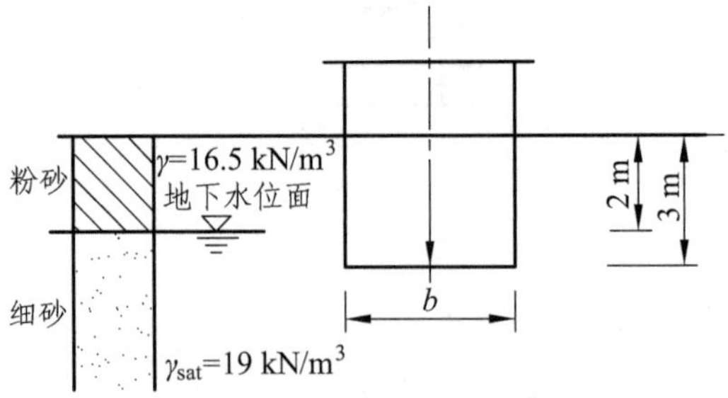

图 3-27　例题 3-6 题图

【**解**】（1）计算基底压力，矩形基础受中心荷载，基底压力为矩形：

$$\sigma=\frac{P}{A}=\frac{\mathrm{F}+G}{A}=\frac{6000+20\times4\times6\times3}{4\times6}=310\ \mathrm{kPa}$$

（2）计算基底附加压力：

$$\begin{aligned}\sigma_{z0}&=\sigma-\gamma_0 h\\&=310-16.5\times2-(19-10)\times1\\&=268\ \mathrm{kPa}\end{aligned}$$

（3）计算基底中心点下的附加应力，见表 3-11。

表 3-11　例题 3-6 计算过程

z	a	b	a/b	z/b	α_0	$\sigma_{z=}\alpha_0 p$
0	6	4	1.5	0	1.0000	268
2	6	4	1.5	0.5	0.7730	207
4	6	4	1.5	1	0.4275	114
6	6	4	1.5	1.5	0.2465	66
8	6	4	1.5	2	0.1530	41

（4）8 m 处总应力为附加应力和自重应力之和：

$$\sigma_{总}=\sigma_{cz}+\sigma_z=16.5\times2+(19-10)\times9+41=155\ \mathrm{kPa}$$

计算结果如图 3-28 所示。

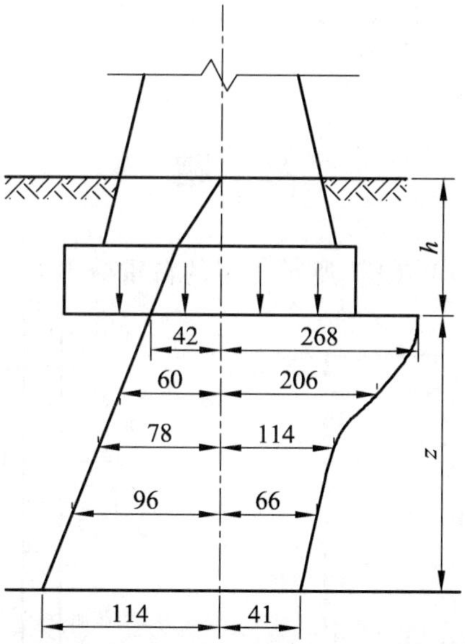

图 3-28　例题 3-6 计算结果图

本章小结

本章主要学习了土的自重应力计算、各种荷载条件下的附加应力计算等。

土中应力分为自重应力和附加应力。

自重应力是指土体本身重量在地基中产生的应力，由于产生时间较长，不会引起地基产生新的沉降。

附加应力是由于建筑物荷载在地基中产生的附加于原有应力之上的应力，附加应力会使地基产生新的沉降。

土中自重应力的计算可归纳为 $\sigma_{cz}=\sum_{i=1}^{n}\gamma_i H_i$，自重应力随深度增加而线性增加，自重应力自天然地面算起。

土中附加应力的计算可归纳为公式 $\sigma_z=\alpha\cdot p$，其中 α 为各种条件下的附加应力系数，p 为荷载强度。附加应力自基础底面算起，随深度增加逐渐减小。

复习思考题

3-1　土中的应力按其成因分哪几种？其定义是什么？

3-2　什么时候考虑自重应力？其对地基有什么影响？

3-3　什么叫柔性基础？什么叫刚性基础？这两种基础的基底压力有何不同？

3-4　目前根据什么假设计算地基中的附加应力？这些假设是否合理可行？

3-5　自重应力和附加应力的分布形式如何？

3-6　结合本章附加应力计算内容，对于矩形基础下面任意点处的附加应力如何计算？

习　题

3-1　计算如图 3-29（a）、（b）所示土层的自重应力并绘制分布图。

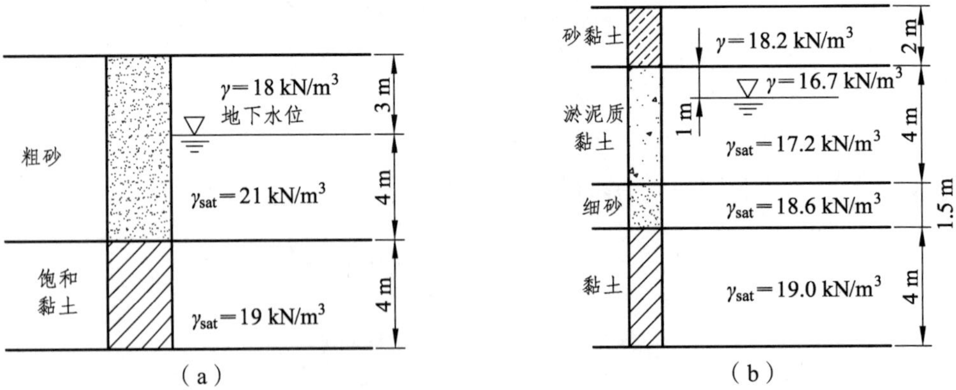

图 3-29　习题 3-1 图

3-2　如图 3-30 所示桥墩基础，已知基础底面尺寸 b=4 m、a=6 m，作用在基础底面中心的荷载 N=4500 kN、M=3600 kN・m，计算基底压力。

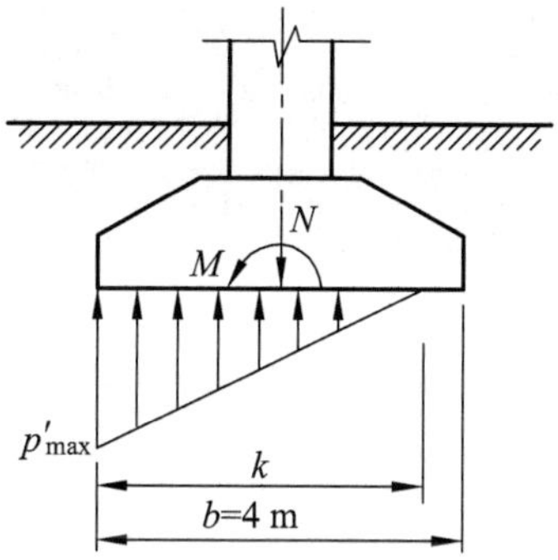

图 3-30　习题 3-2 图

3-3　矩形面积荷载，p=450 kPa，a=8 m、b=6 m，求面积荷载中心下深度 z=6 m 处土中的附加应力。

3-4　如图 3-31 所示，矩形面积（$ABCD$）上作用均布荷载 p=150 kPa，试用角点法计算 G 点下深度 6 m 处 M 点的竖向应力 σ_z 值。

3-5　如图 3-32 所示条形分布荷载 p=200 kPa，计算 G 点下 3 m 处的竖向附加压力。

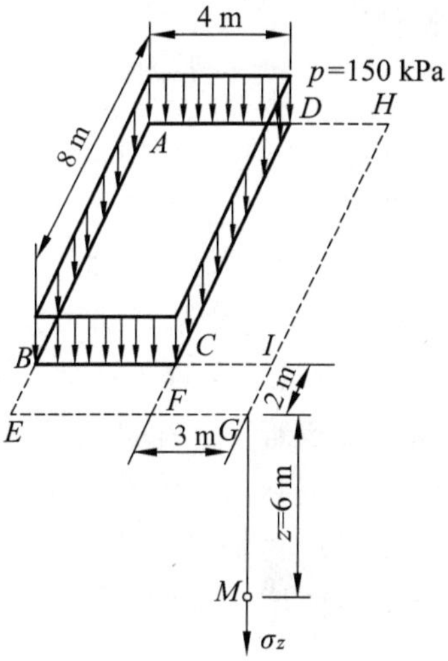

图 3-31　习题 3-4 图

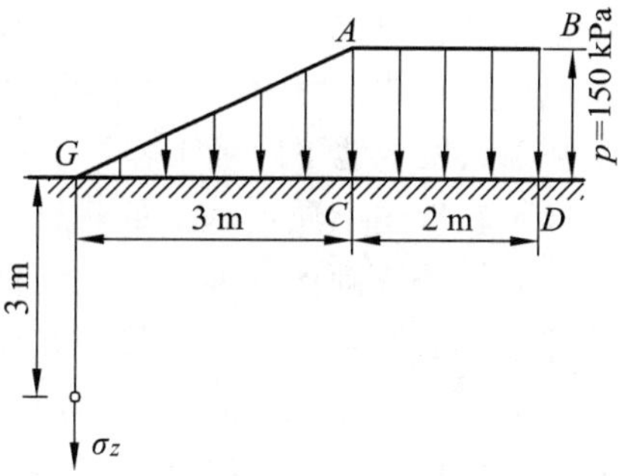

图 3-32　习题 3-5 图

第四章 土的压缩性与地基沉降计算

本章知识要点

（1）土的压缩性概念、压缩试验、压密定律、土体压缩性判定，土体压缩量的计算。
（2）分层总和法计算地基沉降量，规范法计算地基沉降量。
（3）固结度的概念、沉降随时间变化的计算。

第一节 地基沉降概述

地基土层在建筑物荷载作用下会产生变形，建筑物亦随之沉降。当沉降量过大，特别是沉降差较大时，就会影响建筑物的正常使用，如在铁路上，就会影响列车行驶平顺性，还会使桥梁产生次应力；严重时还可使建筑物倾斜甚至倒塌。这类工程事故一旦发生难于补救，因为，工程实践表明，这类工程事故多数是与地基基础质量有关，而地基基础又属于地下隐蔽工程，工程事故常不易发现，而发现后又难于补救。因此，通常对位于较软弱土质地基上的建筑物，特别是大型或重要建筑物，在进行地基基础设计时，应根据正确可靠的地质勘测资料，计算工程建筑物基础的沉降量与基础不同部位或基础间的沉降差。如计算值在允许范围内，可认为建筑物是安全的，否则必须采取工程措施来加固地基和调整荷载的分布，或减小荷载，或增大基础埋深与基底面积尺寸，以满足工程建筑物对地基变形的要求。

地基在荷载作用下要产生变形（沉降），地基沉降（变形）一般包括瞬时沉降、固结沉降和次固结沉降三种。瞬时沉降，是指加荷瞬时仅由土体的形状变化产生的沉降；固结沉降，是由于土体排水压缩产生的沉降；次固结沉降，是由土体骨架蠕变产生的沉降。

计算地基沉降量的目的，在于确定建筑物基础的最大沉降量、沉降差、倾斜或局部倾斜，判断其是否超出容许的范围，以便为建筑物设计时采取相应的措施提供依据，保证建筑物的安全。地基的变形是在可压缩地基上设计建筑物的最重要的控制因素。

地基的沉降经过一定的时间才能达到完全稳定。对于砂类土地基，由于渗透性好，沉降稳定就快，所以在砂类土地基上的建筑物沉降往往在施工完毕后就近于完成。对一般黏性土地基，总要经过相当长的时间，几年、几十年，甚至更久，其压缩过程才能结束。地基变形完全稳定时，地基表面的最大竖向变形就是基础的最终沉降量。

地基最终沉降量的计算方法有多种，主要采用分层总和法、按有关规范推荐的计算方法和弹性理论法等。

本章主要研究土的压缩性及压缩性指标和地基变形计算，最后还将简要介绍地基变形随时间变化的计算。

第二节　土的压缩性

一、土体压缩的基本概念

1. 土体压缩的形成

土在压力作用下体积缩小的特性称为土的压缩性。土的压缩通常考虑三部分：① 固体颗粒被压缩；② 土中水及封闭气体被压缩；③ 水和气体从孔隙中被挤出。试验研究表明：固体颗粒和水的压缩量是微不足道的，在一般压力作用下，固体颗粒和水的压缩量与土的总压缩量之比非常微小，完全可忽略不计。所以土能压缩可只看作土中水和气体从孔隙中被挤出，与此同时，土颗粒相应发生移动，重新排列，靠拢挤紧，从而引起土孔隙体积减小。这个过程需要一定的时间才能完成，因而土的压缩变形也需要持续一定时间才能稳定。对于只有两相的饱和土来说，压缩则主要是孔隙水的挤出。

2. 渗透固结

土的压缩变形的快慢与土的渗透性有关。在荷载作用下，透水性大的饱和无黏性土，其压缩过程短，建筑物施工完毕时，可认为其压缩变形已基本完成；而透水性小的饱和黏性土，其压缩过程所需时间长，可能经过十几年甚至几十年压缩变形才稳定。土体在外力作用下，压缩随时间增长的过程，称为土的固结。

对于饱和土，只有挤出孔隙水，孔隙体积才会减小。所以饱和土的压缩量等于孔隙中水被挤出的体积，由于水被挤出，使土变得紧密。这个过程叫作土的渗透固结，或称为主固结。除渗透固结的压缩外，土还存在由于骨架（土粒）的蠕变引起的固结，称为次固结。目前，实用上都用渗透固结理论来研究饱和土的压缩变形过程。所谓“固结”是指土体随着土中孔隙水的消散而逐渐压缩的过程。对三相体系土体来说，也就是土体在外加压力作用下，孔隙内的水和空气徐徐排出而使土体受压缩的过程。

3. 两种压力

饱和土体受到外界压力作用时，孔隙中的一部分自由水将随时间而逐渐向外渗流（被挤出）；土中压力，原来全部由孔隙水承担，而逐渐传递给土骨架一部分，剩下的部分仍由孔隙水承受。这种现象叫作骨架和孔隙水的压力分担作用。由土颗粒骨架承受的压力叫作有效压力，它能使土骨架的形状和体积压密而变形，也能使土粒之间在有滑动趋势时产生摩擦，从而使土体具有一定的抗剪强度。另外，由孔隙水承受的压力叫作孔隙水压力。这种压力只能使每个土粒四周受到相同的压强，所以它既不改变土粒的体积，也不改变土粒的位置；它对土体既不能产生变形，也不能产生抗剪强度，因此孔隙水压力也叫作中性压力。当饱和土体仅受自重作用时，孔隙中的水只产生静水压力。这里所说的孔隙水压力，是指饱和土体在外界压力作用下所引起的、超过静水压力的那部分压力，也叫作超静水压力。下面用图 4-1 所示的渗压模型对土的受力情况再加以说明。

模型是由弹簧和具有小孔的活塞组成的容器，容器中盛满水，容器的侧壁装有测压管，以显示容器内水的压力水头。模型中的带孔活塞、弹簧和水分别代表饱和土的排水通道、土骨架和孔隙水。活塞上无压力作用时（略去活塞重量），水和弹簧均未受力，测压管显示静水压力而无压力水头，如图 4-1（a）所示。试验开始，在活塞上刚加上均布压力 σ 的一瞬间（$t=0$），容器中的水来不及从活塞小孔中排出，活塞未下降，弹簧无变形。测压管中显示出有超出静水位的压力水头 h_0，如图 4-1（b）所示，同时 h_0 与水的重度 γ_w 的乘积等于外加压力 σ。这说明加上的压力 σ 完全由活塞下面的水承担，即孔隙水承受的超静水压力 $u=\sigma$，而弹簧还未来得及受力，此时弹簧所受的压应力 $\bar{\sigma}=0$。随着受压时间的延续，容器中的水在超静水压力作用下，开始通过活塞上的小孔向外排出，从而活塞下降并促使弹簧压缩而受力，这时（$t=t_1$），测压管显示的压力水头也逐渐下降，如图 4-1（c）所示。这说明水所承担的压力 u 在逐渐减少，而弹簧承担了水所减少的那部分压力。随着水不断排出，活塞继续下降，测压管的压力水头愈来愈小，而弹簧承受的压力则愈来愈大。当时间足够长（$t=\infty$）时，测压管水头完全消失，如图 4-1（d）所示，此时外加压力全部转移到弹簧上，水停止流动，活塞不再下降，弹簧也停止压缩。这时 $u=0$、$\bar{\sigma}=\sigma$，压缩过程也就完成，压缩变形达到该外加压力的最终数值。

有效应力原理

由前面的原理及上述模型可以得出，饱和土中任一点的总压应力 σ 是该点有效压力 $\bar{\sigma}$ 和超静水压力 u 之和，即

$$\sigma=\bar{\sigma}+u \tag{4-1}$$

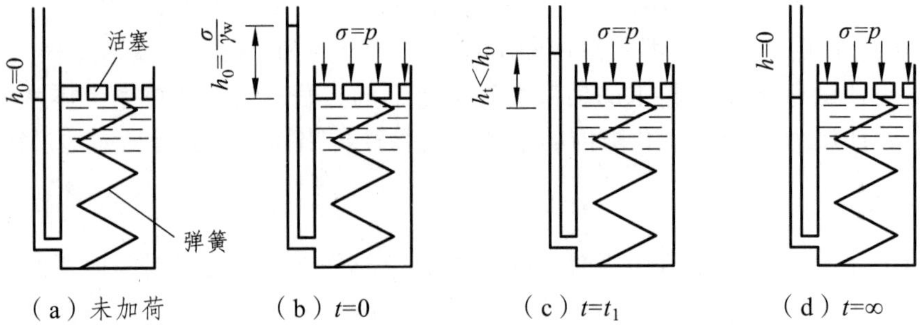

（a）未加荷　（b）$t=0$　（c）$t=t_1$　（d）$t=\infty$

图 4-1　饱和黏性土渗透固结过程模型

二、压密定律及压缩模量

1. 侧限压缩试验

（1）压缩过程。

上面提到，土的压缩主要是在荷载作用下土中孔隙体积的减少造成的。压缩试验的目的，在于确定荷载与土中孔隙体积改变量之间的关系。

用环刀切取原状土样，将土样连同环刀放入图 4-2 所示的压缩仪（固结仪）中，土样上下应各垫一块透水石，使土样受压后孔隙水可自由排出。土样上的压力是通过加荷装置和加压活塞施加的，加荷的顺序为单位面积土样承受的压力 p =0.05 MPa、0.1 MPa、0.2 MPa、0.3 MPa、0.4 MPa。每次加载后，待土样变形稳定，用测微计（百分表）测出已稳定的压缩变形量 s_i，这时土样高度由原来的 H 缩小为 $H_i=H_0-s_i$，孔隙比也由原来的 e_0 变为 e_i，如图 4-3。然后再加下一级荷载，重复进行试验，测得各级压力作用下土样的压缩变形量，计算出相应的孔隙比。

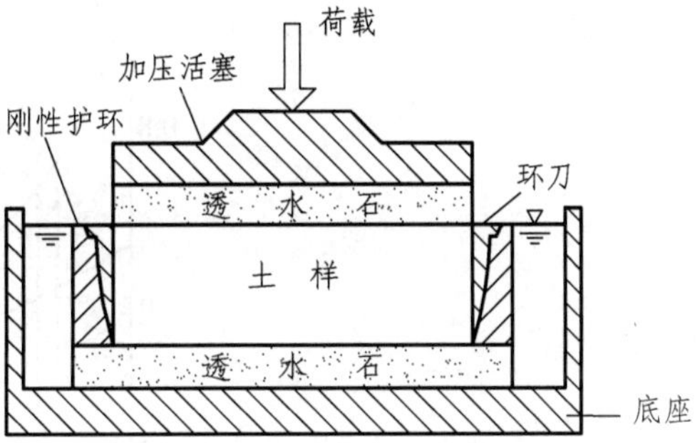

图 4-2　压缩仪示意图

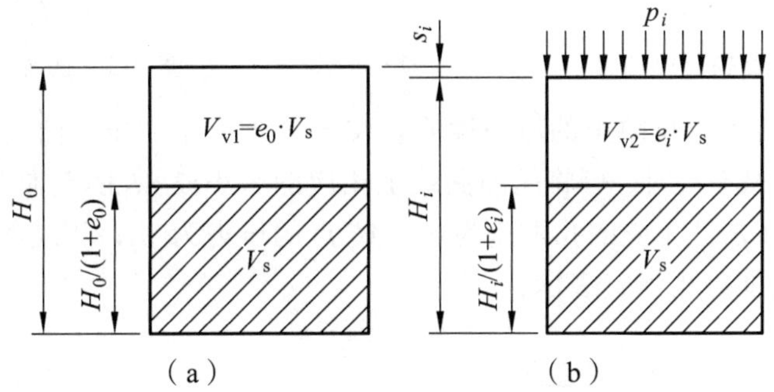

图 4-3　土样在压缩仪中的变形

（2）孔隙比的计算。

由前述可知，在各级压力作用下，可得到一系列的压缩变形量，其相应孔隙比的计算原理和方法如下：

在试验过程中，由于土样受环刀及压缩仪刚劲侧壁的限制，压缩时不可能产生侧向膨胀，所以这种试验也叫作侧限压缩试验。在这种情况下，压缩前后土样的横截面积 A 是不变的，土样的压缩表现为高度的减少。又因压缩过程中假定土粒体积不变，故在压缩前、后土样中的土粒部分高度 h_s 也不改变，它可由土粒质量 m_s（将压缩试验后的土样烘干即可称得）及土粒重度 γ_s 算出，即 $h_s = \dfrac{m_s \cdot g}{A\gamma_s}$。当土样在 p_i 作用下，压缩变形稳定后，土样的高度由原来的 H_0 缩小为 $H_i = H_0 - s_i$，土样的孔隙比也由原来的 e_0 变成与 p_i 作用下相应的孔隙比 e_i。

$$e_0 = \frac{V_v}{V_s} = \frac{AH_0 - Ah_s}{Ah_s} = \frac{H_0 - h_s}{h_s} = \frac{H_0}{h_s} - 1 \tag{4-2}$$

$$e_i = \frac{H_i - h_s}{h_s} = \frac{H_i}{h_s} - 1 \tag{4-3}$$

（3）压缩曲线。

根据压缩试验的结果，以横坐标表示压力 p，以纵坐标表示孔隙比 e，绘制压力和孔隙比的关系曲线，称压缩曲线或 e-p 曲线，如图 4-4 所示。

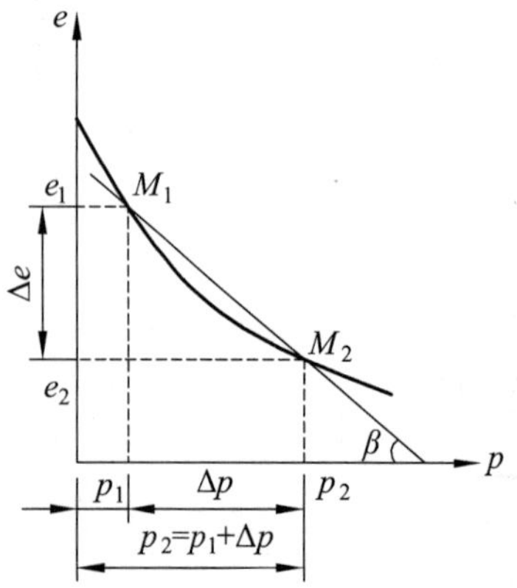

图 4-4　土的压缩曲线

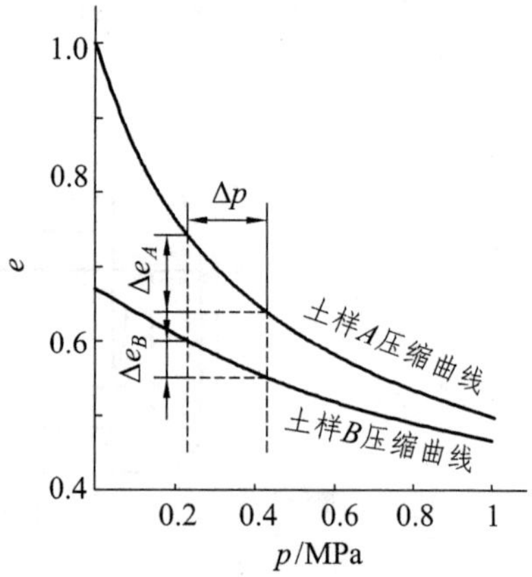

图 4-5　压缩曲线比较

土的压缩曲线可以反映土的压缩性质。在图 4-4 所示的压缩曲线中，当压力由 p_1 增至 p_2 的变化范围不大时，可将压缩曲线上相应的一小段 M_1M_2 近似地用直线来代替。若 M_1 点的压力为 p_1，相应的孔隙比为 e_1，M_2 点的压力为 p_2，相应的孔隙比为 e_2，则 M_1M_2 段直线的坡度可用下式表示：

$$\alpha = -\frac{\Delta e}{\Delta p} = \frac{e_1 - e_2}{p_2 - p_1} \tag{4-4}$$

上式称土的压密定律，它表示侧限条件下，在压力变化不大时，土中孔隙比的变化量与所加压力的变化成正比。其比例系数用符号 α 表示，称为压缩系数，单位是 MPa^{-1}。

图 4-5 表示两种土样 A 和 B 的压缩曲线，土样 A 的压缩曲线较陡，土样 B 的压缩曲线较平缓，在同一压力增量 Δp 的作用下，土样 A 的 Δe_A 变化较大，而土样 B 的 Δe_B 变化较小；所以土样 A 就比土样 B 的压缩变形大，土也较易压缩。这说明压缩曲线的陡缓可表示土的压缩性的高低。

（4）压缩系数。

压缩系数表明在从 p_1 到 p_2 的压力段内，单位压力的增加所引起的土样孔隙比的减少，是反映土压缩性质的一个重要指标，其值愈大，土愈易压缩。

从图 4-4 可见，同一种土的压缩系数在不同的压力段是不同的。为了便于应用和比较，一般取 p_1=0.1 MPa 到 p_2=0.2 MPa 的压力范围确定土的压缩系数，用 $\alpha_{0.1\sim0.2}$ 表示。压缩系数 $\alpha_{0.1\sim0.2}$ 的大小，可作为评价地基土压缩性的指标，如表 4-1 所示。

表 4-1　土的压缩性判定指标

土的压缩性分类	压缩系数 $\alpha_{0.1\sim0.2}$ /MPa^{-1}	压缩模量 $E_{s(0.1\sim0.2)}$ /MPa
高压缩性土	$\alpha_{0.1\sim0.2}\geqslant 0.5$	$E_{s(0.1\sim0.2)}<4$
中压缩性土	$0.1\leqslant\alpha_{0.1\sim0.2}<0.5$	$4\leqslant E_{s(0.1\sim0.2)}\leqslant 15$
低压缩性土	$\alpha_{0.1\sim0.2}<0.1$	$E_{s(0.1\sim0.2)}>15$

高压缩性的地基土，在压力作用下的变形较大，必须注意检查地基的沉降是否满足容许值的要求。

压缩系数与压缩模量教学案例

【例题 4-1】某土样的原始高度 H=20 mm，直径 D=6.4 cm，土粒重度 γ_s=27.0 kN/m^3，试验后测得干土样质量 $m_s=91.2$ g，压缩试验结果如表 4-2 所示。试计算压缩曲线资料，确定该土样的压缩系数并评定该土样的压缩性。

表 4-2　某土样压缩试验结果

压力 p_i/MPa	0	0.05	0.1	0.2	0.3	0.4
压缩稳定后百分表读数（0.01 mm）	0	92.0	131	188	228	256

【解】土样面积 $A=\dfrac{\pi D^2}{4}=\dfrac{3.14\times6.4^2}{4}=32.2\ \text{cm}^2=32.2\times10^{-4}\ \text{m}^2$

土粒部分高度 $h_s=\dfrac{m_s}{A\gamma_s}g=\dfrac{0.0912\times10}{32.2\times10^{-4}\times27.0}=10.49\ \text{mm}$

天然孔隙比 $e_0=\dfrac{H-h_i}{h_i}=\dfrac{20-10.49}{10.49}=0.907$

其余计算见表 4-3。

表 4-3　各级压力下的相应孔隙比

压力 p_i/MPa	压缩稳定后百分表读数（0.01 mm）	压缩变形 ΔH_i/mm	土样高度 $h_i=H-\Delta H_i$/mm	孔隙比 $e_i=\dfrac{h_i}{h_s}-1$
0	0	0	20	0.907
0.05	92	0.92	20−0.92=19.08	0.819
0.1	131	1.31	20−1.31=18.69	0.782
0.2	188	1.88	20−1.88=18.12	0.727
0.3	228	2.28	20−2.28−17.72	0.689
0.4	256	2.56	20−2.56=17.44	0.663

根据计算结果可绘制压缩曲线。

土的压缩系数 $\alpha_{0.1\sim0.2}=\dfrac{e_1-e_2}{p_2-p_1}=\dfrac{0.782-0.727}{0.2-0.1}=0.55\ \text{MPa}^{-1}>0.5\ \text{MPa}^{-1}$

由表 4-1 可知该土属于高压缩性土。

2. 土体压缩量的计算

压缩曲线不仅可确定土的压缩系数，还可用来计算无侧向膨胀土层的压缩量。

如图 4-6，设土样在均布压力 p_1 作用下的厚度为 h_1，体积为 V_1，孔隙比为 e_1；均布压力增加到 p_2 时，厚度压缩到 h_2，体积为 V_2，孔隙比为 e_2。土样的压缩量 Δs 可按以下关系式推出：

$$e_1=\frac{V_\text{v}}{V_\text{s}}=\frac{V_1-V_\text{s}}{V_\text{s}}=\frac{V_1}{V_\text{s}}-1$$

$$1+e_1=\frac{V_1}{V_\text{s}}$$

$$V_\text{s}=\frac{V_1}{1+e_1}=\frac{Ah_1}{1+e_1}$$

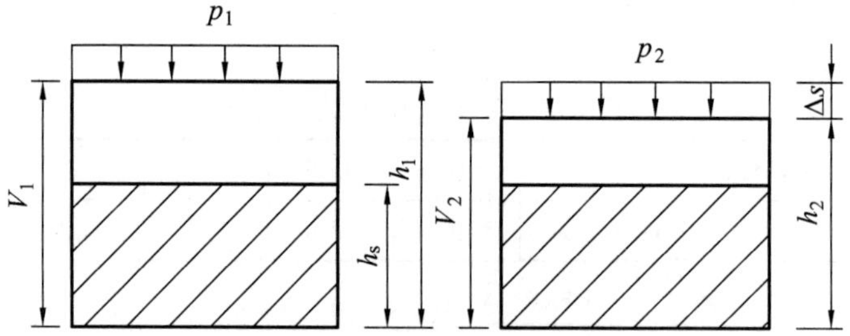

图 4-6　土样压缩量的计算

A 为土样的截面积，因无侧向膨胀，在压缩过程中，A 是不变的。同样可以得到：

$$e_2=\frac{V_2}{V_\text{s}}-1$$

$$V_\text{s}=\frac{V_2}{1+e_2}=\frac{Ah_2}{1+e_2}$$

因为在压缩过程中土粒的体积始终保持不变，故

$$\frac{Ah_1}{1+e_1}=\frac{Ah_2}{1+e_2}$$

$$h_2=\frac{1+e_2}{1+e_1}h_1$$

$$\Delta s=h_1-h_2=\frac{e_1-e_2}{1+e_1}h_1 \tag{4-5}$$

通常在压缩曲线上按 p_1、p_2 可查出 e_1、e_2，又已知原来土样厚度 h_1，所以根据式（4-5）可求得压缩量 Δs。

式（4-5）是求地基沉降量的基本公式，该式还可写成：

$$\left.\begin{aligned}\frac{\Delta s}{h_1}&=\frac{e_1-e_2}{1+e_1}\\ e_1-e_2&=\frac{\Delta s}{h_1}(1+e_1)\\ e_2&=e_1-\frac{\Delta s}{h_1}(1+e_1)\end{aligned}\right\} \tag{4-6a}$$

若已知土样的天然含水率 w、天然重度 γ 及土粒重度 γ_s，可求得原始孔隙比 e_0，在 p_i 力作用下土样的压缩量 Δs_i 已知，则式（4-6a）可改写成：

$$e_i=e_0-\frac{\Delta s_i}{H}(1+e_0) \tag{4-6b}$$

已知土样原始高度 H，又测得在压力 p_i 作用下的变形量（压缩量）s_i，根据式（4-6b）可求得相应的孔隙比 e_i，这样也可作出 e-p 曲线。另外，式（4-6b）在具体计算中也常用到。

【例题 4-2】 已知粉质黏土的原始孔隙比 $e_0=0.780$，压缩试验前测得试样原始高度为 $H=20$ mm。在压力 $p_1=0.1$ MPa 时，试样的总变形量为 $s_1=0.402$ mm；在压力 $p_2=0.2$ MPa 时，试样的总变形量为 $s_2=0.656$ mm。试求压缩系数 $\alpha_{0.1\sim0.2}$，并判定土的压缩性。

【解】 将原始孔隙比及各级压力下的压缩量代入式（4-6b）

$$e_{0.1}=e_0-\frac{s_1}{H}(1+e_0)=0.780-\frac{0.402}{20}\times(1+0.780)=0.744$$

$$e_{0.2}=e_0-\frac{s_2}{H}(1+e_0)=0.780-\frac{0.656}{20}\times(1+0.780)=0.722$$

按公式（4-4）求压缩系数：

$$\alpha_{0.1\sim0.2}=\frac{e_{0.1}-e_{0.2}}{p_2-p_1}=\frac{0.744-0.722}{0.2-0.1}=0.22\ \text{MPa}^{-1}$$

查表 4-1，可知土样为中压缩性的。

【例题 4-3】 有一土层厚度为 1 m，已知建筑物建造前，作用在该土层上的压力为 0.03 MPa，建筑物建成后，作用在该土层上的压力增至 0.11 MPa。从室内压缩试验知压力为 0.03 MPa 时，孔隙比为 0.984；压力为 0.11 MPa 时，孔隙比为 0.901。试计算该土层的压缩量。

土体压缩量的计算教学案例

【解】 已知土层在建筑物修建前与修建后的孔隙比，代入公式（4-5）：

$$\Delta s=\frac{e_1-e_2}{1+e_1}h_1=\frac{0.982-0.901}{1+0.982}\times1000=40.9\ \text{mm}$$

3. 压缩指数及土的应力历史对压缩性的影响

根据压缩试验，测得各级荷载作用下的孔隙比后，以 $\lg p$ 为横坐标，e 为纵坐标，便可绘出 e-$\lg p$ 曲线，如图 4-7 所示。它的后段接近直线，其斜率 c_c 为

$$c_c=\frac{e_1-e_2}{\lg p_2-\lg p_1} \tag{4-7}$$

式中：c_c 称为压缩指数。

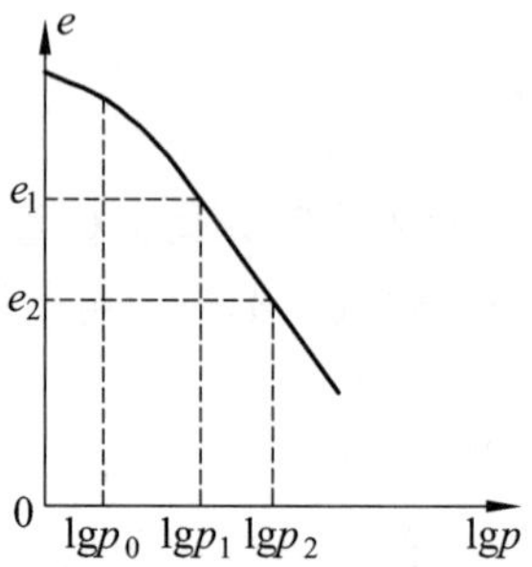

图 4-7　e-$\lg p$ 曲线

压缩指数 c_c 与压缩系数 α 的意义相似，都可用以反映土的压缩性质。c_c 值愈大，土的压缩性愈高。从图 4-7 可见，c_c 与 α 不同之处在于它的后段（直线段）的斜率并不随荷载而变，不过，试验时要求很细心地确定斜率，否则会引起很大的误差。低压缩性土 c_c 值一般小于 0.2，高压缩性土 c_c 值一般大于 0.4。

我国目前习惯使用 e-p 曲线及压缩系数 α；e-$\lg p$ 曲线及压缩指数 c_c 常为国外所重视，并可用来分析土的应力历史对压缩性的影响。

土由于形成的历史条件不同，有正常固结土、超固结土及欠固结土之分，如图 4-8 所示。正常固结土是指土沉积过程中，在自重应力作用下逐渐固结，固结后土中的应力没有什么改变的土。超固结土是指在历史上曾经受过较大的压力而完成固结的土，例如原有较厚的上覆土层，后因剥蚀作用而卸荷，即现有土的孔隙比小于现有自重应力所对应的孔隙比。欠固结土是指由于各种原因未能达到正常固结状态的土，如新近沉积土、人工填土等，现有土的孔隙比大于现有自重应力所对应的孔隙比。

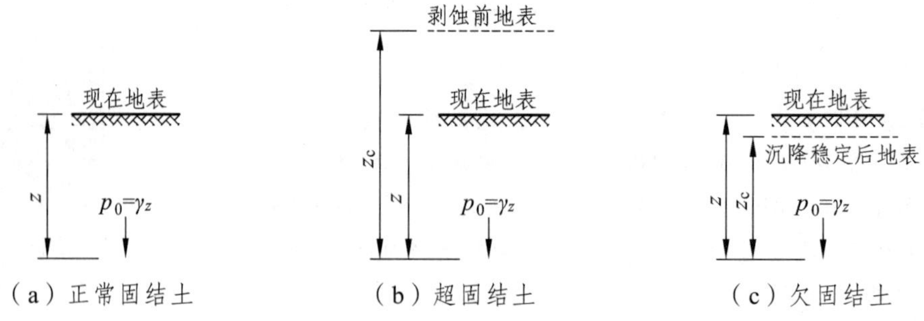

图 4-8　土层按前期固结应力 p_c 分类法

土力学中用前期固结应力 p_c 来区分土的天然固结状态。前期固结应力是指该土层

在历史上所经受过的使土层压密稳定的应力。设现有土的自重应力为 p_0，则：

$p_0 = p_c$，为正常固结土；

$p_0 < p_c$，为超固结土；

$p_0 > p_c$，为欠固结土。

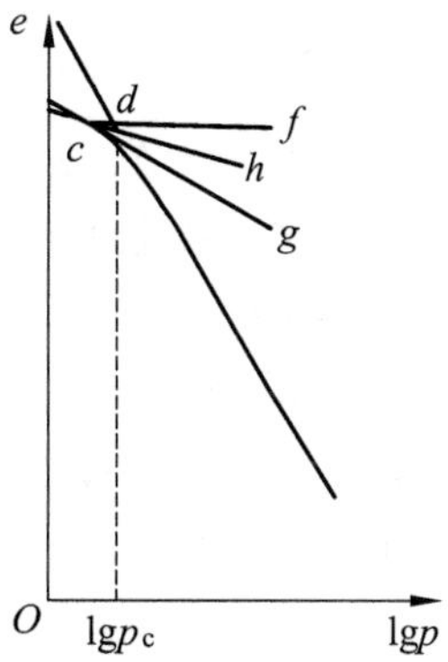

图 4-9　求前期固结应力 p_c 的图

前期固结应力 p_c 由 e-lg$p$ 曲线上近似水平曲线段过渡到近似下斜直线段的转折点所对应的应力来确定，可用如图 4-9 所示的近似方法求得。其法是在 e-lg$p$ 曲线上找出曲率半径最小的 c 点，过 c 点作切线 cg 及水平线 cf，又作 $\angle fcg$ 的平分线 ch，将 e-lg$p$ 曲线中的下斜直线向上延伸与 ch 线得一交点 d，对应于 d 点的应力即作为前期固结应力 p_c。

4. 压缩模量

在有侧限（无侧向膨胀）的条件下，土所受的压应力 σ_z 与相应的竖向应变 ε_z 的比值，称为土的压缩模量 E_s，即

$$E_s = \frac{\sigma_z}{\varepsilon_z} \tag{4-8}$$

在压缩试验中，试件高度为 h_1，当压力由 p_1 增至 p_2，相应的孔隙比就由 e_1 变为 e_2，沉降量为 Δs，这时 $\sigma_z = p_2 - p_1$，$\varepsilon_z = \frac{\Delta s}{h_1}$，由公式（4-6a）可知，$\frac{\Delta s}{h_1} = \frac{e_1 - e_2}{1+e_1}$，将这些关系式代入公式（4-8）中，得

$$E_s = \frac{\sigma_z}{\varepsilon_z} = \frac{p_2 - p_1}{\dfrac{\Delta s}{h_1}} = \frac{p_2 - p_1}{\dfrac{e_1 - e_2}{1+e_1}} = \frac{1+e_1}{\alpha} \tag{4-9}$$

式中　$\alpha = \frac{e_1 - e_2}{p_2 - p_1}$，为压缩系数。

由公式（4-8）可知，压缩模量 E_s 是在无侧向膨胀条件下，产生单位竖向应变所需的压应力增加值。E_s 值愈大，则产生单位竖向应变的压应力增加值就愈大，就是说土愈不易压缩；E_s 愈小，则土就愈容易压缩。所以，E_s 也可用以表示土的压缩性。为了

便于应用和比较，通常规定用 $p_1=0.1$ MPa，$p_2=0.2$ MPa 时所得的 $E_{s(0.1\sim0.2)}$ 作为判断土的压缩性的另一指标，具体见表 4-1。

$$E_{s(0.1\sim0.2)}=\frac{1+e_1}{\alpha_{0.1\sim0.2}} \tag{4-10}$$

5. 回弹曲线与再加荷曲线

在做压缩试验时，如果逐级加载后再逐级卸载，可以得到卸载过程中各级荷载和其对应的土样孔隙比，并可绘出回弹曲线（膨胀曲线），如图 4-10 所示。压缩曲线 a 与卸荷时的回弹曲线 b 并不重合，这说明土并不是理想弹性体。在卸荷时，变形虽有部分恢复，但不能全部恢复，能恢复的部分称为弹性变形，不能恢复的部分称为残余变形。一般说来，残余变形比弹性变形大。如果再重新加载，则又得再加荷曲线 c，再加荷曲线 c 与原来的压缩曲线 a 有连续的趋势。

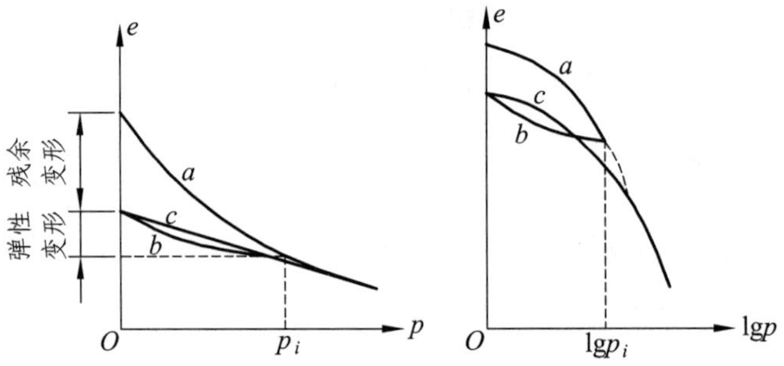

（a）e-p 曲线　（b）e-lg$p$ 曲线

图 4-10　土的加卸荷曲线

经过一次加载、卸载过程的土，它的孔隙比将会有很大的减小。所以，如果从地基中取原状土做压缩试验时，实际上已经经历了一个加卸荷过程（即卸去了土样在地基中所承受的原存应力）。因此，试验所得的压缩曲线，实际上是再加荷曲线，并不是初始加载的压缩曲线。在实际应用中，对其所造成的误差，应引起足够的重视。

如果加载、卸载重复进行，最后在所加压力段范围内，土的回弹曲线与再加荷曲线将趋于重合，再加荷所引起的变形便趋于全部是弹性变形。

三、土的侧压力系数与侧向膨胀系数

做有侧限压缩试验时，压缩仪中的土样在竖向压应力的作用下，由于受刚劲侧壁的限制，不能侧向膨胀，就使侧壁对土样作用有侧向压应力。很明显，竖向应力增大，侧向应力也随之增大，侧向压应力 σ_x 与竖向压应力 σ_z 的比值称为土的侧压力系数 ξ（或称静止土压力系数）。

$$\xi=\frac{\sigma_x}{\sigma_z} \tag{4-11}$$

土的侧压力系数与土的种类、土的物理性质、加载条件等有关，它可由试验测定。

在没有侧向限制的条件下，土承受竖向压应力作用时，将产生侧向膨胀，土的侧向膨胀应变 ε_x 与竖向压缩应变 ε_z 的比值称为土的侧向膨胀系数（或称泊松比）μ。土的侧向膨胀系数不易由试验方法直接测定，通常根据测定的土的侧压力系数 ξ，按材料力学原理求得

$$\xi = \frac{\mu}{1-\mu} \tag{4-12}$$

或

$$\mu = \frac{\xi}{1+\xi} \tag{4-13}$$

目前，由试验室测定土的侧压力系数值不普遍，在缺乏试验资料时，可参照表 4-4 选用 ξ 与 μ 值。

表 4-4　土的侧压力系数 ξ 及侧膨胀系数 μ 的参考值

土的种类与状态		侧压力系数 ξ	侧膨胀系数 μ
碎石类土		0.18 ~ 0.25	0.15 ~ 0.20
砂类土		0.25 ~ 0.33	0.20 ~ 0.25
粉土		0.33	0.25
粉质黏土	半干硬状态	0.33	0.25
	硬塑状态	0.43	0.30
	软塑或流塑状态	0.53	0.35
黏土	半干硬状态	0.33	0.25
	硬塑状态	0.53	0.35
	软塑或流塑状态	0.72	0.42

四、土的荷载试验与变形模量

土的变形模量是指土体在部分侧限条件下，单向受压时的竖向压应力 σ_z 与竖向应变 ε_z 的比值，用 E_0 表示。由于土的变形中既有弹性变形又有残余变形，为了与弹性模量中只有弹性变形相区别而称 E_0 为变形模量。土的变形模量可以通过现场试验或根据压缩模量来推算。

1. 荷载试验

荷载试验

荷载试验是在现场试坑中竖立荷载架，直接对土分级施加荷载，测定其在各级荷载作用下的沉降量。根据试验数据绘制荷载-沉降曲线（p-s 曲线）及每级荷载作用下的沉降-时间曲线（s-t 曲线），由此判定土的变形模量、地基承载力和土的变形特性等。

荷载试验的试坑应选在拟建基础附近，坑底应在所需了解土层的标高处，荷载板常用钢板或钢筋混凝土板；面积对于一般土层可采用 0.25 m^2（0.5 m×0.5 m）或 0.50 m^2

（0.71 m×0.71 m）（方板或相应面积的圆板），对于均质紧密土层可用 0.10 m^2（0.32 m×0.32 m），对于软土层、人工填土等不应小于 0.50 m^2。

加载方式可直接用荷重块或油压千斤顶加载，如图 4-11 所示。分级加载的第一级荷载（包括设备自重）应接近所卸除基坑土的自重应力，此时的沉降不予计算。以后每级荷载的增量视土质而定。对于较松软的土，每级增加 10 ~ 25 kPa；对于较坚硬的土为 50 kPa。施加每级荷载后，应每隔 5 ~ 15 min 观测一次，直至沉降相对稳定为止。每级荷载作用下沉降相对稳定的标准一般规定为：最后 30（砂类土）~ 60（黏性土）min 内的沉降量不大于 0.1 mm；且每级荷载作用下的观测时间，对软土不应少于 24 h，对一般黏性土不少于 8 h，对较坚硬的土不少于 4 h。如此逐级加载、观测，尽可能加载至地基土被破坏为止。

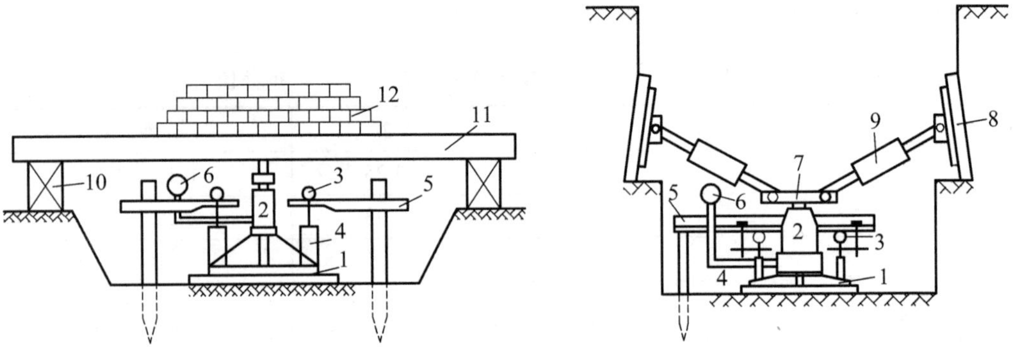

（a）　　　　　　　　（b）

1—承压板；2—油压千斤顶；3—量表；4—量表支座；5—观测装置支架；6—压力表；7—支承板；8—斜撑板；9—斜撑杆；10—枕木垛；11—钢梁；12—加载重物。

图 4-11　荷载试验装置

当出现下列现象之一时，可认为地基土已达到破坏阶段：

（1）荷载板周围土体有明显隆起（砂类土）或出现裂纹（黏性土）。

（2）荷载增加很小，但沉降量却急骤增大，即 p-s 曲线出现陡降现象。

（3）在荷载不变的情况下，24 h 内，沉降速率无减小的趋势。

（4）总沉降量已达 0.06 倍荷载板宽度（或直径）。

最后应根据整理的资料绘制 p-s 曲线和每级荷载作用下的 s-t 曲线，如图 4-12 所示。

荷载试验的 p-s 曲线通常有几种类型，图 4-12（a）所示的是一种典型的 p-s 曲线。这种地基土从开始承受荷载到破坏，地基变形大致可分为三个阶段：第一阶段相当于 p-s 曲线上的 oa 部分，这时的变形主要是由于土的压密，p 与 s 基本上成直线关系，所以称为直线变形阶段。在这个阶段中，地基内各点的剪应力都小于土的抗剪强度，地基处于稳定状态。第二阶段相当于 p-s 曲线上的 ak 部分。这时，地基土中的应力与沉降不再保持直线关系，地基的变形由两部分组成：一部分仍是由于土的压密所产生的变形，但其所占比例随荷载的增加而急剧减小；另一部分是由于局部土体（主要是荷载板下边缘部分的土体）内剪应力达到了土的极限抗剪强度后，引起土粒间相互错动的剪切位移（也就是塑性变形），使局部土体形成塑性变形区。随着荷载的增加，塑性变形区逐步向地基的纵深处发展，但尚未连成一片，这个阶段称为塑性变形阶段，也称为局部剪切阶段。第三阶段相当于 p-s 曲线 k 点以后的部分，当荷载到达 k 点的应力 p_k（极限荷载）时，地基土的变形主要由塑性变形的滑动所产生，这时塑性变形区已连成一片，形成一连续滑动面，土开始向侧面挤出。当荷载再增加少许，荷载板就会持续下沉，不能稳定，这时地基已完全破坏，丧失了稳定，这一阶段称为破坏阶段。

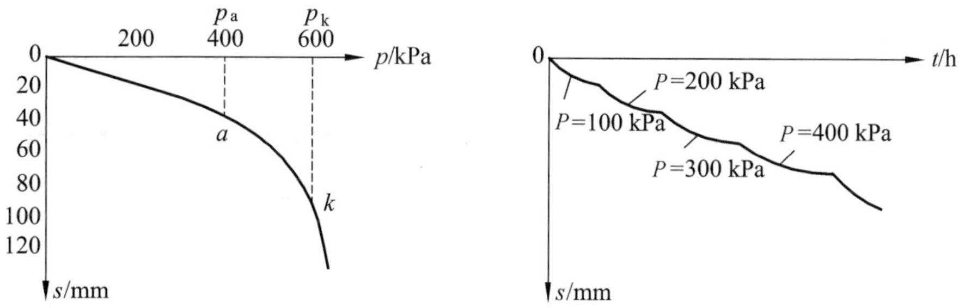

（a）p-s 曲线　　　（b）s-t 曲线

图 4-12　荷载试验曲线

荷载试验是原位测试的一种方法，可避免因取样扰动等产生的误差，故比较接近实际。但由于荷载板的面积较小，其压力影响深度只有荷载板宽度的 2 ~ 3 倍，对影响深度以下的土层变形特性不能反映出来。而实际的基础宽度较荷载板要大一些，在相同荷载作用下，其影响深度也要大一些。如果在深处存在软弱土层，根据地基面上的试验资料来确定其变形特性就不可靠。因此，当地基土在深度上是非均质土时，应考虑在不同深度上进行荷载试验或用不同大小的承压板进行荷载试验。

2. 变形模量

荷载试验与变形模量教学案例

从上述荷载试验所得 p-s 曲线上可以看出，在一定荷载范围内，荷载 p 与其对应的沉降量成线性关系，因而可以利用弹性力学公式导出均布面荷载作用下的地基沉降量公式为

$$s=\omega\frac{pb(1-\mu^2)}{E_0} \tag{4-14}$$

式中　s——地基沉降量（mm）；

ω——与荷载板刚度、形状有关的系数，刚性方形板 $\omega=0.89$，刚性圆形板 $\omega=0.79$；

p——单位面积地基上的压力（MPa）；

b——荷载板的宽度或直径（mm）；

μ——侧向膨胀系数，可参考表 4-4 中的数据；

E_0——地基土的变形模量（MPa）。

式（4-14）经过变换，可得 E_0 的计算公式为

$$E_0=\omega(1-\mu^2)b\frac{p}{s} \tag{4-15}$$

3. 变形模量与压缩模量的关系

变形模量与压缩模量在理论上有一定的关系。变形模量虽然可通过荷载试验来测定，但荷载试验历时长、费用大，而且还由于深层土的试验在技术上存在一定的困难，所以常常依靠室内试验取得的压缩模量资料进行换算。

根据材料力学原理，E_0 与 E_s 之间的关系为

$$E_0=\left(1-\frac{2\mu^2}{1-\mu}\right)E_s \tag{4-16}$$

应当指出，上式求得的 E_0 有时与按荷载试验资料求得的 E_0 有较大的出入。因此在实用上，常根据实测资料为基础所建立的 E_0 与 E_s 的地区性经验系数 K（$K=\dfrac{E_0}{E_s}$）进行换算。

第三节　地基沉降量计算

地基最终沉降量是指地基土在建筑物荷载作用下压缩完全稳定时，地基表面最大竖向变形量。

计算地基沉降量的目的，是在建筑物设计中，预知该建筑物建成后将产生的最终沉降量、沉降差、倾斜及局部倾斜，并判断这些地基变形值是否超出允许的范围，以便在建筑物设计时，为采用相应的工程措施提供依据，保证建筑物的安全。

计算地基最终沉降量的方法很多，本节主要介绍分层总和法和《铁路桥涵地基和基础设计规范》推荐的方法。

一、分层总和法

天然地基土一般是由性质不同的不均匀土层组成，并相互重叠。即使是均一土层，随着深度的变化，土的某些物理力学指标也在改变。因此，计算地基沉降，最好把土层分成若干薄层，分别计算每个薄层的压缩变形量，最后叠加起来即为总沉降量。这是一种近似计算法，称为分层总和法。

为了应用第三章附加应力计算公式和室内侧限压缩试验指标，分层总和法假设：

（1）地基土是均匀的、各向同性的半无限弹性体。

（2）地基土在外荷载作用下，只产生竖向变形，不发生侧向膨胀变形。

（3）采用基底中心点下的附加应力计算地基变形量。

1. 计算原理

分层总和法是先将地基土分为若干水平土层，现以基底中心下截面积为 A、厚度为 h_i 的第 i 层土柱为例，见图 4-13（a）。修建建筑物前，土柱上作用有平均自重应力 p_{1i}；修建建筑物后，土柱上作用有平均自重应力与平均附加应力，其和为 p_{2i}，见图 4-13

（b）。如果在第 i 层土柱处取土样做室内压缩试验，可绘出压缩曲线，见图 4-13（c）。在压缩曲线上，e_{1i} 应是平均自重应力 p_{1i} 作用下的孔隙比，e_{2i} 应是压力从 p_{1i} 增大到 p_{2i} 时，压缩稳定后的孔隙比。这样就可按式（4-5）计算该土层的压缩变形量 Δs_i：

$$\Delta s_i = \frac{e_{1i} - e_{2i}}{1 + e_{1i}} h_i$$

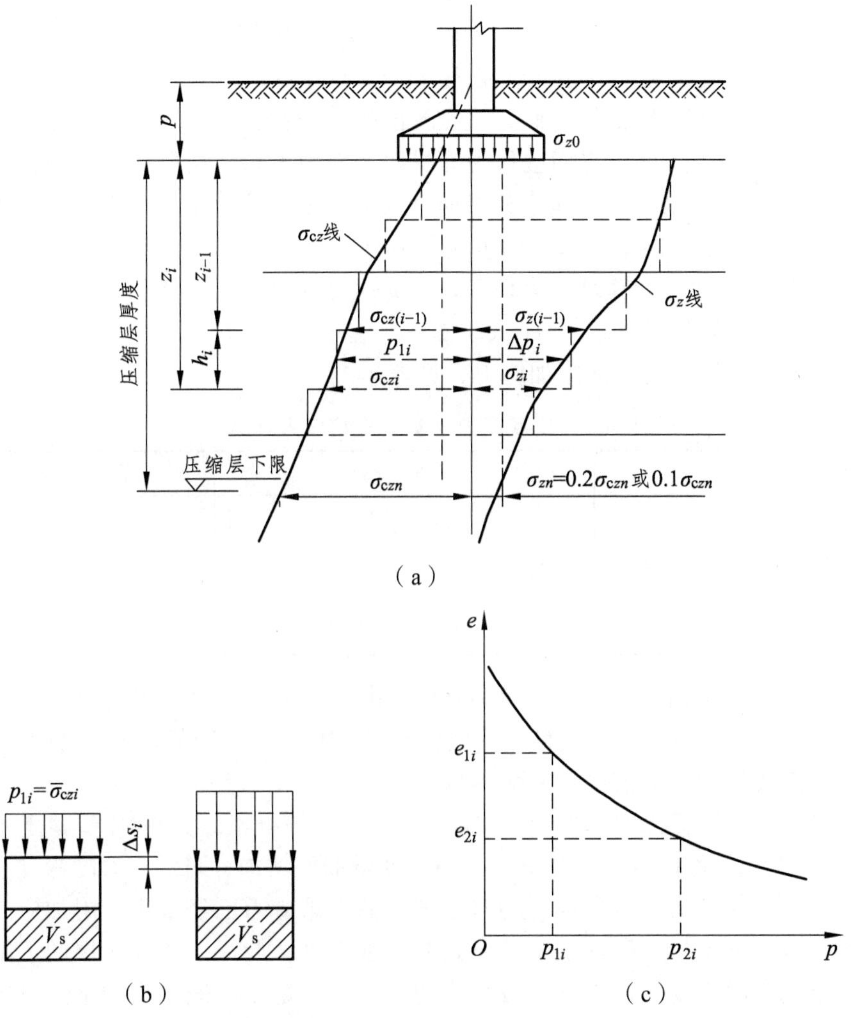

图 4-13　地基最终沉降量计算的分层总和法

分别计算基础中心点下地基中各个分层的压缩变形量 s_i，累加起来即得地基最终沉降量，见式（4-17）：

$$s = \sum_{i=1}^{n} \Delta s_i = \sum_{i=1}^{n} \frac{e_{1i} - e_{2i}}{1 + e_{1i}} h_i \qquad (4\text{-}17)$$

式中　Δs_i——地基中某层的压缩量（mm）；

　　　h_i——地基中第 i 层土的厚度（mm）；

e_{1i} ——相应于第 i 层土平均自重应力 $p_{1i}\,(\bar{\sigma}_{cz})_i$ 时的孔隙比，可由压缩曲线查得；

e_{2i} ——相应于建造建筑物后第 i 层土平均总应力所对应的孔隙比，也可由压缩曲线查得；

n ——计算深度范围内的分层数。

2. 计算步骤

分层总和法概念清楚，计算方法简单，但计算过程烦琐，一般按以下步骤进行：

（1）分层，从基础底面开始将地基土分为若干薄层。

为使沉降量计算结果较为准确，应注意下列几点规定：

① 地基中不同土层的分界面应作为分层面，因为不同土层压缩性不同。

② 同一土层地下水位面应作为分层面。因为地下水位面上部、下部土的重度并不相同，所以，同一土层的地下水位面也应作为分层面。

③ 分层厚度愈薄，计算结果愈精确，但为简化计算工作量起见，分层厚度可采用 $h \leqslant 0.4b$（b 为基础短边长度），且不大于 2 m。

（2）计算基底压力与基底附加应力，见表 4-5。

表 4-5　基底压力与基底附加应力计算表

	基底压力	基底附加应力
中心荷载	$\sigma = \dfrac{F+G}{A}$	$\sigma_{z0} = \sigma - \gamma_0 h$
单向偏心受压基础	$\begin{matrix}\sigma_{\max}\\ \sigma_{\min}\end{matrix} = \dfrac{P}{A} \pm \dfrac{M}{W} = \dfrac{P}{A}\left(1 \pm \dfrac{6e}{b}\right)$	$\sigma_{z0} = \begin{matrix}\sigma_{\max}\\ \sigma_{\min}\end{matrix} - \gamma_0 h$

（3）计算各分层面上土的自重应力 σ_{czi} 和附加应力 σ_{zi}，并绘制自重应力与附加应力分布曲线。自重应力分布曲线自天然地面算起，附加应力分布曲线自基础底面算起。附加应力由基底附加应力求得，见图 4-13（a）。

（4）确定沉降计算深度（即受压层厚度）z_n。

从图 4-13（a）可以看出，自重应力随深度增加而增加，附加应力随深度增加逐渐减小，到了一定深度后，附加应力相对于该处的自重应力已经很小，附加应力引起的压缩变形可以忽略不计，因此沉降计算到此深度即可，此深度为受压层的下限。自基底到受压层的下限为受压层厚度。按“应力比”法确定，一般土层的下限可定在附加应力与自重应力的比等于 20%处，即 $\sigma_{zn}/\sigma_{czn} = 0.2$ 处；当地基为压缩性高的软土时，则定在 10%处，即 $\sigma_{zn}/\sigma_{czn} = 0.1$ 处。

需要注意的是，如果在确定的沉降计算深度以下尚有压缩性较大的土层时，沉降应计算至该土层底面为止。

（5）计算各分层土的平均自重应力和平均附加应力。

平均自重应力 $\bar{\sigma}_{czi} = \dfrac{\sigma_{cz(i-1)} + \sigma_{czi}}{2}$，设 $p_{1i} = \bar{\sigma}_{czi}$

平均附加应力 $\bar{\sigma}_{zi} = \dfrac{\sigma_{z(i-1)} + \sigma_{zi}}{2}$，设 $p_{2i} = \bar{\sigma}_{czi} + \bar{\sigma}_{zi}$

（6）计算各分层土的沉降量 s_i。

① 当已知压缩曲线时，压缩量按式（4-18）计算：

$$\Delta s_i = \frac{e_{1i} - e_{2i}}{1 + e_{1i}} h_i \tag{4-18}$$

② 当已知压缩系数 α_i 时，因为

$$\alpha_i = \frac{e_{1i} - e_{2i}}{p_{2i} - p_{1i}} = \frac{e_{1i} - e_{2i}}{\bar{\sigma}_{zi}}$$

从而得出

$$e_{1i} - e_{2i} = \alpha_i \bar{\sigma}_{zi}$$

代入式（4-18）得到式（4-19）：

$$\Delta s_i = \frac{a_i \bar{\sigma}_{zi}}{1 + e_{1i}} h_i \tag{4-19}$$

③ 当已知压缩模量 E_{si} 时，由于 $E_{si} = \dfrac{1 + e_{1i}}{a_i}$，代入公式（4-19），得式（4-20）：

$$\Delta s_i = \frac{\bar{\sigma}_{zi}}{E_{si}} h_i \tag{4-20}$$

式中 α_i——第 i 层土的压缩系数（MPa^{-1}）；

E_{si}——第 i 层土的压缩模量（MPa）；

e_{1i}——第 i 层土的压缩前（自重应力作用下）的孔隙比，从该层土的压缩曲线由 p_{1i} 查得，见图 4-13（c）；

e_{2i}——第 i 层土的压缩稳定后（即自重应力与附加应力之和作用下）的孔隙比，从该层土的压缩曲线由 p_{2i} 查得，见图 4-13（c）；

h_i——第 i 层土的厚度（m）。

（7）计算地基最终沉降量。

将沉降计算深度 z_n 范围内各土层的压缩变形量 Δs_i 相加，可得地基最终沉降量：

$$s = \Delta s_1 + \Delta s_2 + \cdots + \Delta s_n = \sum_{i=1}^{n} \Delta s_i \tag{4-21}$$

二、《铁路桥涵地基和基础设计规范》（TB 10093—2017）方法

《铁路桥涵地基和基础设计规范》中参考《建筑地基基础设计规范》（GB 50007—2011）中提出的地基沉降计算方法，是一种简化并修正了的分层总和法，其关键在于引进了平均附加应力系数的概念，并在总结大量实践经验的基础上，重新规定了地基沉降计算深度的标准及地基沉降计算经验系数。这样既对分层总和法进行了简化，又比较符合实际工程情况。

1. 计算原理（《建筑地基基础设计规范》法）

假设地基土层均匀，压缩模量 E_s 不随深度变化，根据式（4-20）有

$$s' = \sum_{i=1}^{n} \Delta s_i = \sum_{i=1}^{n} \frac{\overline{\sigma}_{zi} h_i}{E_{si}} \tag{4-22}$$

由图 4-14 可知，式（4-22）的分子 $\overline{\sigma}_{zi}h_i$ 等于第 i 层土附加应力曲线所包围的面积（图中阴影部分），用符号 A_{3465} 表示，而且 $A_{3465}=A_{1243}-A_{1265}$

而应力面积 $A = \int_0^z \sigma_z \mathrm{d}z = p_0 \int_0^z \alpha \mathrm{d}z$

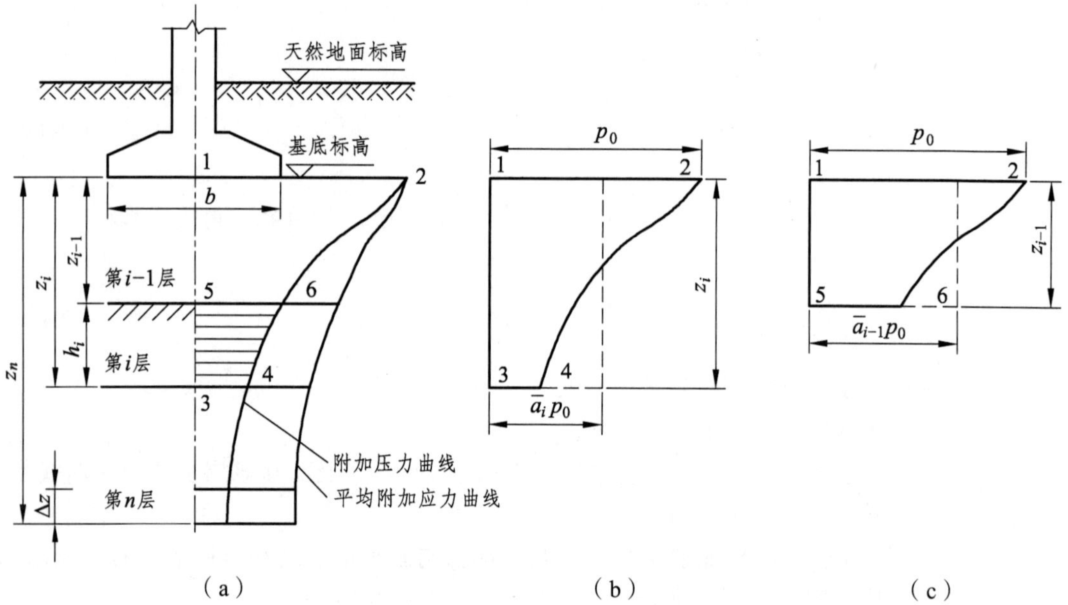

图 4-14　采用平均附加应力系数 $\overline{\alpha}$ 计算沉降量的分层示意图

为了计算方便，规范法按等面积将土层计算面积化为相同深度范围内矩形分布时应力的大小，见图 4-14（b）、（c），引入平均附加应力系数 $\overline{\alpha}$，即 $A_{1243}=\overline{\alpha}_i p_0 z_i$

$$\overline{\alpha}_i = \frac{A_{1243}}{p_0 z_i} = \frac{\int_0^{z_i} \sigma_z \mathrm{d}z}{p_0 z_i} = \frac{p_0 \int_0^{z_i} \alpha \mathrm{d}z}{p_0 z_i} = \frac{\int_0^{z_i} \alpha \mathrm{d}z}{z_i}$$

同理 $A_{1265}=\overline{\alpha}_{i-1} p_0 z_{i-1}$，$\overline{\alpha}_{i-1} = \dfrac{A_{1265}}{p_0 z_{i-1}} = \dfrac{\int_0^{z_{i-1}} \alpha \mathrm{d}z}{z_{i-1}}$

则 $s' = \sum_{i=1}^{n} \dfrac{A_{1243} - A_{1265}}{E_{si}} = \sum_{i=1}^{n} \dfrac{p_0}{E_{si}} (\overline{\alpha}_i z_i - \overline{\alpha}_{i-1} z_{i-1})$

式中　$p_0 z_i \overline{\alpha}$——深度 z 范围内竖向附加应力面积 A 的等代值；

$\overline{\alpha}$——深度 z 范围内平均附加应力系数。

故规范法亦称为应力面积法。

2.《铁路桥涵地基和基础设计规范》计算地基总沉降量

《铁路桥涵地基和基础设计规范》参考《建筑地基基础设计规范》中提出的地基沉降计算方法，如图 4-15 所示，第 i 层土的压缩量为 Δs_i：

$$\Delta s_i = \frac{\sigma_{z0}(C_i z_i - C_{i-1} z_{i-1})}{E_{si}}$$

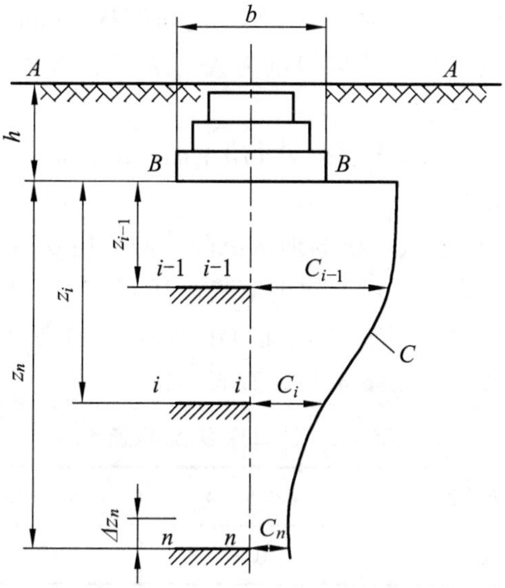

A—A—天然地面；i—i—第 i 层底面；B—B—基础底面；n—n—第 n 层底面；
i-1—i-1—第 i-1 层底面；C—平均附加应力系数曲线。

图 4-15　基础沉降计算图

受压层范围内地基土的总压缩量为

$$s' = \sum_{i=1}^{n} \Delta s_i = \sum_{i=1}^{n} \frac{\sigma_{z0}(C_i z_i - C_{i-1} z_{i-1})}{E_{si}}$$

再乘以经验修正系数 m_s 得基础底面以下受压土层的总沉降量 s：

$$s = m_s s' = m_s \sum_{i=1}^{n} \frac{\sigma_{z0}(C_i z_i - C_{i-1} z_{i-1})}{E_{si}} \tag{4-23}$$

式中　s——基础的总沉降量（m）。

n——基底以下地基沉降计算深度范围内按压缩模量划分的土层分层数目。

σ_{z0}——基础底面处的附加应力（kPa），$\sigma_{z0} = \sigma_h - \gamma h$。

σ_h——基底压应力。当 $z/b > 1$ 时，σ_h 采用基底平均压应力；当 $z/b \leq 1$ 时，σ_h 采用基底压应力图形中距最大应力点 $b/4 \sim b/3$ 处的压应力。

b——基础的宽度（m）。

γ——土的重度（kN/m^3）。

h——基础埋置深度（m）。当基础受水流冲刷时，由一般冲刷线算起；当不受水流冲刷时，由天然地面算起；如位于挖方内，则由开挖后地面算起。

z——基础底面至计算土层顶面的距离（m）。

z_i、z_{i-1}——基础底面至第 i 层和第 $i-1$ 层土底面的距离（m）。地基沉降计算总深度 z_n 的确定应符合下列要求：$\Delta s_n \leqslant 0.025\sum_{i=1}^{n}\Delta s_i$。当计算土层下部仍有较软土层时，应继续计算。

Δs_i——在计算深度 z_n 范围内，第 i 层土的压缩量（mm）；

Δs_n——在计算深度 z_n 处向上取厚度为 Δz 土层的沉降值（mm），Δz 取值按表 4-6 确定，见图 4-15。

$\overline{E}_s$——基础底面以下受压土层内第 i 层土的压缩模量（kPa），根据压缩曲线按实际应力范围取值。

m_s——沉降经验修正系数，根据地区沉降观测资料及经验确定，无地区经验时，可按表 4-7 取值，对于软土地基 m_s 不得小于 1.3。

C_i、C_{i-1}——基础底面至第 i 层土底面范围内和第 $i-1$ 层土底面范围内的平均附加应力系数，见图 4-15，查表 4-8。

表 4-6　计算厚度 Δz 取值

基底宽度 b/m	$b \leqslant 2$	$2 < b \leqslant 4$	$4 < b \leqslant 8$	$b > 8$
Δz /m	0.3	0.6	0.8	1.0

表 4-7　沉降经验修正系数 m_s

基底附加压力 σ_{z0}	地基压缩模量的当量值 $\overline{E}_s$ /kPa				
	2500	4000	7000	15 000	20 000
$\sigma_{z0} \geqslant \sigma_0$	1.4	1.3	1.0	0.4	0.2
$\sigma_{z0} \leqslant 0.75\sigma_0$	1.1	1.0	0.7	0.4	0.2

注：① $\overline{E}_s$ 为沉降计算总深度 z_n 内地基压缩模量的当量值，按下式计算：

$$\overline{E}_s = \frac{\sum A_i}{\sum \frac{A_i}{E_{si}}}$$

式中　A_i——第 i 层土平均附加应力系数沿该土层厚度的积分值，即第 i 层土平均附加应力系数面积。

② σ_{z0} 为基础底面处的附加应力，$\sigma_{z0} = \sigma_h - \gamma h$，$\sigma_h$ 为基底压应力，近似地取基底压应力图形中距最大压应力为 $b/4 \sim b/3$ 处的压应力。

③ σ_0 系基础底面处地基基本承载力。

表 4-8　矩形面积上均布荷载作用下通过中心点竖线上的平均附加应力系数 C

z/b	a/b												
	1.0	1.2	1.4	1.6	1.8	2.0	2.4	2.8	3.2	3.6	4.0	5.0	≥10.0
0	1.000	1.000	1.000	1.000	1.000	1.000	1.000	1.000	1.000	1.000	1.000	1.000	1.000
0.1	0.997	0.998	0.998	0.998	0.998	0.998	0.998	0.998	0.998	0.998	0.998	0.998	0.998
0.2	0.987	0.990	0.991	0.992	0.992	0.992	0.992	0.993	0.993	0.993	0.993	0.993	0.993
0.3	0.967	0.973	0.976	0.978	0.979	0.979	0.980	0.980	0.981	0.981	0.981	0.981	0.981
0.4	0.936	0.947	0.953	0.956	0.958	0.960	0.961	0.962	0.962	0.963	0.963	0.2963	0.963
0.5	0.900	0.915	0.924	0.929	0.933	0.935	0.937	0.939	0.9391	0.940	0.940	0.940	0.9403
0.6	0.858	0.878	0.890	0.898	0.903	0.906	0.910	0.912	0.913	0.914	0.914	0.915	0.915
0.7	0.816	0.840	0.855	0.865	0.871	0.876	0.881	0.884	0.885	0.886	0.887	0.887	0.888
0.8	0.775	0.801	0.819	0.831	0.839	0.844	0.851	0.855	0.857	0.858	0.859	0.860	0.860
0.9	0.735	0.764	0.784	0.797	0.806	0.813	0.821	0.826	0.829	0.830	0.831	0.832	0.836
1.0	0.698	0.728	0.749	0.764	0.775	0.783	0.792	0.798	0.801	0.803	0.804	0.806	0.807
1.1	0.663	0.694	0.717	0.733	0.744	0.753	0.764	0.771	0.775	0.777	0.779	0.780	0.782
1.2	0.631	0.663	0.686	0.703	0.715	0.725	0.737	0.744	0.749	0.752	0.754	0.756	0.758
1.3	0.601	0.633	0.657	0.674	0.688	0.698	0.711	0.719	0.725	0.728	0.730	0.733	0.735
1.4	0.573	0.605	0.629	0.648	0.661	0.672	0.687	0.696	0.701	0.705	0.708	0.711	0.714
1.5	0.548	0.580	0.604	0.622	0.637	0.648	0.664	0.673	0.679	0.683	0.606	0.690	0.693
1.6	0.524	0.556	0.580	0.599	0.613	0.625	0.641	0.651	0.658	0.663	0.666	0.670	0.675
1.7	0.502	0.533	0.558	0.577	0.591	0.603	0.620	0.631	0.638	0.643	0.646	0.651	0.656
1.8	0.482	0.513	0.537	0.556	0.571	0.588	0.600	0.611	0.619	0.624	0.629	0.633	0.638
1.9	0.463	0.493	0.517	0.536	0.551	0.563	0.581	0.593	0.601	0.606	0.610	0.616	0.622
2.0	0.446	0.475	0.499	0.518	0.533	0.545	0.563	0.575	0.584	0.590	0.594	0.600	0.606
2.1	0.429	0.459	0.482	0.500	0.515	0.528	0.546	0.559	0.567	0.574	0.578	0.585	0.591
2.2	0.414	0.443	0.466	0.484	0.499	0.511	0.530	0.543	0.552	0.558	0，563	0.570	0.577
2.3	0.400	0.428	0.451	0.469	0.484	0.496	0.515	0.528	0.537	0.5444	0.548	0.554	0.564
2.4	0.387	0.414	0.436	0.454	0.469	0.481	0.500	0.513	0.523	0.530	0.535	0.543	0.551
2.5	0.374	0.401	0.423	0.441	0.455	0.468	0.486	0.500	0.509	0.516	0.522	0.530	0.539
2.6	0.362	0.389	0.410	0.428	0.442	0.473	0.473	0.487	0.496	0.504	0.509	0.518	0.528
2.7	0.351	0.377	0.398	0.416	0.430	0.461	0.461	0.474	0.484	0.492	0.497	0.506	0.517
2.8	0.341	0.366	0.387	0.404	0.418	0.449	0.449	0.463	0.472	0.480	0.486	0.495	0.506
2.9	0.331	0.356	0.377	0.393	0.407	0.438	0.438	0.451	0.461	0.469	0.475	0.485	0.496

续表

z/b	a/b											
	1.0	1.2	1.4	1.6	1.8	2.0	2.4	2.8	3.2	3.6	4.0	5.0	≥10.0
3.0	0.322	0.346	0.366	0.383	0.397	0.409	0.429	0.441	0.451	0.459	0.465	0.474	0.487
3.1	0.313	0.337	0.357	0.373	0.387	0.398	0.417	0.430	0.440	0.448	0.454	0.464	0.477
3.2	0.305	0.328	0.348	0.364	0.377	0.389	0.407	0.420	0431	0.439	0.445	0.455	0.468
3.3	0.297	0.320	0.339	0.355	0.368	0.379	0.397	0.411	0.421	0.429	0.436	0.446	0.460
3.4	0.289	0.312	0.331	0.346	0.359	0.371	0.388	0.462	0.412	0.420	0.427	0.437	0.452
3.5	0.282	0.304	0.323	0.338	0.351	0.362	0.380	0.393	0.403	0.412	0.418	0.429	0.444
3.6	0.276	0.297	0.315	0.330	0.343	0.354	0.372	0.385	0.395	0.403	0.410	0.421	0.436
3.7	0.269	0.290	0.308	0323	0.335	0.346	0.364	0.377	0.387	0.395	0.402	0.413	0.429
3.8	0.263	0.284	0.301	0.316	0.328	0.339	0.356	0.369	0.379	0.388	0.394	0.405	0.422
3.9	0.257	0.27	0.294	0.309	0.321	0.332	0.349	0.362	0.372	0.380	0.387	0.398	0.415
4.0	0.251	0.271	0.288	0.302	0.311	0.325	0.342	0.355	0.365	0.373	0.379	0.391	0.408
4.1	0.246	0.265	0.282	0.296	0.308	0.318	0.335	0.348	0.358	0.366	0.372	0.384	0.402
4.2	0.241	0.260	0.276	0.290	0.302	0.312	0.328	0.341	0.352	0.359	0.366	0.377	0.396
4.3	0.236	0.255	0.270	0.284	0.296	0.306	0.322	0.335	0.345	0.353	0.359	0.371	0.390
4.4	0.231	0.250	0.265	0.278	0.290	0.300	0.316	0.329	0.339	0.347	0.353	0.365	0.384
4.5	0.226	0.245	0.260	0.273	0.285	0.294	0.310	0.323	0.333	0.341	0.347	0.359	0.378
4.6	0.222	0.240	0.255	0.268	0.279	0.289	0.305	0.317	0.327	0.335	0.341	0.353	0.373
4.7	0.218	0.235	0.250	0.263	0.274	0.284	0.299	0.312	0.321	0.329	0.336	0.347	0.367
4.8	0.214	0.231	0.245	0.258	0.269	0.279	0.294	0.306	0.316	0.324	0.330	0.342	0.262
4.9	0.210	0.227	0.241	0.253	0.265	0.274	0.289	0.301	0.311	0.319	0.325	0.337	0.357
5.0	0.206	0.223	0.237	0.249	0.260	0.269	0.284	0.296	0.306	0.313	0.320	0.332	0.352

3. 受压层深度的确定

（1）当无相邻荷载影响，基础宽度在 1 ~ 30 m 范围内时，基础中点的地基沉降计算深度 Δz 也可按式（4-24）估算：

$$z_n = b(2.5 - 0.4\ln b) \qquad (4\text{-}24)$$

式中 b——基础宽度（m），$\ln b$ 为 b 的自然对数。

（2）当沉降计算深度范围内存在基岩时，z_n 可取至基岩表面。当存在较厚的坚硬黏土层，其孔隙比 $e<0.5$、压缩模量 $E_s>50$ MPa，或存在较厚的密实砂卵石层，其压缩模量 $E_s>80$ MPa 时，z_n 可取至该土表面。

【例题 4-4】某单独建筑物，基础为矩形，长边 a=3.6 m，短边 b=2 m，埋深 h=1.5 m，

埋深范围内与地基均为均质黏土，重度 γ=18 kN/m^3，孔隙比 e_0=1.0，压缩系数 α =0.4 MPa^{-1}，作用在基础顶面的荷载 F=900 kN。试根据《铁路桥涵地基和基础设计规范》计算地基总沉降量（确定经验修正系数时，假设 $\sigma_{z0}=\sigma_0$）。

按《铁路桥涵地基和基础设计规范》计算地基沉降量教学案例

【解】（1）计算地基总沉降量。

基底压力 $\sigma=\dfrac{F+G}{A}=\dfrac{900+3.6\times2\times1.5\times20}{3.6\times2}=155\text{ kPa}$

基底附加应力 $\sigma_{z0}=\sigma-\gamma h=155-18\times1.5=128\text{ kPa}$

单独基础，受压层厚度取 $z_n=b(2.5-0.4\ln b)=2(2.5-0.4\ln 2)=4.5\text{ m}$

确定受压层压缩模量 $E_s=\dfrac{1+e_0}{\alpha}=\dfrac{1+1.0}{0.4}=5\text{ MPa}$

由 a/b=3.6/2=1.8，z/b=4.5/2=2.25，查表 4-8 得平均附加应力系数 C=0.492。

地基的压缩量 $s'=\sum\limits_{i=1}^{n}\dfrac{\sigma_{z0}(C_iz_i-C_{i-1}z_{i-1})}{E_{si}}=\dfrac{128}{5}\times0.492\times4.5$=56.7 mm

确定经验修正系数：由 $\sigma_{z0}=\sigma_0$、$E_s=5\text{ MPa}$，查表 4-7 得沉降经验修正系数 m_s=1.2。

地基的沉降量 $s=m_s s'=1.2\times56.7=68\text{ mm}$

（2）检算受压层厚度取 4.5 m 是否符合要求。

查表 4-6，取 Δz=0.3 m，计算受压层最下面向上取 0.3 m 产生的压缩量，见表 4-9。

表 4-9　受压层底面向上 Δz=0.3 m 产生的沉降量

z/m	a/b	z/b	C_i	z_iC_i	$z_iC_i-z_{i-1}C_{i-1}$	Δs_n/mm
4.2	1.8	2.1	0.515	2.163	0.051	1.3
4.5		2.25	0.492	2.214		

因为 $\dfrac{\Delta s_n}{s'}=\dfrac{1.3}{56.7}=0.023\leqslant0.025$，计算至 $z_n=4.5\text{ m}$ 满足要求。

第四节　地基沉降随时间变化的计算

第三节讨论的地基沉降，是指地基在荷载作用下所能达到的最大沉降量。在工程实践中，有时还需要知道地基变形过程中某一时间 t 的沉降量，这就需要了解沉降随时间变化的关系。

经验表明，在施工期间由恒载引起的地基沉降量对低压缩性黏土，能完成总沉降量的 50% ~ 80%；对中等压缩性黏土能完成 30% ~ 50 %；而对高压缩性黏土能完成 10% ~ 30%。对于砂类土地基，可以认为总沉降量已全部完成，如图 4-16。故工程实践中，一般不考虑砂类土的变形随时间变化的关系。

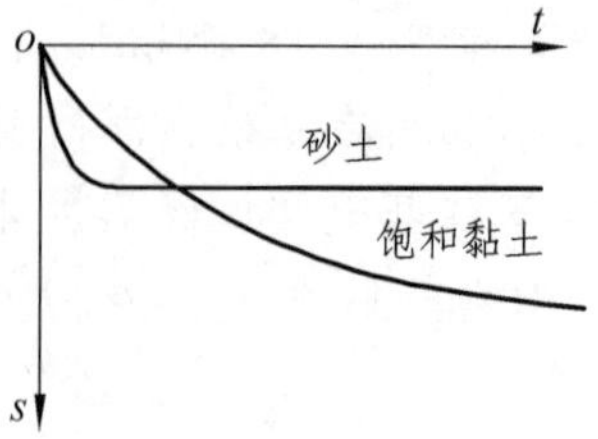

图 4-16　砂土和饱和黏土的沉降速度曲线

一、单向渗透固结的基本公式

第二节中已经讨论过渗透固结的概念。所谓渗透固结就是饱和土中孔隙水压力 u 向土粒间有效应力 $\bar{\sigma}$ 转移的过程，这种转移也反映了沉降与所需时间 t 之间的关系。

下面介绍单向渗透固结的基本公式，所谓单向，是指孔隙水的渗流只沿竖直方向进行。假设一饱和黏性土层的厚度为 H，它在自重作用下的固结已经完成。该土层下部为不透水层，在固结过程中，水只能向上作单向单面渗透。当地表上作用着满布的均匀荷载 p 时，土中的附加应力 $\sigma_z = p$，并沿深度均匀分布。当 p 骤然加上时，饱和黏性土层由于透水性差，孔隙水未能立即被挤出，荷载 p 完全由孔隙水承受。这时，孔隙水压力如图 4-17 中的 $oabco$ 所示。随着时间 t 的延伸，孔隙水逐渐向上面排出，孔隙水压力 u 就逐渐减小，有效应力 $\bar{\sigma}$ 随之增加。图 4-17 中的 od 线表示有效应力和孔隙水压力沿深度的变化曲线。显然，有效应力 $\bar{\sigma}$ 和孔隙水压力 u 是深度 z 和时间 t 的函数。当 $t=0$ 时，od 与 ab 重合，即 $\bar{\sigma}=f(z,t)=0$ 及 $u=F(z,t)=\sigma_z=p$，也就是附加应力完全由孔隙水压力承受。当 $t=\infty$ 时，od 与 oc 重合，即 $\bar{\sigma}=f(z,t)=\sigma_z=p$ 及 $u=F(z,t)=0$，这时，附加应力完全由土的骨架承受。

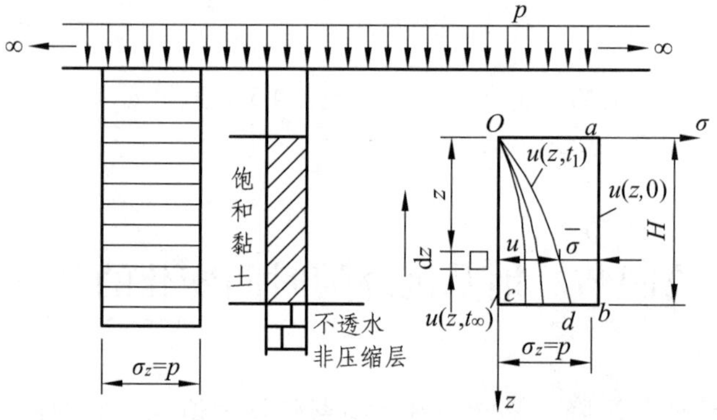

图 4-17　饱和黏性土的单向渗透固结

为了使问题尽量简化，太沙基（Terzaghi）对固结理论作了以下的简化假定：

（1）土是均质的、各向同性的饱和体。

（2）水和土颗粒都是不可压缩的。

（3）土的压缩和孔隙水的挤出与流动只沿竖直方向发生（即单向排水），侧向位移是受到限制的。

（4）土的固结速度仅取决于孔隙中自由水被挤出的速度。

（5）土中水的运动规律符合达西定律 $v = ki$，即水在土中的渗流速度 v 与水力坡降 i（i 为沿渗透路径的水头损失 ΔH 与相应的渗透路径 L 的比值）成正比，其中，k 为渗透系数。k 值小，v 值也小，即透水性弱；k 值大，v 值也大，即透水性强。所以，k 值大小是衡量土的透水性强弱的指标。

（6）在固结过程中，土的渗透系数 k 和压缩系数 α 都为常数。

（7）荷载是一次骤然施加在土层上的。

从数理关系建立 u、$\bar{\sigma}$ 随时间 t、深度 z 变化的表达式需要较深的数学基础，所以，这里对表达式的推导从略，只列出结果，如式（4-25）所示：

$$C_{\mathrm{v}}\frac{\partial^2 u}{\partial z^2}=\frac{\partial u}{\partial t} \tag{4-25}$$

上式即为饱和土的一维固结微分方程。

式中 C_{v}——土层的竖向固结系数，下标 v 表示孔隙水是沿竖向发生渗流的，可按式（4-26）计算：

$$C_{\mathrm{v}}=\frac{k(1+e_1)}{\alpha\gamma_{\mathrm{w}}} \tag{4-26}$$

式中 k——土的渗透系数（m/a 或 cm/s）；

e_1——饱和黏性土初始孔隙比；

α——土的压缩系数（MPa^{-1}）。

式（4-25）是微分方程，一般可用分离变量法求解，解的形式可以用傅立叶级数表示。根据图 4-17 的初始条件（即开始固结时的附加应力分布情况）和边界条件（可压缩土层顶、底面的排水条件）有：

当 $t=0$，$0\leqslant z\leqslant H$ 时，$u=\sigma_z=p_0$；

当 $0\leqslant t\leqslant\infty$，$z=0$（透水面）时，$u=0$；

当 $0\leqslant t\leqslant\infty$，$z=H$（不透水面）时，$\dfrac{\partial u}{\partial z}=0$；

当 $t=\infty$，$0\leqslant z\leqslant H$ 时，$u=0$。

根据以上的初始条件和边界条件，采用分离变量法可求得式（4-25）的特解为

$$u_{z,t}=\frac{4\sigma_z}{\pi}\sum_{m=1}^{\infty}\frac{1}{m}\sin\left(\frac{m\pi z}{2H}\right)\mathrm{e}^{\frac{-m^2\pi^2}{4}T_{\mathrm{v}}} \tag{4-27}$$

式中 $u_{z,t}$——深度 z 处某一时刻 t 的孔隙水压力（kPa）。

σ_z——在连续均布荷载 p 作用下微单元体中的附加应力，$\sigma_z=p$（kPa）。

m——正奇整数（1、3、5…）。

e——自然对数的底。

H——压缩土层最远的排水距离（m），也是孔隙水最长的渗流路程。当土层是单面排水时，H 采用土层厚度；当土层是上、下双面排水时，H 采用土层厚度的一半。

T_v——时间因数（无量纲），按式（4-28）计算：

$$T_v = \frac{C_v \cdot t}{H^2} \tag{4-28}$$

其中　t——固结时间。

二、固结度

为求出地基土在任意时刻 t 的固结沉降量，还需理解固结度的概念。固结度 U_t 就是指地基在承受荷载后的任一时刻 t 的沉降量 s_t 与最终沉降量 s 的比，即

$$U_t = \frac{s_t}{s} \tag{4-29}$$

为了计算固结度，必须知道在附加应力 p 的作用下，任意时刻 t、任意深度 z 的土中有多少孔隙水压力转化成了有效应力，对整个土层来说就是某时刻有效应力面积占最终有效应力面积的百分比，见图 4-17。固结度可以用式（4-30）表示：

$$\begin{aligned} U_t &= \frac{\text{有效应力图面积}oabdo}{\text{最终有效应力图面积}oabco} \\ &= \frac{\text{总应力图面积}oabco - \text{孔隙水压力应力图面积}odco}{\text{总应力图面积}oabco} \\ &= 1 - \frac{\int_0^H u_{z,t}\mathrm{d}z}{\int_0^H p\mathrm{d}z} \end{aligned} \tag{4-30}$$

由公式（4-27）求得深度为 z、时间为 t 时的孔隙水压力 $u_{z,t}$ 后，代入式（4-30）就可求得地基在某时刻 t 的沉降量，化简后可用式（4-31）计算：

$$U_t = 1 - \frac{8}{\pi^2}\left(\mathrm{e}^{-\frac{\pi^2}{4}T_v} + \frac{1}{3^2}\mathrm{e}^{-\frac{3^2\pi^2}{4}T_v} + \frac{1}{5^2}\mathrm{e}^{-\frac{5^2\pi^2}{4}T_v} + \cdots\right) \tag{4-31}$$

上式括号内的级数收敛很快，当 $U_t > 30\%$ 时，采用第一项已足够精确，见式（4-32）：

$$U_t = 1 - \frac{8}{\pi^2}\mathrm{e}^{-\frac{\pi^2}{4}T_v} \tag{4-32}$$

三、各种不同承载情况下固结度的计算

上面讨论的单面排水饱和黏性土的固结度计算，只适用于所承受的荷载是一次性骤然加上的大面积荷载，且由它引起的应力沿土层深度系均匀分布的情况。但是，在实际工程中，情况要复杂得多，附加应力往往沿深度而变化。为便于计算，将饱和黏性土层实际附加应力的分布情况，近似地归纳为下列 4 种类型（均按单面排水考虑），如图 4-18 所示。

现将各种附加应力情况分别说明于下，其固结度 U_t 与时间因素 T_v 之间的关系，可查图 4-18。

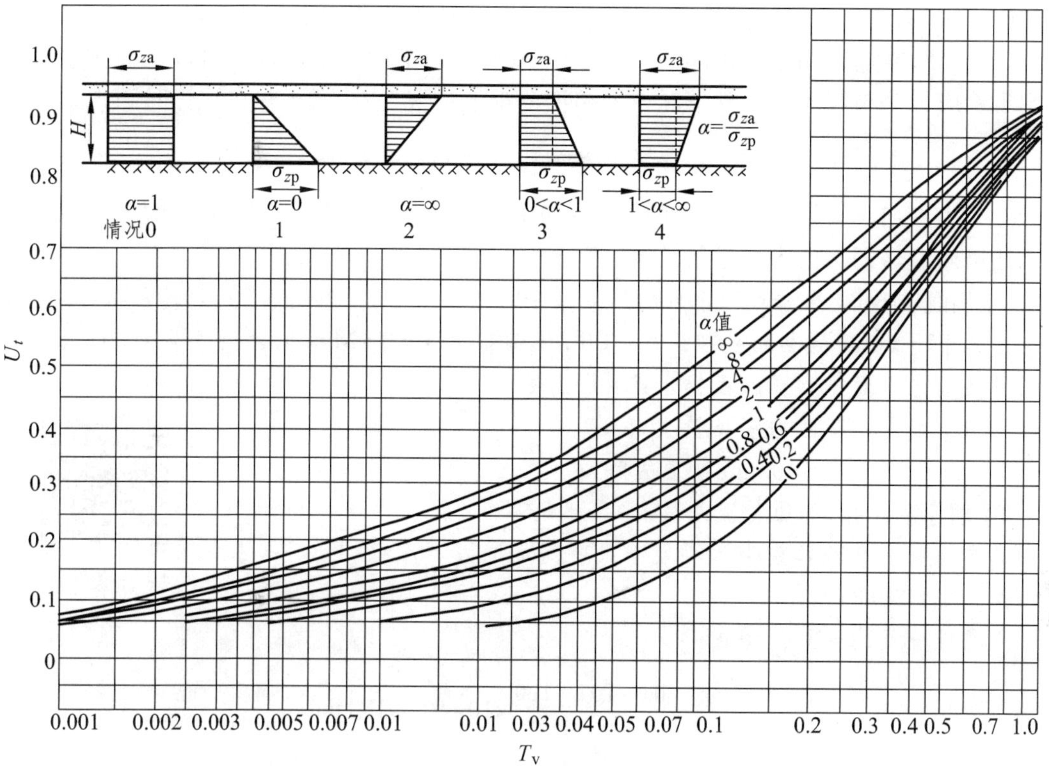

图 4-18　固结度 U_t 与时间因素 T_v 之间的关系

1. 情况 0

相当于上面讨论的简单情况，附加应力图形为矩形，根据 T_v 值自图 4-18 直接查得固结度 U_0。

2. 情况 1

应力图形为三角形，通过三角形的顶面排水，相当于大面积新沉积土层在自重作用下产生固结的情况，根据 T_v 值自图 4-18 直接查得固结度 U_1。

3. 情况 2

应力图形为三角形，但通过三角形底面排水，相当于基底压缩层很厚，土层底面附加应力已接近于零的情况，根据 T_v 值自图 4-18 直接查得固结度 U_2。

4. 情况 3、情况 4

应力图形为梯形，通过上面排水，当应力图形为上大下小时，与情况 2 相似，但底面的附加应力远大于零；当应力图形为上小下大时，相当于在自重应力作用下，尚未固结，就在上面建造建筑物。它们的固结度 U_3、U_4，根据 T_v 与 α 从图 4-18 查得。

$$\alpha = \frac{\sigma_{za}}{\sigma_{zp}}$$

其中：σ_{za} 为梯形应力图形排水面的应力；σ_{zp} 为梯形应力图形不排水面的应力。

上面 4 种情况都是单面排水，如果压缩层上、下两面都透水，可以双面排水时，则不论应力分布属于哪一种情况，固结度值都按情况 0 计算，并在计算时间因素 T_v 的公式中，压缩层厚度只取其总厚度的一半代入计算，即以 $\frac{H}{2}$ 代替 H 。

应该指出，有限基础底面下，土层的渗透固结并不是单向的，但一般仍近似地按上述单向渗透固结的方法进行计算。

【例题 4-5】某饱和黏性土层的厚度为 10 m，在大面积（20 m × 20 m）荷载 p=120 kPa 压力作用下，土层的初始孔隙比 $e_0 = 1.0$，压缩系数 $\alpha = 0.3\ \text{MPa}^{-1}$，渗透系数 $k = 18$ mm/a。按黏性土在单面排水或双面排水条件下分别求：

（1）加荷一年时的沉降量。

（2）沉降量达 140 mm 所需的时间。

固结度计算
教学案例

【解】（1）求 $t = 1$a 时沉降量。

在大面积荷载作用下，黏性土层中附加应力沿深度均匀分布，即 $\sigma_z = p_0 = 120$ kPa 。

黏性土层的最终沉降量：

$$s = \frac{\alpha \cdot \sigma_z}{1+e_0} H = \frac{0.3 \times 10^{-3} \times 120}{1+1} \times 10 \times 10^3 = 180\ \text{mm}$$

竖向固结系数：

$$C_v = \frac{k(1+e_0)}{a\gamma_w} = \frac{18 \times 10^{-3} \times (1+1)}{0.3 \times 10^{-3} \times 10} = 12\ \text{m}^2/\text{a}$$

对于单面排水，时间因素：

$$T_v = \frac{C_v t}{H^2} = \frac{12 \times 1}{10^2} = 0.12$$

固结度：$U_t = 1 - \frac{8}{\pi^2} e^{-\frac{\pi^2}{4}T_v} = 1 - \frac{8}{\pi^2} e^{-\frac{\pi^2}{4} \times 0.12} = 0.396$

或根据加载情况，按情况 0 查图 4-18 得相应的固结度 $U_t \approx 0.4$ 。

那么 $t = 1$a 时的沉降量：

$$s_t = 0.396 \times 180 = 71.4\ \text{mm}$$

对于双面排水，时间因素：

$$T_v = \frac{C_v t}{H^2} = \frac{12 \times 1}{5^2} = 0.48$$

同理，计算或查表得 $U_t = 75\%$，一年的沉降量：

$$s_t = 0.75 \times 180 = 135\ \text{mm}$$

（2）求沉降量达 140 mm 时所需时间。

由固结度定义得：$U_t = \frac{s_t}{s_\infty} = \frac{140}{180} = 0.78$

查图 4-18 情况 0，得 $T_v = 0.53$，所需时间：

在单面排水条件下，由公式（4-28）得：

$$t = \frac{T_v H^2}{C_v} = \frac{0.53 \times 10^2}{12} = 4.4\ \text{a}$$

在双面排水条件下：$t = \frac{T_v H^2}{C_v} = \frac{0.53 \times 5^2}{12} = 1.1\ \text{a}$

可见，达到同一固结度，双面排水比单面排水所需时间短得多。

第五节　地基容许沉降量与减小沉降的措施

一、地基容许沉降量

地基最终沉降量是地基变形完全稳定时，地基表面最大竖向变形量。

沉降差是指同一建筑中两相邻基础沉降量的差。有时对于一个单独基础，由于偏心荷载或其他原因，使基础两端产生不相等的沉降，这就是沉降差的另一种表现形式，一般都是用两端沉降差被基础边长除而得到的倾斜度 $\tan\theta$，或用倾斜角 θ 来表示。

铁路桥梁设计中，为了保证墩台发生沉降后，桥头或桥上线路坡度的改变不致影响列车的正常运行，即使要进行线路高程调整，其调整工作量也不致太大，不会引起桥上道砟槽改建和桥梁结构加固，《铁路桥涵地基和基础设计规范》（TB 10093—2017）规定：基础沉降按恒载计算，其工后沉降量不应超过表 4-10、表 4-11 规定的限值。超静定结构相邻墩台沉降量之差除应满足表 4-10、表 4-11 的规定外，尚应根据沉降差对结构产生的附加应力的影响确定。基础沉降计算值不含区域沉降。

工后沉降是指铺轨工程完成以后，基础设施产生的沉降量。

表 4-10　有砟轨道静定结构墩台基础工后沉降限值

设计速度	沉降类型	限值/mm
250 km/h 及以上	墩台均匀沉降	30
	相邻墩台沉降差	15
200 km/h	墩台均匀沉降	50
	相邻墩台沉降差	20
160 km/h 及以下	墩台均匀沉降	80
	相邻墩台沉降差	40

表 4-11　无砟轨道静定结构墩台基础工后沉降限值

设计速度	沉降类型	限值/mm
250 km/h 及以上	墩台均匀沉降	20
	相邻墩台沉降差	5
200 km/h 及以下	墩台均匀沉降	20
	相邻墩台沉降差	10

位于路涵过渡段范围的涵洞涵身工后沉降限值应与相邻过渡段工后沉降限值一致，不在过渡段范围内的涵洞涵身工后沉降限值不应大于 100 mm。

二、减小沉降的措施

实践表明，沉降量越大，沉降差也越大，沉降差的危害有时比沉降量更大。为了保证建筑物安全正常地使用，除了减小沉降差外，还要降低建筑物的沉降量。

1. 减小建筑物沉降量的措施

（1）设计时正确选择建筑物基础的持力层，尽量避开地基表面软弱、松散土层及地基中的软弱土层。

（2）设计时正确选择合适的基础形式，减小对地基压力从而减小沉降量。

（3）选用轻型结构、轻型材料以减小基础与地基接触压力，从而减小沉降量。

（4）采用人工地基时，选择合适的地基处理形式，尽量提高地基的密实度与承载力，从而减小沉降量。

2. 减小建筑物沉降差的措施

（1）设计、施工中尽量减小偏心荷载。

（2）对高差较大的建筑物可采取不同的基础形式或选择不同的土层作为持力层。

（3）上部结构之间选择合适的连接方式，增强对不均匀沉降的调整作用。

（4）安排正确的施工顺序，先施工荷载大、计算沉降大、比较重要的部分。

具体的工程中，应根据实际情况，选用合理、有效、经济的一种或几种措施。

本章小结

本章主要学习了土的压缩性有关知识、地基沉降量的计算及沉降随时间变化的计算。

根据压缩试验结果，可以画出压缩曲线，压缩曲线上不同压力段的斜率是压缩系数，不同压力段压缩系数不同，同一压力段压缩系数越大，土的压缩性越大。压缩曲线越陡，土的压缩性越大。压缩指数越大，土的压缩性越大；压缩模量越大，土的压缩性越低。

分层总和法计算地基沉降量是在认为地基不能侧向膨胀的条件下，将地基下土层分为若干薄层，分别计算每一薄层压缩量，叠加起来就是受压层沉降量。受压层厚度取到附加应力影响可以忽略的深度。

不同地基土体沉降完成的时间相差很多。黏性土沉降完成需要几年甚至几十年，需要计算某一时间沉降完成的程度和沉降达到某一数值所需时间。固结度就是某时间沉降量占总沉降量的比值。

复习思考题

4-1　土体的压缩如何形成？

4-2　什么叫渗透固结？

4-3　压缩曲线不同压力段压缩系数相同吗？如何确定土的压缩性？

4-4　如何根据压缩曲线比较两种土的压缩性？

4-5　如何用压缩模量判断土的压缩性？

4-6　同一种土的压缩模量与变形模量相同吗？为什么？

4-7　分层总和法计算地基沉降量时为什么要分层？分层的原则是什么？

4-8　分层总和法计算地基沉降量时受压层厚度是如何确定的？

4-9　固结度的概念是什么？同一土层，双面排水与单面排水固结时间相同吗？

习　题

4-1　某土样原始高度 h_0=20 mm，直径 d=64 mm，已知土粒重度 γ=26.7 kN/m^3，试验后，测得土样干重 W_s=0.870 N，压缩试验的结果如表 4-12 所列。

表 4-12　某土样压缩试验结果

荷载/kPa	0	50	100	200	300	400
压缩量 Δs /mm	0	0.903	1.287	1.865	2.262	2.541

试计算压缩曲线资料，并绘制 e-p 曲线，确定该土样的压缩系数 $\alpha_{0.1\sim0.2}$ 及压缩模量 $E_{s(0.1\sim0.2)}$，并评定压缩性。如已知 $\mu=0.32$，试求其变形模量 E_0 值。

4-2　一土层厚为 2 m，若已知建筑物建造前该土层上作用的平均自重应力为 20 kPa，建筑物建造完成后，作用在该土层上的平均总应力增至 280 kPa，该土层的压缩试验资料同习题 4-5，求该土层的压缩量。

4-3　某现场荷载试验，荷载板的尺寸为 0.5 m×0.5 m，已知土的侧向膨胀系数 $\mu=0.25$，试验结果如表 4-13 所列。试绘出 p-s 曲线，并计算土的变形模量 E_0。

表 4-13　某土样现场荷载试验结果

荷载/kPa	0	100	200	300	400	500	600	700	800	820
压缩量 Δs /mm	0	4.6	9.1	13.6	18.1	22.6	33.3	50.1	95	320

4-4　已知一土样厚为 30 mm，原始孔隙比 $e_0 = 0.765$，当荷载为 0.1 MPa 时，$e_1 = 0.707$，在 0.1 ~ 0.2 MPa 荷载段内的压缩系数 $\alpha_{0.1\sim0.2} = 0.24\ \text{MPa}^{-1}$。求：

（1）土样的无侧向膨胀压缩模量 $E_{s(0.1\sim0.2)}$。

（2）当荷载为 0.2 MPa 时，土样的总变形量。

（3）当荷载由 0.1 MPa 增至 0.2 MPa 时，土样的压缩量。

4-5　一矩形基础基底的尺寸为 10 m×8 m，承受竖向中心荷载 $P = 22\ 400$ kN，基础埋置深度为 3 m，地基土质情况如图 4-19 所示，黏土层的压缩曲线资料如表 4-14 所列。试求黏土层固结沉降量及计算 1 个月和半年期的沉降量，渗透系数为 0.010 m/a。

表 4-14　习题 4-5 中黏土层的压缩曲线资料

荷载/kPa	0	50	100	200	300
孔隙比	1.050	0.973	0.930	0.887	0.870

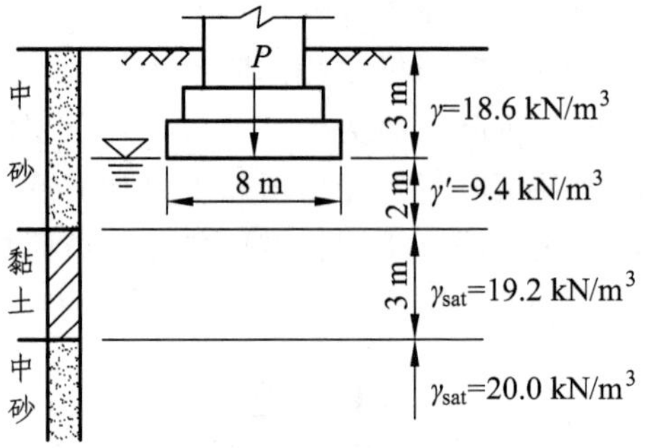

图 4-19　习题 4-5 图

第五章
土的抗剪强度

本章知识要点

（1）理解土的抗剪强度概念，了解土的抗剪强度的应用。

（2）掌握库仑定律，理解土的抗剪强度的构成因素。

（3）掌握土的抗剪强度理论，能根据土中应力的极限平衡条件分析与判断土体的应力状态。

（4）掌握直接剪切试验的试验过程并整理试验结果，了解三轴压缩试验、无侧限抗压强度试验、原位十字板剪切试验的试验原理与试验过程。

第一节　土的抗剪强度概述

任何材料在受到外力作用后，都会产生一定变形。当材料应力达到某一特定值时，变形会突然出现质的变化，如：有的出现断裂，材料应力随之下降；有的变形形成塑流，材料应力虽不增加，但变形速率加快且不停止；等等。这些现象都可以说是材料的破坏。这时，材料应力所达到的临界值，也就是材料刚刚开始破坏时的应力，可称为材料的强度，或极限强度。所以有关材料的强度理论，也可称为破坏理论。

土是一种三相介质的堆积体，与一般固体材料不同，它不能承受拉力，但能承受一定的剪力和压力。在一般工作条件下，土的破坏形态是剪切破坏，所以把土的强度称为抗剪强度，即土的抗剪强度是指土体抵抗剪切破坏的极限能力。当土体受到外荷载作用后，土中各点将产生剪应力，若某点剪应力达到抗剪强度，土体就沿着剪应力作用方向产生相对滑动，则该点便发生剪切破坏。因此，土的强度问题，实质上就是土的抗剪强度问题。

图 5-1 所示都是由于剪切变形导致土体发生破坏的现象。例如路堤的边坡太陡时，要发生滑坡，见图 5-1（a）。滑坡就是边坡上的一部分土体相对于另一部分发生剪切破坏。地基土受过大的荷载作用，也会出现部分土体沿着某一滑动面挤出的现象，导致建筑物严重下陷，甚至倾倒，见图 5-1（b）、（c）、（d）。土体中滑动面的产生就是由于

滑动面上的剪应力达到土的抗剪强度。

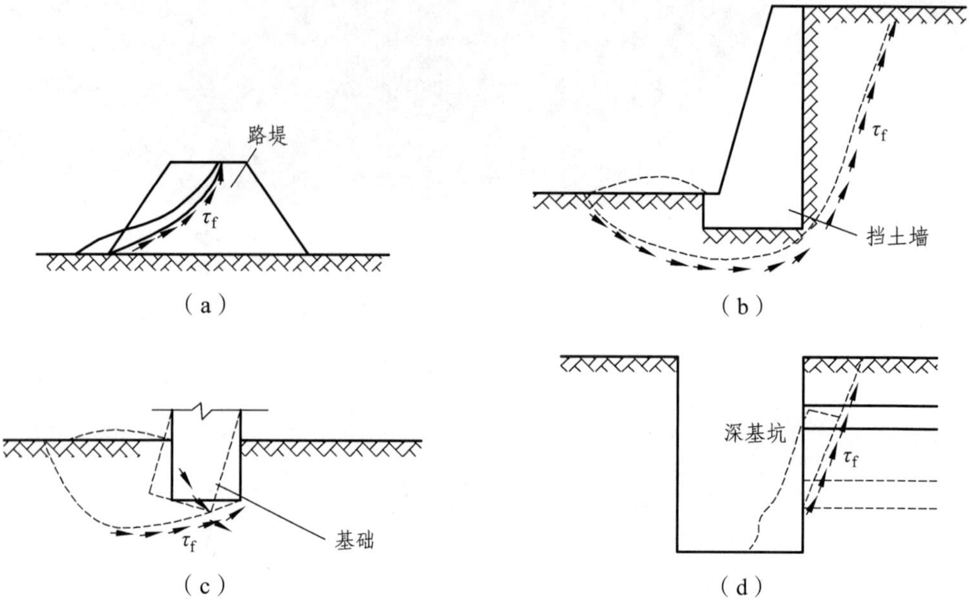

图 5-1　工程中的承载力问题（τ_f 为滑动面上的抗剪强度）

土的剪坏形式也是多种多样的：有的表现为脆裂，破坏时形成明显剪裂面，如紧密砂土和干硬黏土等；有的表现为塑流，即剪应变随剪应力发展到一定阶段时，应力不增加而应变继续增大，形成流动状，如软塑黏土等。土的破坏标准，应根据土的性质和具体工程情况而定。对于剪裂破坏，一般用剪切过程中剪切面上剪应力的最大值作为土的破坏应力，即剪切强度。如为塑流状破坏，则一般剪切变形很大，对于那些对变形不甚敏感的工程，可以用最大剪应力作为破坏应力；但是对于变形要求较严的工程，过大的变形是不容许的，这时往往按最大容许变形来确定抗剪强度值。

土的抗剪强度，首先决定于它本身的基本性质，那就是土的组成、土的状态和土的结构，这些性质又与它形成的环境和应力历史等因素有关；其次还决定于它当前所受的应力状态。要认识土的抗剪强度的实质，需要开展对土的微观结构的研究。目前已能够通过电子显微镜、X 射线的透视和衍射、差热分析等新技术研究土的物质成分、颗粒形状、排列、接触和连接方式，从而阐明强度的实质。

土的抗剪强度主要依靠室内试验和原位测试确定。试验中，仪器的种类和试验方法对确定强度值有很大的影响。本章将介绍主要的测试仪器和常规的试验方法，并阐明试验过程中土样的排水固结条件对测得的强度指标的影响。

土的抗剪强度指土体抵抗剪切破坏的极限能力，其数值等于剪切破坏时滑动面上的剪应力。抗剪强度是土的主要力学性质之一。土是否达到剪切破坏状态，除了决定于它本身的性质外，还与所受的应力组合密切相关。这种破坏时的应力组合关系就称为破坏准则。土的破坏准则是一个十分复杂的问题，可以说，目前还没有一个被认为能完满适用于土的理想的破坏准则。本章在这方面主要介绍目前被认为比较能拟合试验结果，因而为生产实践所广泛采用的破坏准则，即莫尔-库仑破坏准则。

在工程实践中，与土的强度有关的工程问题，主要有以下三类：

（1）土作为材料构成的土工构筑物的稳定性问题。

例如天然形成的山坡、河岸、海滨等，以及人类活动造成的构筑物如土坝、路基、基坑等。

（2）土作为工程构筑物的环境问题，即土压力问题。

若边坡较陡不能保持稳定或场地不容许采用平缓边坡时，可以修筑挡土结构物来保持力的平衡，如挡土墙、地下结构等。作用在墙面上的力称为土压力，关于土压力的计算将在第六章中介绍。

（3）土作为建筑物地基的承载力问题。

当上部荷载较小，地基处于压密阶段或地基中塑性变形区很小时，地基是稳定的。当上部荷载很大，地基中的塑性变形区越来越大，最后连成一片时，地基发生整体滑动，即强度破坏，这种情况下地基是不稳定的。第七章将进行详细介绍。

而本章将详细介绍土的抗剪强度的来源、影响因素、测试方法和指标的取值，研究土的极限平衡理论和土的极限平衡条件。

第二节　土的强度理论与强度指标

一、库仑定律

土体发生剪切破坏时，将沿着其内部某一曲面（滑动面）产生相对滑动，而该滑动上的剪应力就等于土的抗剪强度。法国的库仑（Coulomb）通过一系列土的抗剪强度试验，于 1776 年提出了土的抗剪强度规律，根据直接剪切试验绘出抗剪强度曲线（图 5-2），以此提出砂土和黏性土的抗剪强度表达式：

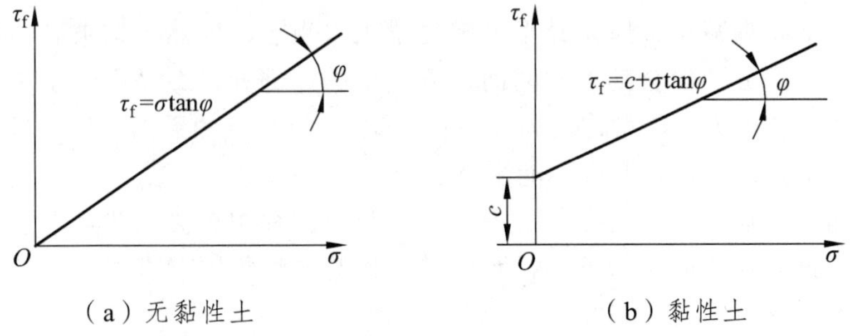

（a）无黏性土　　（b）黏性土

图 5-2　抗剪强度曲线图

$$\text{无黏性土}\ \tau_f = \sigma \cdot \tan\varphi \tag{5-1}$$

$$\text{黏性土}\ \tau_f = \sigma \cdot \tan\varphi + c \tag{5-2}$$

式中　τ_f——土的抗剪强度（kPa）；

σ——作用在剪切面上的法向压力（kPa）；

φ——土的内摩擦角（°）;

c——土的黏聚力（kPa）。

式（5-1）和（5-2）统称为库仑公式或库仑定律，它表明土的抗剪强度不是常量，而是随剪切面上的法向应力 σ 的增加而增大的。图 5-2 所表示的 τ_f-σ 关系线称为库仑线或抗剪强度线。它表明，在法向应力变化不大的范围内，关系曲线 τ_f-σ 是一条直线。对于黏性土，该关系曲线在纵轴上有一个截距 c，其斜截方程如式（5-2）；对于无黏性土（砂土），关系曲线通过原点，截距 c=0，即无黏聚力，如式（5-1）。

二、土的抗剪强度的构成因素

库仑公式 $\tau_f=\sigma\cdot\tan\varphi+c$ 表明，土的抗剪强度由两部分组成，即摩擦强度 $\tau_f=\sigma\cdot\tan\varphi$ 和黏聚强度 c，c 和 φ 称为土的抗剪强度指标。

1. 摩擦强度

摩擦强度取决于剪切面上的正应力 σ 和土的内摩擦角 φ。粗粒土的内摩擦涉及土颗粒之间的相对滑动，相对滑动由两部分组成：一是颗粒之间滑动时产生的滑动摩擦，另一是颗粒之间由于咬合所产生的咬合摩擦。

滑动摩擦是矿物接触面粗糙不平引起的，咬合摩擦是相邻颗粒对于相对移动的约束作用即嵌锁作用引起的。所以粗粒土的内摩擦角 φ 值取决于土粒间的摩擦阻力和嵌锁作用。一般中砂、粗砂、砾砂的内摩擦角 φ=32° ~ 40°，粉砂、细砂的内摩擦角 φ=28° ~ 36°。孔隙比愈小时，φ 愈大。但是，含水饱和的粉砂、细砂很容易失去稳定，因此必须采取慎重的态度，有时取 φ=20°左右。

2. 黏聚强度

关于黏性土的抗剪强度，主要是黏聚力 c 的问题。这里包括：一是由于土粒间水膜与相邻土粒之间的分子引力所形成的黏聚力，通常称之为“原始黏聚力”，当土被压密时，土粒间的距离减小，原始黏聚力随之增大，当土的天然结构被破坏时，将丧失原始黏聚力的一部分，但会随着时间而恢复其中的一部分；二是由于土中化合物的胶结作用而形成的黏聚力，通常称之为“固化黏聚力”，当土的天然结构被破坏时，即丧失这一部分黏聚力，而且短期内不能恢复。

黏性土的抗剪强度指标的变化范围很大，与土的种类有关，并且与土的天然结构是否被破坏、试样在法向压力下的排水固结、试验方法等因素有关。大致可以认为黏性土的黏聚力范围为 5 ~ 100 kPa。

3. 影响土的抗剪强度的因素

库仑公式中 c 和 φ 称为土的抗剪强度指标。c 和 φ 在一定条件下是常数，它们的大小反映土的抗剪强度的高低。影响土的抗剪强度的因素是多方面的，主要的有下述几个方面：

（1）土粒的矿物成分、形状、颗粒大小与颗粒级配。

土粒大、形状不规则、表面粗糙以及颗粒级配良好的土，由于其内摩擦力大，抗剪强度也高。黏土矿物成分中的微晶高岭石（土）含量越多时，黏聚力 c 越大。土中胶结物的成分及含量对土的抗剪强度也有影响。

（2）土的密度。

土的初始密度愈大，土粒间接触愈紧，土粒表面摩擦力和咬合力也愈大，剪切试验时需要克服这些力的剪力也愈大。黏性土的紧密程度对黏聚力值也有影响。

（3）含水率。

土中含水率的多少，对土抗剪强度的影响十分明显。土中含水率大时，会降低土粒表面上的摩擦力，使土的内摩擦角 φ 值减小；黏性土含水率增高时，会使结合水膜加厚，因而也就降低了黏聚力。

（4）土体结构的扰动情况。

黏性土的天然结构如果被破坏时，黏性土的抗剪强度将会显著下降，因原状土的抗剪强度高于同密度和含水率的重塑土。所以施工时要注意保持黏土的天然结构不被破坏，特别是开挖基槽更应保持持力层的原状结构，不扰动。

（5）有效应力。

从有效应力原理可知，土中某点所受的总应力等于该点的有效应力与孔隙水压力之和，随着孔隙水压力的消散，有效应力的增加，土体受到压缩，土的密度增大，使土的 φ、c 值变大，抗剪强度增高。

三、土的强度理论——极限平衡条件

1. 应力状态与莫尔圆

土体为散粒体，很少或完全不能承受拉应力。土体一般处于受压状态，为了应用方便，在本章中规定正应力以压为正，剪应力以使单元体逆时针转动为正。

土体中一点的应力状态是客观存在的，但作用在某个面上的正应力和剪应力分量却是随作用面的转动而发生变化的，其完整的二维应力状态可以通过莫尔圆来表示。在土体中取一单元体，该单元体上作用有大主应力 σ_1 和小主应力 σ_3 时，由材料力学可知，其任意斜面上的正应力与剪应力的大小可用莫尔应力圆表示（图 5-3），亦可用关系式（5-3）计算：

$$\begin{cases} \sigma = \dfrac{1}{2}(\sigma_1 + \sigma_3) + \dfrac{1}{2}(\sigma_1 - \sigma_3)\cos 2\alpha \\ \tau = \dfrac{1}{2}(\sigma_1 - \sigma_3)\sin 2\alpha \end{cases} \tag{5-3}$$

2. 极限平衡状态

当土体中某一点在任意平面上的剪应力达到土的抗剪强度时，称该点处于极限平衡状态。根据库仑公式，判别土体某一点是否发生剪切破坏，取决于某一个面上的正应力 σ 和剪应力 τ 是否满足库仑公式（5-2），即基于库仑公式的抗剪强度 τ_f 由 $\tau_f = \sigma \cdot \tan\varphi + c$ 来确定。

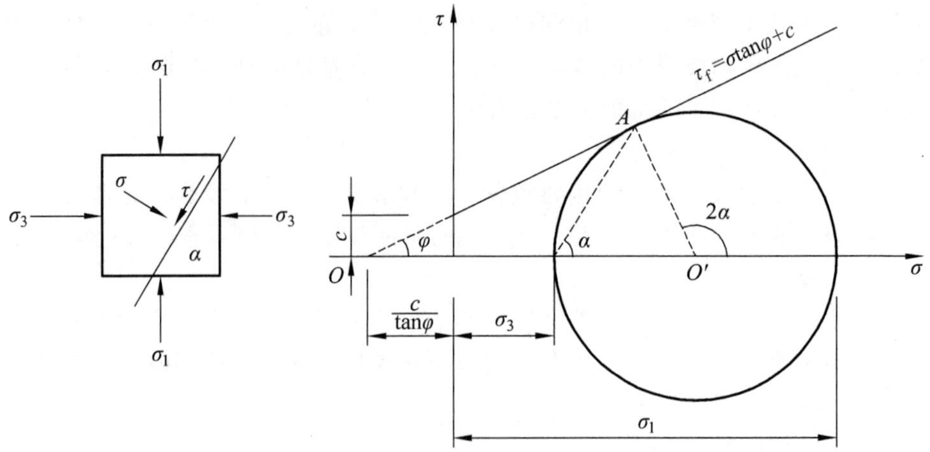

图 5-3　土中一点达极限平衡时的摩尔应力圆

对于土体中的一点，在不同方向的面上作用着大小不同的正应力和剪应力分量。当土体中一点发生破坏时，并不是该点所有面上的正应力 σ 和剪应力 τ 都能满足库仑公式（5-2）所表达的关系，而是仅在个别的面上满足库仑公式（5-2）表达的关系，满足关系的面即是剪切破坏面。所以，土中某点只要有一个面发生剪切破坏，该点就达到破坏或极限平衡状态。

在图 5-2 中，抗剪强度曲线定义了土体单元达到破坏状态或极限平衡状态的所有点的集合，该线称为抗剪强度包线。在莫尔应力圆图上，土体达到极限平衡状态就意味着该点的莫尔应力圆与抗剪强度包线相切。其中，切点所对应的面即为土体发生剪切破坏的破坏面。反之，土体中所有达到极限平衡状态的莫尔圆的公切线也就是抗剪强度线。

由莫尔应力圆可知，圆周上的 A 点表示与水平线成 α 角的斜截面，A 点的坐标表示该斜截面上的剪应力 τ 和正应力 σ。将图 5-2 的抗剪强度线与图 5-3 的莫尔应力圆绘于同一直角坐标系上，可出现三种情况（图 5-4）：

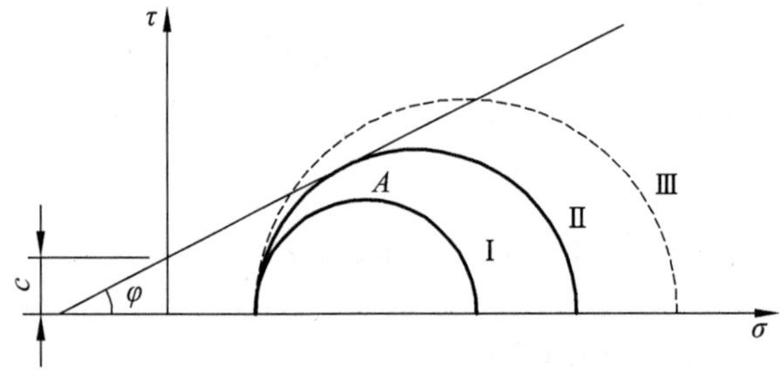

图 5-4　摩尔应力圆与抗剪强度线

（1）应力圆与抗剪强度线相离（Ⅰ），说明应力圆代表的单元体上各截面的剪应力均小于抗剪强度，即各截面都不破坏，所以，该点处于稳定状态。

（2）应力圆与抗剪强度线相割（Ⅲ），说明抗剪强度线上方的一段弧所代表的各截面的剪应力均大于抗剪强度，即该点已有破坏面产生，事实上这种应力状态是不可能存在的。

（3）应力圆与抗剪强度线相切（Ⅱ），说明单元体上有一个截面的剪应力刚好等于抗剪强度，而处于极限平衡状态，其余所有的截面都有 $\tau < \tau_f$，因此，该点处于极限平衡状态。所以圆（Ⅱ）称为极限应力圆。

3．极限平衡条件

根据极限应力圆与抗剪强度线之间的几何关系，可求得抗剪强度指标 c、φ 和主应力 σ_1、σ_3 之间的关系。由图 5-3 可知：

$$AO' = \frac{\sigma_1 - \sigma_3}{2},\quad OO' = \frac{\sigma_1 + \sigma_3}{2} + c \cdot \cot\varphi$$

在△$OO'A$ 中，由几何条件可以得出下列关系式：

$$\sin\varphi == \frac{\sigma_1 - \sigma_3}{\sigma_1 + \sigma_3 + 2c \cdot \cot\varphi} \tag{5-4}$$

上式经三角变换后，得如下极限平衡条件式：

$$\sigma_1 = \sigma_3 \cdot \tan^2\left(45° + \frac{\varphi}{2}\right) + 2c \cdot \tan\left(45° + \frac{\varphi}{2}\right) \tag{5-5}$$

或

$$\sigma_3 = \sigma_1 \cdot \tan^2\left(45° - \frac{\varphi}{2}\right) - 2c \cdot \tan\left(45° - \frac{\varphi}{2}\right) \tag{5-6}$$

对于无黏性的粗颗粒土，按式（5-4）~式（5-6）计算时取 c=0。

土体的破坏面（剪破面）与大主应力作用面的夹角称为破裂角 α_f，由图 5-3 中的几何关系可知，破裂角 α_f 可由式（5-7）计算：

$$2\alpha_f = \pm(90° + \varphi)$$

即

$$\alpha_f = \pm\left(45° + \frac{\varphi}{2}\right) \tag{5-7}$$

由此可知，剪切破坏面的位置是发生在与大主应力作用平面成 $\left(45° + \frac{\varphi}{2}\right)$ 夹角的斜面上。

式（5-4）~式（5-6）是验算土体中某点是否达到极限平衡状态的判断式，也是表示 c、φ、σ_1、σ_3 四者之间关系的函数式，可以由其他三个量，计算剩余的那个量。式（5-4）~式（5-6）在地基稳定计算和土压力计算中都要用到。

综上所述，莫尔-库仑关于土的抗剪强度理论可以归纳为以下几点：

（1）土的抗剪强度是法向应力的线性函数，随法向应力的变化而变化。

（2）土体剪切破坏是由于在荷载作用下，土中某点剪切面上的剪应力达到或超过土的抗剪强度所致，剪切破坏时抗剪强度线与莫尔圆相切。

（3）剪切破坏面不发生在剪应力最大的面上，而是发生在与大主应力作用平面成 $\left(45° + \frac{\varphi}{2}\right)$ 夹角的斜面上。

【例题 5-1】 某土层的抗剪强度指标 $\varphi=20°$，$c=10\,\text{kPa}$，其中某一点的大主应力 $\sigma_1=340\,\text{kPa}$，小主应力 $\sigma_3=150\,\text{kPa}$。（1）问该点是否破坏？（2）是否会沿剪应力最大的面破坏？

【解】（1）用 σ_1 判别，将 $\sigma_3=150\,\text{kPa}$，代入式（5-5）：

$$\sigma_{1\text{f}}=150\tan^2\left(45°+\frac{20°}{2}\right)+2\times10\tan\left(45°+\frac{20°}{2}\right)$$
$$=335\,\text{kPa}<\sigma_1=340\,\text{kPa}$$

土的极限平衡条件
教学案例

该点已发生破坏。

用 σ_3 判断，将 $\sigma_1=340\,\text{kPa}$ 代入式（5-6）：

$$\sigma_{3\text{f}}=340\tan^2\left(45°-\frac{20°}{2}\right)-2\times10\tan\left(45°-\frac{20°}{2}\right)=153\,\text{kPa}>\sigma_3=150\,\text{kPa}$$

同样判定该点已发生破坏。

（2）$\alpha=45°$ 时，剪应力最大，最大剪应力为

$$\tau_{\max}=\frac{1}{2}(\sigma_1-\sigma_3)=95\,\text{kPa}$$

最大剪应力面上的法向应力：

$$\sigma=\frac{1}{2}(\sigma_1+\sigma_3)+\frac{1}{2}(\sigma_1-\sigma_3)\cos2\alpha=245\ \text{kPa}$$

最大剪应力面上的抗剪强度：

$$\tau_\text{f}=\sigma\cdot\tan\varphi+c=245\cdot\tan20°+10=99\,\text{kPa}$$

因为在最大剪应力面上 $\tau_\text{f}>\tau_{\max}$，所以不会沿该面发生破坏。

第三节　抗剪强度指标的测定方法

土的抗剪强度指标包括内摩擦角 φ 和黏聚力 c，其值是地基与基础设计的重要参数，需要通过专门的试验来确定。常用的试验方法有直接剪切试验、三轴压缩试验、无侧限抗压强度试验和十字板剪切试验等。不同的试验方法由于仪器的构造和试验条件、原理及方法均不同，对于同样的土会得出不同的试验结果，所以需要根据工程的实际情况来选择适当的试验方法。

一、直接剪切试验

直接剪切试验

直接剪切试验是应用较早的一种测定土的抗剪强度指标的方法，由于其试验原理易于理解，试验设备简单、操作方便，故应用较为广泛，是现行《公路土工试验规程》（JTG 3430—2020）、《铁路工程土工试验规程》（TB 10102—2010）规定使用的方法之一。

直剪试验按加载方式分为应变式和应力式两类，前者是以等速推动剪切盒使土样受剪，后者则是分级施加水平剪力于剪力盒上使土样受剪。我国目前普遍应用的是应变控制式直剪仪。如图 5-5 所示，剪力盒分上盒和下盒两部分，试验时先用插销将上、下盒位置固定起来，用环刀切取原状土样（一般环刀高 2 ~ 2.5 cm，横截面积 A 为 30 cm^2 或 32.2 cm^2），把土样推入剪力盒内后，拔去插销，通过传压活塞向土样施加竖向力 P。这样土样上承受平均压应力 $\sigma=\dfrac{P}{A}$。然后在下盒上施加水平力，水平力由小到大逐步增加，上、下盒间随之产生相对移动，使土样受剪，直到土样被剪坏，即测得其最大的水平力 $T_{\max}$。剪坏时土样剪切面上的平均极限剪应力为 $\tau_f=\dfrac{T_{\max}}{A}$，也即在压应力 σ 作用土的抗剪强度为 τ_f。

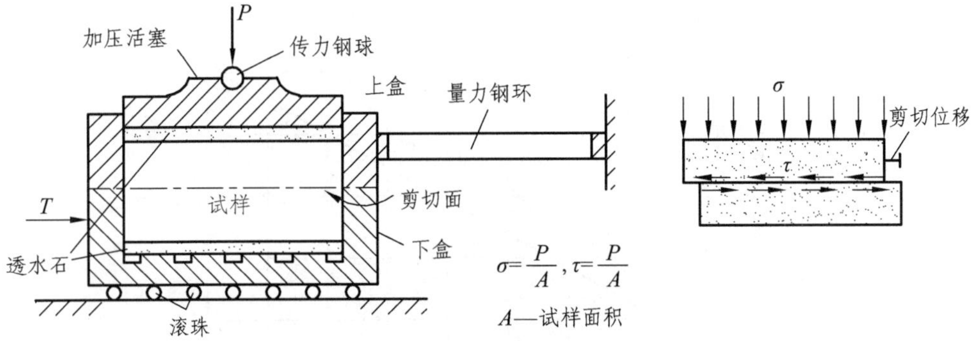

（a）直剪仪简图　　　　（b）试样受剪情况

图 5-5　直接剪切仪示意图

以剪应力 τ 为纵坐标，剪切位移 ΔL 为横坐标，绘制 τ-ΔL 关系曲线，如图 5-6 所示，选取 τ-ΔL 关系曲线上剪应力的峰值或稳定值作为抗剪强度 τ_f，当无明显峰值时可取对应于剪切位移为 4 mm 时的剪应力作为 τ_f。整个试验共需取 4 ~ 5 个相同的土样，在不同的竖向压力下进行剪切。这样，对应于几个不同的压应力 σ_1、σ_2、$\sigma_3\cdots$，可以得到相应的抗剪强度 τ_{f1}、τ_{f2}、$\tau_{f3}\cdots$。试验结果表明，抗剪强度与作用在剪切面上的压应力呈线性关系。取压应力 σ 为横坐标，抗剪强度 τ_f 为纵坐标，按所测得的试验数据，先在图上点出 4 ~ 5 点，然后通过点群重心，可绘出一条视测直线，称为抗剪强度线，以近似地表示 τ_f-σ 的关系，如图 5-7 所示。直线在纵轴上的截距为土的黏聚力 c，直线的倾角为土的内摩擦角。

直接剪切试验，目前依然是室内最基本的抗剪强度测定方法。试验和工程实践都表明土的抗剪强度与土受力后的排水固结状况有关，因而工程设计中所需要的强度指标的试验方法必须与现场的施工加荷实际相符合。如软土地基上快速堆填路堤，由于加荷速度快，地基土体渗透性低，这种条件下的强度和稳定问题应按处于不能排水条件下的稳定分析问题，它就要求室内的试验条件能模拟实际加荷状况，即在不能排水的条件下进行剪切试验。但是直剪仪的构造却无法做到任意控制土样是否排水的要求。为了在直剪试验中能考虑这类实际需要，很早以来人们便通过采用不同的加荷速率来达到控制排水的要求，这便是直剪试验中三种不同的试验方法——快剪、固结快剪和慢剪。

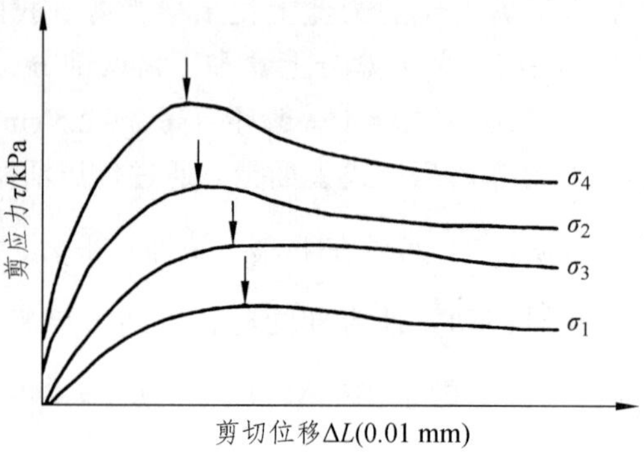

图 5-6　剪应力与剪切位移关系曲线

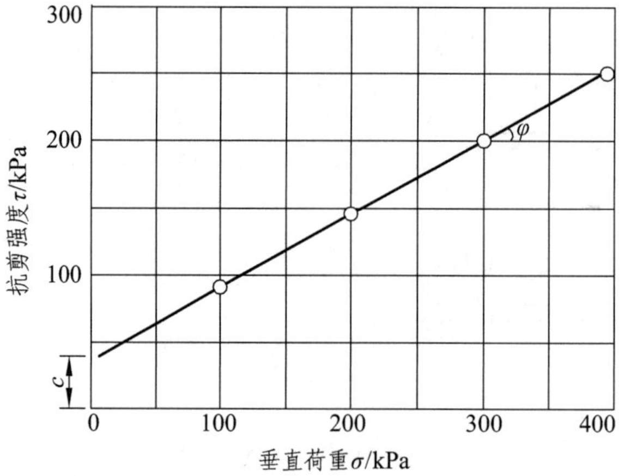

图 5-7　抗剪强度与垂直压力关系曲线

1. 快　剪

竖向压力施加后立即施加水平剪力进行剪切，快速（剪切速率 0.8 ~ 1.2 mm/min）把土样剪破，一般从加荷到剪坏只用几分钟。由于剪切速率快，可认为土样在这样短暂的时间内没有排水固结或者说模拟了“不排水”剪切情况。当地基土排水不良，工程施工进度又快，土体将在没有固结的情况下承受荷载时，宜用此法。

2. 固结快剪

竖向压力施加后，给以充分时间使土样排水固结。固结终了后再施加水平剪力，快速地（剪切速率 0.8 ~ 1.2 mm/min）把土样剪坏，即剪切时模拟不排水条件。当建筑物在施工期间允许土体充分排水固结，但完工后可能有突然增加的荷载作用时，宜用此法。

3. 慢　剪

竖向压力施加后，让土样排水固结，固结后以慢速（剪切速率 0.02 mm/min）施加水平剪力，使土样在受剪过程中一直有充分时间排水固结。当地基排水条件良好（如砂土或砂土中夹有薄黏性土层），土体易在较短时间内固结，工程的施工进度较慢且使用中无突然增加的荷载时，可选用此法。

上述三种试验方法对黏性土是有意义的，但效果要视土的渗透性大小而定。对于非黏性土，由于土的渗透性很大，即使快剪也会产生排水固结，所以常只采用一种剪切速率“排水剪”试验。

二、三轴压缩试验

三轴压缩试验原理是根据莫尔-库仑强度理论得出的，试验仪器为三轴压缩仪。三轴压缩仪主要由压力室、加压系统和量测系统三大部分组成，如图 5-8 所示。三轴压缩仪的压力室是一个由金属顶盖、底座和透明有机玻璃圆筒组成的密闭容器。

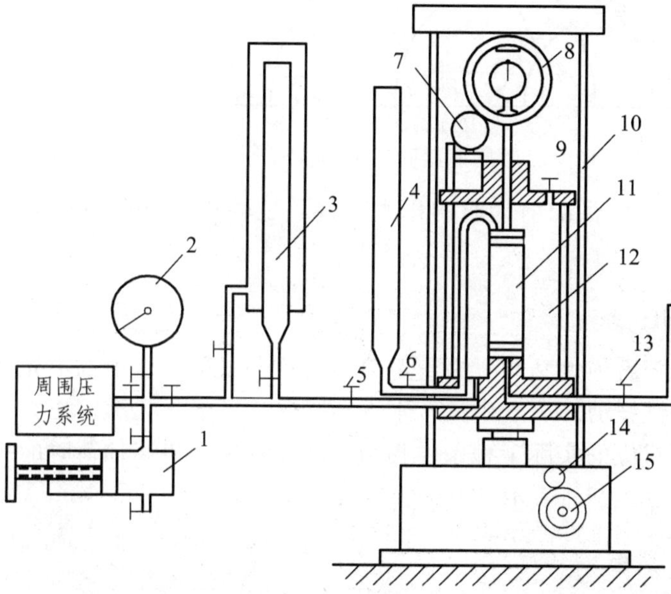

1—调压筒；2—周围压力表；3—体变管；4—排水管；5—周围压力阀；6—排水阀；7—变形量表；8—量力环；9—排气孔；10—轴向加压设备；11—试样；12—压力室；13—孔隙压力阀；14—离合器；15—手轮；16—量管阀；17—零位指示器；18—孔隙水压力表；19—量管。

图 5-8　三轴仪示意图

试验时，先将圆柱形土样套在乳胶膜内，将它放入透明、密闭的压力室内，然后通过底座中的阀门，向压力室内压入水，使试样 3 个轴向受到相同的压力 σ_3 [图 5-9（a）]。此时土样没有剪应力，再通过活塞座施加竖向压力 $\Delta\sigma$，使土样中产生剪应力。在固定 σ_3 作用下，不断增大 $\Delta\sigma$，直至土样剪破。根据最大主应力 $\sigma_{1f}=\sigma_3+\Delta\sigma$ 和最小主应力 σ_3，可绘出一个极限应力圆[图 5-9（b）、（c）]。取 3～5 个相同土样，在不同的周围压力 σ_3 下进行剪切破坏，可得到相应的 σ_{1f}，便可绘出几个极限应力圆。这些极限应力圆的公切线，即该土样的抗剪强度线（图 5-10）。由此得出 c、φ 值。

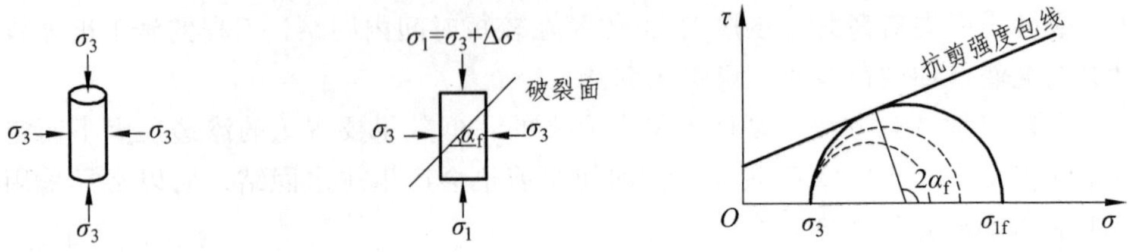

（a）试件受周围压力　　（b）破坏时试件上的主压力　　（c）莫尔破坏包线

图 5-9　三轴压缩试验原理

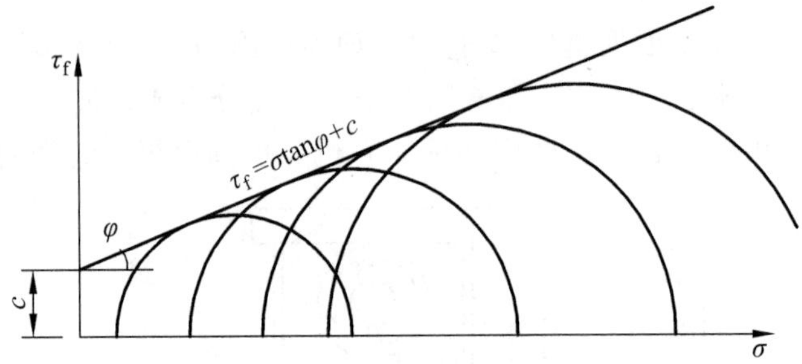

图 5-10　三轴压缩试验成果图

根据土样剪切固结的排水条件和剪切时的排水条件，三轴压缩试验可分为三种方法：

1. 不固结不排水剪（UU 试验）

试样在施加周围压力和随后施加竖向压力直至剪坏的整个试验过程中都不允许排水，这样，从开始加压直至试样剪坏，土中的含水率始终保持不变，孔隙水压力也不可能消散。这种试验方法所对应的实际工程条件相当于饱和软黏土快速加荷时的应力状况，得到的抗剪强度指标用 c_u、φ_u 表示。

2. 固结不排水剪（CU 试验）

在压力室底座上放置透水板与滤纸，使试样底部与孔隙水压力量测系统相通。在施加周围压力 σ_3 后，将孔隙水压力阀门打开，测定出孔隙水压力 u；然后打开排水阀，使试样中的孔隙水压力消散至 95%以上时，土样固结稳定后关闭排水阀门；然后再施加竖向压力，使试样在不排水的条件下剪切破坏。测得的抗剪强度指标用 c_{cu}、φ_{cu} 表示。由于不排水，试样在剪切过程中没有任何体积变形。

固结不排水剪试验是经常要做的工程试验，它适用的条件是一般正常固结土层在工程竣工后或在使用阶段受到大量、快速的活荷载或新增加的荷载作用时所对应的受力情况。

3. 固结排水剪（CD 试验）

在施加周围压力 σ_3 时允许排水固结，待固结稳定后，再在排水条件下施加竖向压力直至试件剪切破坏，得到的抗剪强度指标用 c_d、φ_d 表示。实际工程中这种方法应用于孔隙水压力可全部并及时消散、土体密度不断增加的情况。当建筑物的施工速度较慢，而地基土的黏性小或无黏性、透水性大、排水条件良好时，在地基极限承载力的计算中可采用排水试验确定的抗剪强度指标。

三轴试验的优点是能够控制排水条件以及可以量测土样中孔隙水压力的变化。此外，三轴试验中试件的应力状态也比较明确，剪切破坏时的破裂面在试件的最弱处，不像直接剪切仪那样限定在上下盒之间。三轴压缩仪还可用以测定土的其他力学性质，如土的弹性模量。一般来说，三轴试验的结果还是比较可靠的。常规三轴压缩试验的主要缺点是试样所受的力是轴对称的，也即试件所受的三个主应力中，有两个是相等的，但在工程实际中土体的受力情况并非属于这类轴对称的情况，不过真三轴仪可在不同的三个主应力（$\sigma_1 \neq \sigma_2 \neq \sigma_3$）作用下进行试验。其缺点是仪器的构造复杂，试样制备、试验操作比较麻烦，费用较高。

试验方法的具体选用，应该紧密结合工程实际，考虑土体的受力情况、应力分布以及排水条件等因素，选用适合的试验方法与抗剪强度指标。例如当地基为不易排水的饱和软黏土，施工期又较短时，可选用不排水或快剪试验的抗剪强度指标；反之，当地基容易排水固结，如为砂类土地基，而施工期又比较长时，可选用固结排水剪或慢剪试验的强度指标。当建筑物完工后很久，荷载又突然增大，如水闸完工后挡水的情况，可采用固结不排水剪或固结快剪试验的抗剪强度指标。又如利用总应力法分析土坝坝体的稳定时，施工期可采用不饱和快剪试验的强度指标，运用期间可采用饱和固结快剪试验的强度指标。当分析浸水路堤水位骤然下降的边坡稳定时，也可采用饱和固结快剪的强度指标。

【例题 5-2】 一饱和黏性土样进行三轴固结不排水剪试验，施加周围压力 $\sigma_3 = 200\ \text{kPa}$，试样破坏时的轴向压应力 $\Delta\sigma_1 = 280\ \text{kPa}$，如果破裂面与水平面的夹角 $\alpha = 56^\circ$，试求破裂面上的法向应力 σ 与剪应力 τ 以及试样中的最大剪应力。

【解】 由三轴试验的原理可知试样破坏时大主应力

$$\sigma_1 = \sigma_3 + \Delta\sigma_1 = 200+280 = 480\ \text{kPa}$$

计算破坏面上的法向应力 σ 和切应力 τ：

$$\sigma = \frac{1}{2}(\sigma_1 + \sigma_3) + \frac{1}{2}(\sigma_1 - \sigma_3)\cos 2\alpha = 289\ \text{kPa}$$

$$\tau = \frac{1}{2}(\sigma_1 - \sigma_3)\sin 2\alpha = 130\ \text{kPa}$$

最大剪应力发生在 $\alpha = 45^\circ$ 的平面上，试样中的最大剪应力

$$\tau_{\max} = \frac{1}{2}(\sigma_1 - \sigma_3) = 140\ \text{kPa}$$

三、无侧限抗压强度试验

无侧限抗压强度试验是只对试样（正圆柱体）施加垂直压力，不施加周围压力，即 $\sigma_3 = 0$，实际上是三轴剪切试验的一个特例。试验时由于试样侧向不受限制，可以任

意变形，故称为无侧限压缩试验。这种试验只适用于黏性土，特别适用于在自重作用下不发生变形的饱和软黏土。仪器设备如图 5-11 所示。

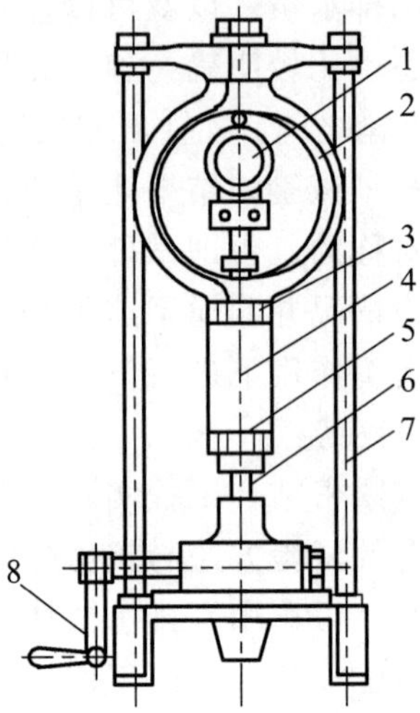

1—百分表；2—测力计；3—上加压板；4—试样；5—下加压板；
6—螺杆；7—加压框架；8—升降设备。

图 5-11　无侧限压缩仪

试验时使试样侧向不受力和不排水，只施加垂直轴向压力使试样剪破。试样在剪破时所受的最大压力即为土的无侧限抗压强度 q_u，相当于三轴剪切仪进行 $\sigma_3=0$ 和不排水试验。因 $\sigma_3=0$，故总应力圆切于坐标原点，如图 5-12 所示。

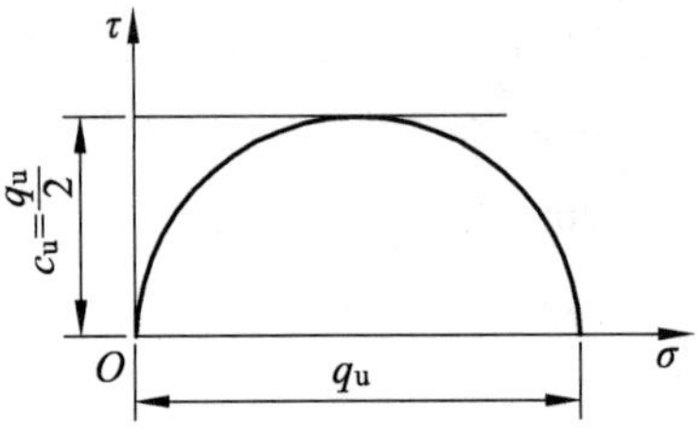

图 5-12　无侧限抗压试验结果

根据无侧限压缩仪对于饱和黏土进行不排水剪切试验的结果，抗剪强度线接近一条水平线（图 5-12）。土的抗剪强度为

$$\tau_f = c_u = \frac{q_u}{2} \tag{5-8}$$

内摩擦角：　$\varphi_u=0$　（5-9）

无侧限抗压强度试验的特点包括：仪器构造简单，操作方便；可代替三轴试验测定饱和软黏土的不排水强度。

无侧限抗压强度试验还可以用来测定饱和黏性土的灵敏度。饱和黏性土的强度与土的结构有关，当土的结构遭受破坏时，其强度会迅速降低，工程上常用灵敏度 S_t 来反映土的结构受扰动对强度的影响程度。

$$S_t = \frac{q_u}{q'_u} \tag{5-10}$$

式中　q_u——原状土的无侧限抗压强度（kPa）；

q'_u——重塑土（指在含水率和密度不变的条件下，使土的天然结构彻底破坏再重新制备的土）的无侧限抗压强度（kPa）。

轴向应力与轴向应变关系曲线如图 5-13。

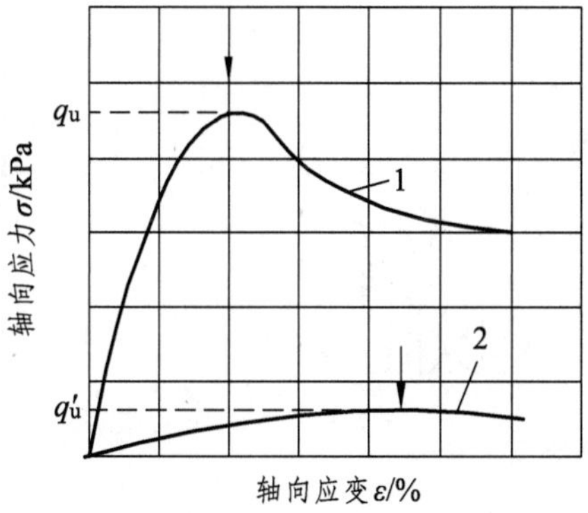

1—原状试样；2—重塑试样。

图 5-13　轴向应力与轴向应变关系曲线

根据灵敏度可按《铁路工程岩土分类标准》（TB 10077—2019）对饱和黏性土进行分类：

低灵敏性　$S_t \leqslant 2$

中灵敏性　$2 < S_t \leqslant 4$

高灵敏性　$4 < S_t \leqslant 8$

极灵敏性　$8 < S_t \leqslant 16$

流性　$S_t > 16$

土的灵敏度愈高，其结构性愈强，受扰动后土的强度就降低愈多。

四、十字板剪切试验

十字板剪切试验方法适用于现场原位测定软黏土的抗剪强度。对饱和黏土进行十字板剪切试验，相当于不排水的剪切试验。十字板剪力仪的主要工作部分如图 5-14 所示，使用时将十字板插入土中待测的天然土层高程处，在地面上施加扭转力矩于杆身，带动十字板旋转，使十字板内的圆柱形土体与周围不动的土体间发生剪切。通过量力设备测出最大扭转力矩 M_{max}，据此计算抗剪强度。

土的抗扭力矩 M_{max} 由两部分组成：

（1）圆柱形土体侧面上的抗扭力矩：

$$M_1 = \tau_{fv}\left(\pi DH\frac{D}{2}\right)$$

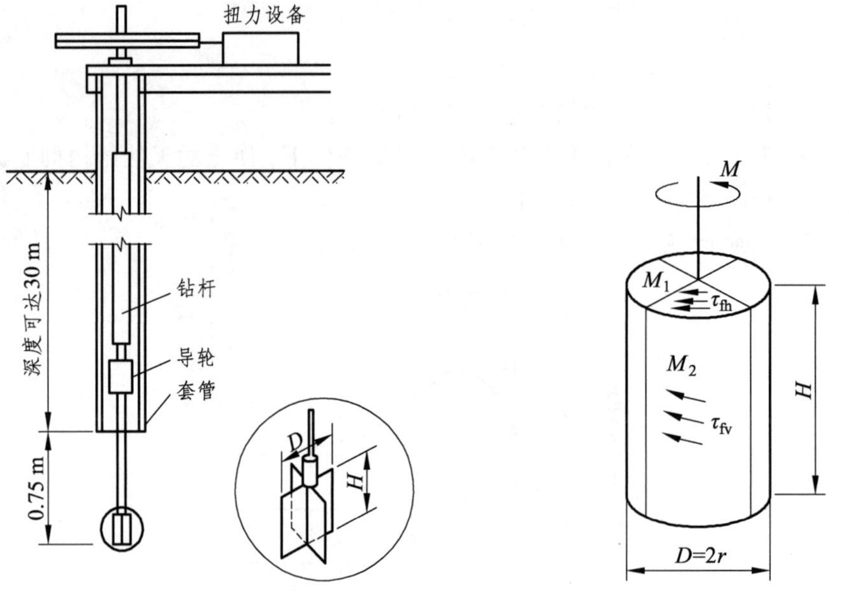

（a）仪器装置简图　　（b）板头剪切面受力分析

图 5-14　十字板试验装置

（2）圆柱形土体上下两个受剪切面上的抗扭力矩：

$$M_2 = 2\tau_{fh}\left(\frac{\pi}{4}D^2 \times \frac{D}{3}\right)$$

其中：τ_{fv}为竖直面上土的抗剪强度；τ_{fh}为水平面上土的抗剪强度。

假设土体为各向同性体，则 $\tau_{fv}=\tau_{fh}=\tau_f$，则

$$M_{max} = M_1 + M_2 = \tau_f\left(\frac{\pi HD^2}{2} + \frac{\pi HD^2}{2} \times \frac{D}{3}\right)$$

$$\tau_f = \frac{M_{max}}{\dfrac{\pi D^2}{2}\left(H + \dfrac{D}{3}\right)} \tag{5-11}$$

由于饱和软黏土在不排水情况下剪切时，$\varphi = 0$，所以这种剪切试验方法所得的土的抗剪强度与室内无侧限压缩试验一样，即土的抗剪强度等于土的黏聚力 c。

原位十字板剪切试验的特点包括仪器结构简单、操作方便、扰动少等。在地勘和地基处理完毕之后，一般都需要使用十字板测定土体的抗剪强度，从而检验地基处理的效果。

本章小结

土的抗剪强度是指土体抵抗剪切破坏的极限能力。

库仑定律：无黏性土 $\tau_f = \sigma \cdot \tan\varphi$

黏性土 $\tau_f = \sigma \cdot \tan\varphi + c$

库仑公式中 c 和 φ 是土的抗剪强度指标，反映了土的抗剪强度的构成因素。

应力圆与抗剪强度线不相交（相离）时，土体处于弹性平衡状态；应力圆与抗剪强度线相交（相割）时，土体处于破坏状态；应力圆与抗剪强度线相切时，土体处于极限平衡状态。

土的极限平衡条件式：

$$\sin\varphi == \frac{\sigma_1 - \sigma_3}{\sigma_1 + \sigma_3 + 2c \cdot \cot\varphi}$$

$$\sigma_1 = \sigma_3 \cdot \tan^2\left(45° + \frac{\varphi}{2}\right) + 2c \cdot \tan\left(45° + \frac{\varphi}{2}\right)$$

$$\sigma_3 = \sigma_1 \cdot \tan^2\left(45° - \frac{\varphi}{2}\right) - 2c \cdot \tan\left(45° - \frac{\varphi}{2}\right)$$

土体的破坏面（剪破面）与大主应力作用面的夹角为

$$\alpha_f = \pm\left(45° + \frac{\varphi}{2}\right)$$

土的抗剪强度指标常用测定方法有直接剪切试验、三轴压缩试验、无侧限抗压强度试验、十字板剪切试验等。

根据排水固结条件的不同，剪切试验又可分为快剪、慢剪、固结快剪等三种试验方法。实际工程中要根据不同的地质条件和荷载特点，选用合适的试验方法。

复习思考题

1. 何谓土的抗剪强度？在实际工程中，与土的抗剪强度有关的问题有哪些？
2. 土的抗剪强度指标 c 和 φ 值如何确定？
3. 土体被剪坏的实质是什么？同一种土的抗剪强度是不是一个定值？
4. 直接剪切试验与三轴压缩试验各有什么优缺点？
5. 为什么说无侧限抗压强度试验是三轴剪切试验的特例？
6. 快速剪切、固结快剪和慢剪分别适用于什么情况？

习　题

1. 地基中某点的大主应力 $\sigma_1 = 450\ \text{kPa}$，小主应力 $\sigma_3 = 150\ \text{kPa}$，并已知土的内摩擦角 $\varphi = 26.2°$，黏聚力 $c = 12\ \text{kPa}$，问该点处于何种状态？

2. 在平面问题上，砂类土中一点的大小主应力分别为 600 kPa 和 200 kPa，内摩擦角 $\varphi = 30°$。问：

（1）该点的最大剪应力是多少？最大剪应力作用面上的法向应力是多少？

（2）此点是否已达到极限平衡状态？为什么？

（3）如此点达到极限平衡状态，求这一点的破裂面与最大主应力作用面的夹角以及破裂面上的剪应力和法向应力。

3. 设有一干砂样放在直接剪切仪的剪切盒中，剪切盒的断面积为 60 cm^2。在砂样上作用一大小为 900 N 的竖直荷载，然后作水平剪切。当水平推力为 300 N 时，砂样开始被剪坏。试求当竖直荷载为 1800 N 时，应使用多大的水平推力，砂样才能被剪坏？该砂样的内摩擦角为多大？并求此时的大小主应力和方向。

4. 如果在上题的剪切盒中放入一黏土样，并在与上题相同的竖直荷载和水平推力作用下（即竖直荷载为 900 N，水平推力为 300 N），土样被剪坏。问：当竖直荷载增大（大于 900 N）时，哪一个土样（黏土样或砂样）的抗剪强度大些？

5. 用某饱和黏性土进行无侧限抗压强度试验，求得不排水强度 $q_u = 70$ kPa，如果对同一土样进行三轴不排水剪切试验，施加周围压力 $\sigma_3 = 200$ kPa，问试样将在多大的轴向压力作用下发生破坏？

6. 一土样受一组压力（σ_1，σ_3）作用，土样正好达到极限平衡。如果此时，在大小主应力方向同时增加压力$\Delta\sigma$，问土的应力状态如何？若同时减少$\Delta\sigma$，情况又将如何？

7. 已知一砂土层中某点应力达到极限平衡时，过该点的最大剪应力平面上的法向应力和剪应力分别为 300 kPa 和 100 kPa。试求：

（1）该点处的大主应力σ_1和小主应力σ_3。

（2）过该点的剪切破坏面上的法向应力和剪应力。

（3）该砂土的内摩擦角。

（4）剪切破坏面与大主应力作用面的夹角α。

第六章 土压力

本章知识要点

（1）土压力的概念、土压力的分类。
（2）朗肯理论的适用条件及用朗肯理论计算土压力。
（3）库仑理论的适用条件及用库仑理论计算土压力。
（4）填土表面有均布荷载、分层填土及填土中有地下水位时土压力的计算。

第一节　土压力概述

挡土墙是防止土体坍塌下滑的构筑物，在道路工程、铁路工程、房屋建筑、水利工程以及桥梁工程中应用甚为广泛，例如，支撑边坡土体和山区路基的挡土墙、地下室外墙、桥台以及贮存粒料的挡墙土等，见图 6-1。挡土墙的结构形式可分为重力式、悬臂式和扶壁式等，通常用块石、砖、素混凝土及钢筋混凝土等材料建成。

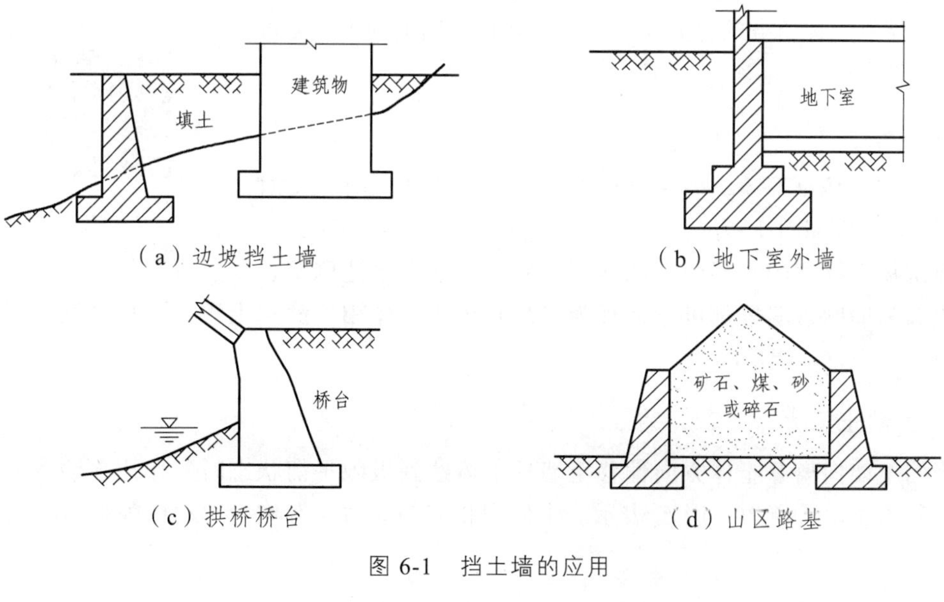

图 6-1　挡土墙的应用

土压力是指挡土结构物背后填土因自重或外荷载作用对墙背产生的侧向压力。由于土压力是挡土墙的主要外荷载，因此，设计挡土墙时首先要确定土压力的性质、大小、方向和作用点。

土压力的计算是一个十分复杂的问题，它涉及填料、墙身以及地基三者之间的共同作用。土压力的性质和大小与墙身的位移、墙体高度、墙后填土的性质等有关。根据墙的位移方向和大小，作用在墙背上的土压力可分为主动土压力、静止土压力和被动土压力三种。其中主动土压力值最小，被动土压力最大，静止土压力则介于上述两者之间。它们与墙身位移之间的关系如图 6-2 所示。

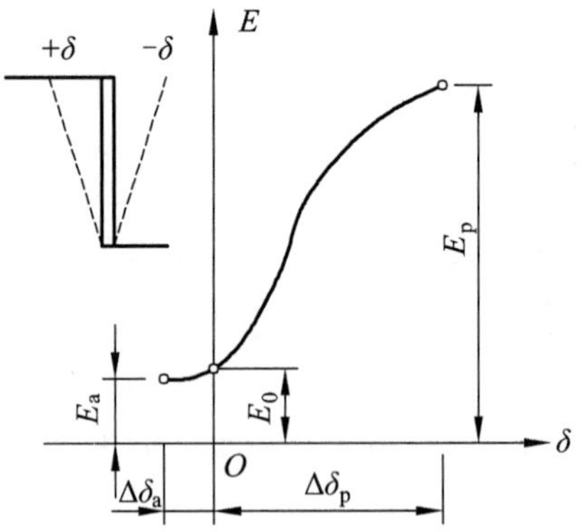

图 6-2　土压力与墙身位移的关系

一般的挡土墙因其长度远大于高度，属平面问题，故在计算土压力时可沿墙长度方向取每延米考虑。

一、墙体变位与土压力

土压力的大小及其分布规律与墙体可能移动的方向和大小有很大关系。根据墙的移动情况和墙后土体所处的应力状态，作用在挡土墙上的土压力可分为以下三种。

主动土压力与
被动土压力

1. 静止土压力

当挡土墙静止不动，墙后土体处于弹性平衡状态时，土对墙的压力称为静止土压力，用 E_0 表示。静止土压力可能存在于某些建筑物支撑着的土层中，如地下室外墙、地下水池侧壁、涵洞边墙和船闸边墙等都可近似视为受静止土压力作用。静止土压力可按直线变形体无侧向变形理论求出。

2. 主动土压力

当挡土墙向离开土体方向偏移至墙后土体达到极限平衡状态时，作用在墙背上的土压力称为主动土压力，用 E_a 表示。土体内相应的应力状态称为主动极限平衡状态。

3. 被动土压力

当挡土墙在外力作用下，向土体方向偏移至土体达到极限平衡状态时，作用在挡土墙上的土压力称为被动土压力，用 E_p 表示。土体内相应的应力状态称为被动极限平衡状态。

挡土墙所受土压力大小并不是一个常数，它随着挡墙位移大小而变化，墙后土体的应力、应变状态不同，土压力值也不同。土压力的大小介于两个极限值 E_a 与 E_p 之间。现有的土压力理论，主要是研究极限状态的土压力。主动土压力和被动土压力是墙后填土处于两种不同极限平衡状态时的土压力，至于介于两个极限平衡状态间的情况，除静止土压力这一特殊情况外，由于填土处于弹性或弹塑性平衡状态，是一个超静定问题。这种挡土墙在任意位移条件下的土压力比较复杂，涉及挡土墙、填土和地基三者的变形、强度特性和共同作用，目前还不易计算。不过，随着土工计算技术的发展，在某些情况下可以根据土的实际应力-应变关系，利用有限元法来确定墙体位移量与土压力大小的定量关系。

二、墙体刚度与土压力

土压力是土与挡土结构之间相互作用的结果，它不仅与挡土墙体的位移有关，而且还与墙体的刚度密切相关。

一般用砖、石或混凝土修建的挡土墙，依靠墙身自重抵抗或平衡墙后填土产生的土压力。这种墙常称为重力式挡墙。由于其断面较大、刚度较大，在侧向土压力作用下可发生平移或转动，墙身基本不允许挠曲变形，故挠曲变形可以不计。这种挡墙可视为刚性挡墙，墙背受到的土压力一般近似沿墙高呈上小下大的三角形直线分布。

另外一类挡土结构物自重轻、断面小、刚度小，如基坑工程中常用的板桩墙等轻型支挡。在土压力作用下这类挡土结构物因自身刚度较小，会发生挠曲变形，从而明显地影响土压力的分布和大小。这类挡土结构物称为柔性挡土墙，其墙后土压力不再是直线分布，而是较复杂的曲线分布。

工程中有时还采用衬板支撑挡土结构。由于支撑系统的铺设是在基坑开挖过程中按照自上而下，边开挖，边铺衬板，边支撑的顺序分层进行的，因此，作用于支撑系统上的土压力分布受施工过程和变位条件的影响，较为复杂，与前述两种挡土结构又有所不同，土压力沿支撑结构高度通常呈曲线分布。

三、界限位移

挡土墙的位移大小决定着墙后土体的应力状态和土压力的性质，界限位移是指墙后土体将要出现而未出现滑动面时挡土墙位移的临界值。显然，这个临界位移值对于确定墙后土体的应力状态、确定土压力分布及进行土压力计算都非常重要。根据大量的试验观测和研究，主动极限平衡状态和被动极限平衡状态的界限位移大小不同，后者比前者大得多，它们都与挡土墙的高度、土的类别和墙身移动类型有关，见表 6-1

所示。由于达到被动极限平衡状态所需的界限位移量较大，而这样大的位移在工程上不容许发生，因此，设计时往往只按被动土压力值的一部分来考虑。

表 6-1 产生主、被动土压力所需位移量

土压力状态	土的类别	挡土墙位移形式	所需位移量
主动	砂性土	平移	$0.001H$
		绕墙趾转动	$0.001H$
	黏性土	平移	$0.004H$
		绕墙趾转动	$0.004H$
被动	砂性土	平移	$0.05H$
		绕墙趾转动	$>0.1H$

注：表中 H 为墙高（m）。

第二节 静止土压力

静止土压力是墙静止不动，墙后土体处于弹性平衡状态时作用于墙背的侧向压力。根据弹性半无限体的应力和变形理论，z 深度处的静止土压力为

$$\sigma_0 = K_0 \gamma z \tag{6-1}$$

式中 γ——土的重度（kN/m^3）；

K_0——静止土压力系数，可由泊松比来确定，$K_0 = \dfrac{\mu}{1-\mu}$。

一般土的泊松比值，砂土可取 0.2 ~ 0.25，黏性土可取 0.25 ~ 0.40，其相应的 K_0 值在 0.25 ~ 0.67。对于理想刚体，$\mu = 0$，$K_0=0$；对于液体，$\mu = 0.5$，$K_0=1$。

土的静止侧压力系数 K_0 也可在室内由三轴仪或在现场由原位自钻式旁压仪等测试手段和方法得到。应该指出，目前测定 K_0 的设备和方法还不够完善，所得结果还不能令人满意。

在缺乏试验资料时，可按经验公式（6-2）、（6-3）估算 K_0 值：

砂性土 $K_0=1-\sin\varphi'$ （6-2）

黏性土 $K_0=0.95-\sin\varphi'$ （6-3）

式中 φ'——土的有效内摩擦角（°）。

在缺乏试验资料时，除按式（6-2）、式（6-3）取值外，也可按表 6-2 取值。

表 6-2 各种土的静止土压力系数

土壤名称	K_0	土壤名称	土壤状态	K_0	土壤名称	土壤状态	K_0
碎石类土	0.15 ~ 0.20	粉质黏土	半干硬	0.25	黏土	半干硬	0.25
砂类土	0.20 ~ 0.25		硬塑	0.30		硬塑	0.35
粉土	0.25		软塑、流塑	0.35		软塑、流塑	0.42

由式（6-1）可知，在均质土中，静止土压力与计算深度呈三角形分布，对于高度为 H 的竖直挡墙而言，取单位墙长，则作用在墙上静止土压力的合力值 E_0 为

$$E_0=\frac{1}{2}K_0\gamma H^2 \tag{6-4}$$

合力 E_0 的方向水平，作用点在距墙底 $H/3$ 高度处。

第三节　朗肯土压力理论

一、基本概念

朗肯理论是从半无限土体的极限平衡应力状态出发，假定墙是刚性的，墙背竖直而光滑，即不考虑墙背与填土之间的摩擦力，墙后填土面为无限延伸的平面。墙背假想为这种半无限体中的一个竖直平面，现从墙后填土面以下任一深度 z 处 M 点取一单元土柱进行分析，如图 6-3 所示。

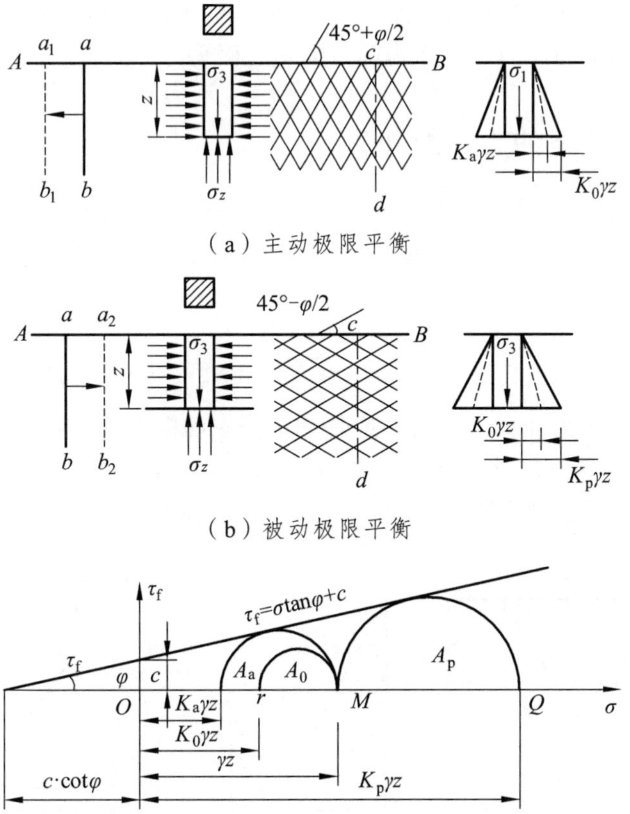

（a）主动极限平衡

（b）被动极限平衡

（c）用应力圆表示朗金极限平衡

图 6-3　半无限土体的朗肯极限平衡状态

若土柱不发生位移，半无限土体处于弹性平衡时的应力状态，可用图 6-3（c）中

应力圆 A_0 表示，此时应力圆 A_0 位于抗剪强度线以下。当土体由于某种原因（如开挖基坑、开挖路堑）在水平方向产生侧向膨胀而伸展时，图 6-3（a）中的 ab 平面移至 a_1b_1 位置，由于土体达到平衡的位移量不致引起土的重度发生改变，可以设想，土柱底面的应力 σ_z 保持不变。由于侧胀土体开始松弛，因而水平应力 σ_x 逐渐减小达到主动极限平衡时，土体开始沿着与水平面成 $\left(45°+\dfrac{\varphi}{2}\right)$ 角的破裂面向下滑动。此时 M 点的应力状态可用图 6-3（c）中的 A_a 应力圆表示，这时应力圆 A_a 与抗剪强度线相切，M 点的最大主应力 $\sigma_1=\sigma_z=\gamma z$，最小主应力 $\sigma_3=\sigma_x=\sigma_\mathrm{a}$。

同理，当土体在水平方向受挤而压缩时，图 6-3（b）中的 ab 平面移到 a_2b_2 的位置，σ_z 仍保持不变，σ_x 则由于土体被挤压而逐渐增大。达到被动极限平衡状态时，土体开始产生沿着与水平面成 $\left(45°-\dfrac{\varphi}{2}\right)$ 角的破裂面向上滑动，此时 M 点的应力状态可用图 6-3（c）中的 A_p 应力圆表示。这时应力圆 A_p 与抗剪强度线相切，M 点的最大主应力 $\sigma_1=\sigma_x=\sigma_\mathrm{p}$，最小主应力 $\sigma_3=\sigma_z=\gamma z$。

朗肯理论所求的土压力，就是指地面为平面的土中竖直面上的压力。朗肯认为：作用在竖直墙背上的土压力强度，就是达到极限平衡（主动或被动状态）的半无限土体中任一竖直截面上的应力。土压力的方向与地面平行。

二、简单情况下的土压力计算

简单情况是指墙背竖直（即墙背与竖直面的倾斜角 $\theta=0°$），填土面水平（即填土面与水平面的倾斜角 $\alpha=0°$），墙背光滑，不计墙背与土之间的摩擦力（即墙背与填土之间的摩擦角 $\delta=0°$）。

（一）主动土压力

当挡土墙向前（离开填土）移动或转动达到主动极限平衡状态出现破裂面时，任一深度处所受竖直应力 γz 为最大主应力 σ_1，水平应力 σ_x 为最小主应力 σ_3 也就是该深度处作用在墙背上的主动土压力强度 σ_a，如图 6-4（a）所示。

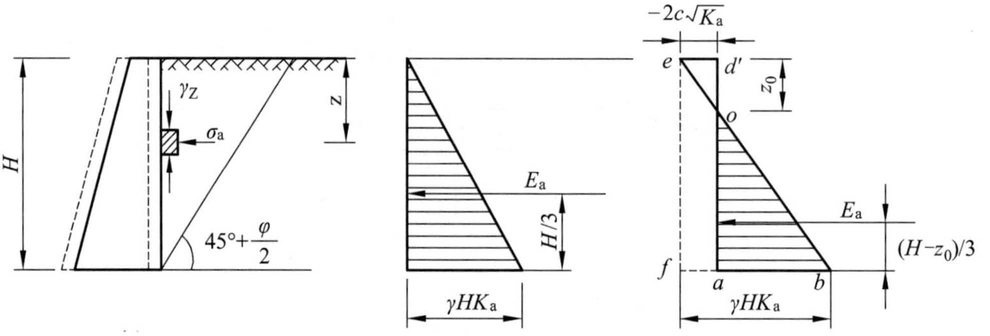

（a）主动土压力的计算　　（b）砂性土　　（c）黏性土

图 6-4　主动土压力强度分布图

根据土的强度理论，当土体中某点处于极限平衡时，最大主应力与最小主应力之间的关系应满足极限平衡条件，根据第五章极限平衡条件式（5-6）求出的小主应力即为主动土压力强度。

1. 砂性土

$$\sigma_a = \gamma z \tan^2\left(45° - \frac{\varphi}{2}\right) = \gamma z K_a \tag{6-5}$$

式中　$K_a = \tan^2\left(45° - \frac{\varphi}{2}\right)$——朗肯主动土压力系数，见表 6-3。

从上式可知 σ_a 与 z 成正比，沿墙高的压力强度分布是三角形，如图 6-4（b）所示，其总主动土压力（取单位墙长计算，以下计算中都取单位墙长）为压力强度图形的面积。

$$E_a = \frac{1}{2}\gamma H^2 K_a \tag{6-6}$$

E_a 的作用点通过压力强度图的形心，距墙底 $H/3$，方向为水平，破裂面与最大主应力作用平面（水平面）间的夹角为 $\left(45° + \frac{\varphi}{2}\right)$。

表 6-3　朗肯土压力系数

φ /（°）	$K_a = \tan^2\left(45° - \frac{\varphi}{2}\right)$	$K_p = \tan^2\left(45° + \frac{\varphi}{2}\right)$	φ /（°）	$K_a = \tan^2\left(45° - \frac{\varphi}{2}\right)$	$K_p = \tan^2\left(45° + \frac{\varphi}{2}\right)$
10	0.704	1.42	28	0.361	2.77
11	0.679	1.47	29	0.347	2.88
12	0.656	1.52	30	0.333	3.00
13	0.632	1.57	31	0.321	3.12
14	0.610	1.64	32	0.307	3.25
15	0.589	1.69	33	0.295	3.39
16	0.568	1.76	34	0.283	3.54
17	0.548	1.82	35	0.270	3.69
18	0.528	1.89	36	0.260	3.85
19	0.508	1.96	37	0.248	4.02
20	0.490	2.04	38	0.238	4.20
21	0.472	2.12	39	0.227	4.39
22	0.455	2.20	40	0.218	4.60
23	0.438	2.28	41	0.208	4.82
24	0.421	2.37	42	0.198	5.04
25	0.406	2.46	43	0.189	5.29
26	0.391	2.56	44	0.180	5.55
27	0.376	2.66	45	0.171	5.83

2. 黏性土

$$\sigma_a=\gamma z\tan^2\left(45°-\frac{\varphi}{2}\right)-2c\tan\left(45°-\frac{\varphi}{2}\right)=\gamma zK_a-2c\sqrt{K_a} \tag{6-7}$$

式中 c——填土的黏聚力（kPa）;

φ——填土的内摩擦角（°），由试验确定。

从上式可知，黏性土的主动土压力强度由两部分组成：一部分是由土体自重引起的侧压力强度 γzK_a，另一部分则是由黏聚力所引起的负（反向）侧压力强度 $2c\sqrt{K_a}$，两部分叠加的结果如图 6-4（c）所示。从压力强度图中看到：$ed'o$ 是负值，对墙背产生拉力，实际上是不存在的，即在 z_0（临界深度）内没有土压力，$\gamma zK_a-2c\sqrt{K_a}=0$。

所以

$$z_0=\frac{2c}{\gamma\sqrt{K_a}} \tag{6-8}$$

这就是许多陡峭的黏土坡不需支撑能直立不坍塌的原因。因此黏性土的侧压力强度图形仅是 abo 部分，其总压力为

$$E_a=\frac{1}{2}(H-z_0)(\gamma HK_a-2c\sqrt{K_a}) \tag{6-9}$$

将 z_0 代入得

$$E_a=\frac{1}{2}\gamma H^2K_a-2cH\sqrt{K_a}+\frac{2c^2}{\gamma} \tag{6-10}$$

E_a 的作用点通过三角形分布图 abo 的形心，即作用在离墙底（$H-z_0$）/3 处。

（二）被动土压力

当挡土墙向后移动或转动，达到被动极限平衡状态出现破裂面时，土中的竖向应力 γz 变为最小主应力 σ_3，而水平应力变为最大主应力 σ_1 也就是作用在墙背上的被动土压力强度 σ_p，根据第五章土的极限平衡条件式（5-5），可计算出大主应力即被动土压力强度，如图 6-5（a）所示。

1. 砂性土

$$\sigma_p=\sigma_1=\gamma z\tan^2\left(45°+\frac{\varphi}{2}\right)=\gamma zK_p \tag{6-11}$$

式中 $K_p=\tan^2\left(45°+\frac{\varphi}{2}\right)$——朗肯被动土压力系数，见表 6-2。

其侧压力分布如图 6-5（b）所示。总被动土压力为

$$E_p=\frac{1}{2}\gamma H^2K_p \tag{6-12}$$

作用点在距墙底 $H/3$ 处，方向水平，破裂面与最小主应力作用平面（水平面）成 $45°-\frac{\varphi}{2}$。

2. 黏性土

$$\sigma_p = \gamma z K_p + 2c\sqrt{K_p} \tag{6-13}$$

由上式中可以看到，黏性土的被动土压力强度亦是由土的自重和黏聚力两部分所引起的，叠加后的侧压力强度为梯形分布，如图 6-5（c）所示。总被动土压力为

$$E_p = \frac{1}{2}\gamma H^2 K_p + 2cH\sqrt{K_p} \tag{6-14}$$

合力作用点通过压力强度图的形心在墙背上的投影点，距墙底的距离为

$$z_x = \frac{H}{3}\cdot\frac{\gamma H K_p + 6c\sqrt{K_p}}{\gamma H K_p + 4c\sqrt{K_p}} \tag{6-15}$$

方向水平，破裂面位置与水平面成 $45° - \frac{\varphi}{2}$。

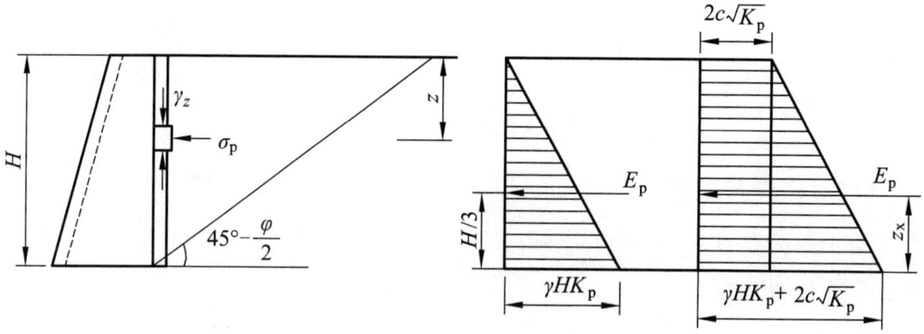

（a）被动土压力的计算　（b）砂性土　（c）黏性土

图 6-5　被动土压力强度分布

【例题 6-1】某挡土墙高 H=5 m，墙背光滑、竖直，填土面水平。墙后回填黏性土，其物理力学性质指标为：γ=18.0 kN/m^3，c=15 kPa，φ=22°，δ=0°。试求主动、被动土压力强度及总压力的大小、方向、作用点位置并画出压力分布图。

【解】$\varphi = 22°$，查表 6-2 得：$K_a = 0.455$，$K_p = 2.20$

1. 主动土压力计算

墙顶处土压力强度：$\sigma_a = -2c\tan(45° - \varphi/2) = -2\times15\times\sqrt{0.455} = -20.2$ kPa

由于墙顶处土压力强度为负值，所以墙后存在临界深度。

临界深度：$z_0 = \dfrac{2c}{\gamma\sqrt{K_a}} = \dfrac{2\times15}{18.0\times\sqrt{0.455}} = 2.47$ m

墙底处的土压力强度：

$$\sigma_a = \gamma z K_a - 2c\sqrt{K_a} = 18.0\times5\times0.455 - 2\times15\times\sqrt{0.455} = 20.7 \text{ kPa}$$

单位墙长所受的土压力：

$$E_a = \frac{1}{2}(H - z_0)(\gamma H K_a - 2c\sqrt{K_a}) = \frac{1}{2}\times(5-2.47)\times20.7 = 26.2 \text{ kN/m}$$

单位长度上的总压力也可由公式（6-10）计算求得（此处略）。

然后按比例绘土压力强度图，见图 6-6（a）。

合力作用点距墙底的距离：$z_x = \dfrac{H - z_0}{3} = \dfrac{5-2.47}{3} = 0.84\ \text{m}$

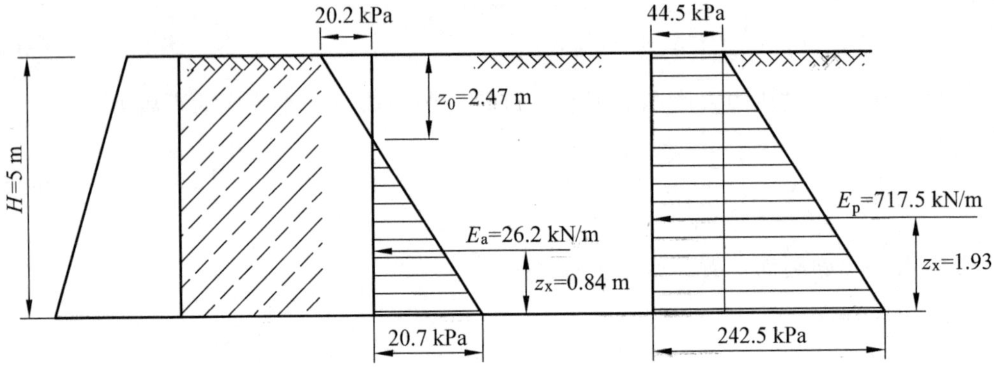

（a）主动土压力　　（b）被动土压力

图 6-6　黏性土土压力计算

2. 被动土压力的计算

墙顶处土压力强度：$\sigma_p = \gamma z K_p + 2c\sqrt{K_p} = 2\times 15\times\sqrt{2.20} = 44.5\ \text{kPa}$

墙底处土压力强度：

$$\sigma_p = \gamma z K_p + 2c\sqrt{K_p} = 18\times 5\times 2.20 + 2\times 15\times\sqrt{2.20} = 242.5\ \text{kPa}$$

总被动土压力：$E_p = \dfrac{1}{2}(44.5+242.5)\times 5 = 717.5\ \text{kN/m}$

总被动土压力也可由式（6-14）求得（此处略）。

合力作用点距墙底的距离：

$$z_x = \frac{E_{p1}\times\dfrac{H}{2} + E_{p2}\times\dfrac{H}{3}}{E_p} = \frac{44.5\times 5\times\dfrac{5}{2} + \dfrac{1}{2}(242.5-44.5)\times 5\times\dfrac{5}{3}}{717.5} = 1.93\ \text{m}$$

合力作用点距墙底的距离也可用公式（6-15）求得。

方向：被动土压力强度分布见图 6-6（b），因为 $\delta = 0$，所以土压力均为水平方向。

从例题可以算出，挡土墙处于主动平衡比处于被动平衡时所受的土压力要小得多。

第四节　库仑土压力理论

朗肯土压力适用于墙背竖直光滑的简单情况，但在工程中，墙背往往是倾斜而粗糙的，这时就需要用库仑土压力理论计算土压力了。

库仑土压力理论是库仑在1773年提出的计算土压力的一种经典理论。它是根据墙后土体所形成的滑动楔体的静力平衡条件建立的土压力计算方法。由于它具有计算较简便，能适用于各种复杂情况且计算结果比较接近实际等优点，因而至今仍得到广泛应用。我国的土建类规范大多都规定，挡土墙、桥梁墩台所承受的土压力，按库仑土压力理论计算。

一、基本假设

库仑土压力理论的基本假设是挡土墙为刚性的，墙后填土为无黏性砂土，当墙身向前或向后偏移时，墙后滑动楔体是沿着墙背和一个通过墙踵的平面发生滑动；滑动楔体也视为刚体。

朗肯土压力理论是由应力的极限平衡条件来求解的；而库仑土压力理论是从挡土结构后填土中的滑动土楔处于极限状态时的静力平衡条件出发，求解主动或被动土压力的。应用库仑理论可以计算无黏性土在各种情况时的土压力，如墙背倾斜、填土面也倾斜、墙背粗糙等情况。

二、主动土压力

如图6-7所示，当墙向前移动或转动而使墙后土体沿某一破裂面 AC 发生破坏时，滑动土楔 ABC 将沿着墙背 AB 和通过墙踵 A 点的滑动面 AC 向下向前滑动，在破坏的瞬间，滑动楔体 ABC 处于主动极限平衡状态。取 ABC 为隔离体，作用在其上的力有三个：

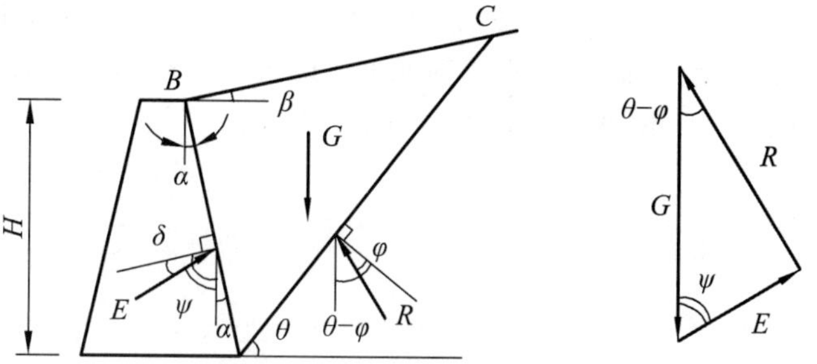

图 6-7　主动土压力计算图

（1）滑动土楔自重 G。只要破裂面 AC 的位置确定，G 的大小就已知（等于滑动土楔 ABC 的面积乘以土的重度），其方向竖直向下。

（2）破裂面 AC 上的反力 R。该力是滑动土楔滑动时，破裂面上的切向摩擦力和法向反力的合力，其大小未知，但其方向是已知的。反力 R 与破裂面 AC 的法线之间的夹角等于土的内摩擦角 φ，并位于该法线的下侧。

（3）墙背对滑动土楔的反力 E。该力是墙背对滑动土楔的切向摩擦力和法向反力的合力。与该力大小相等、方向相反的滑动土楔作用在墙背上的力就是土压力，其方向为已知，大小未知。它与墙背的法线方向成δ角，δ角为墙背与填土之间的摩擦角（又称为外摩擦角）。滑动土体下滑时反力E的作用方向在法线的下侧。

滑动土楔在以上三力作用下处于静力平衡状态，因此必构成一闭合的力矢三角形，如图6-7（b），按正弦定理可得

$$\frac{E}{G}=\frac{\sin(\theta-\varphi)}{\sin\left[180°-(\theta-\varphi+\psi)\right]}=\frac{\sin(\theta-\varphi)}{\sin(\theta-\varphi+\psi)}$$

$$E=G\frac{\sin(\theta-\varphi)}{\sin(\theta-\varphi+\psi)} \tag{6-16}$$

式中　$\psi=90°-\alpha-\delta$；

其余符号如图6-7所示。

上式中滑面AC的倾角θ是未知的。取不同的θ值可绘出不同的滑动面，得出不同的G和E值，因此，E是θ的函数。这里首先分析下面两种极端的情况：

（1）当$\theta=\varphi$时，R与G重合，$E=0$。

（2）当$\theta=90°+\alpha$时，滑动面AC与墙背重合，$E=0$。

因此，上述θ角都不能是真正的滑面倾角。当θ在φ ~ $(90°+\alpha)$之间变化时，墙背上的土压力将由零增至某一极值，然后再由该极值减小到零，这个极值即为作用在墙上的总主动土压力E_a，其相应的AC面即为墙后土体的滑面，θ称为滑面倾角。显然，这样一个θ值是实际存在的。

根据上面的分析，只有产生最大E值的滑动面才是产生库仑主动土压力的滑动面，即总主动土压力达到最大。按微分学求极值的方法，可由式（6-16）按$\mathrm{d}E/\mathrm{d}\theta=0$的条件求得$E$为最大值（即主动土压力$E_a$）时的$\theta$角，相应于此时的$\theta$角即为最危险的滑动破裂面与水平面的夹角。将求极值得到的θ角代入式（6-16），即可得出作用于墙背上的主动土压力合力E_a，整理后其表达式为

$$E_a=\frac{1}{2}\gamma H^2K_a \tag{6-17}$$

其中

$$K_a=\frac{\cos^2(\varphi-\alpha)}{\cos^2\alpha\cdot\cos(\alpha+\delta)\left[1+\sqrt{\dfrac{\sin(\varphi+\delta)\cdot\sin(\varphi-\beta)}{\cos(\alpha+\delta)\cdot\cos(\alpha-\beta)}}\right]^2} \tag{6-18}$$

式中　K_a——库仑主动土压力系数；

γ——填土的重度（kN/m^3）；

φ——填土的内摩擦角（°）；

α——墙背与竖直线之间的夹角（°），以竖直线为准，逆时针方向为正（俯斜），顺时针方向为负（仰斜）；

β——填土表面与水平面之间的夹角（°），水平面以上为正，水平面以下为负；

δ——墙背与填土之间的摩擦角（°），其值可由试验确定，无试验资料时，一般取为$\left(\frac{1}{3}-\frac{2}{3}\right)\varphi$，也可参考表6-4中数值。

表 6-4　土与挡土墙墙背的摩擦角 δ

挡土墙情况	摩擦角 δ
墙背平滑、排水不良	$(0\sim0.33)\varphi$
墙背粗糙、排水良好	$(0.33\sim0.5)\varphi$
墙背很粗糙、排水良好	$(0.5\sim0.67)\varphi$
墙背与填土间不可能滑动	$(0.67\sim1.0)\varphi$

由式（6-18）可看出，随着土的内摩擦角 φ 和墙背外摩擦角 δ 的增加以及墙背倾角 α 和填土面坡角 β 的减小，K_a 值相应减小，主动土压力随之减小。因此，在工程中注意压实填料，提高内摩擦角 φ 值和注意填土排水通畅，增大外摩擦角 δ，都将对减小作用在挡土墙上的主动土压力有积极作用。

当填土面水平，填背直立和光滑（$\beta=0$，$\alpha=0$，$\delta=0$）时，库仑主动土压力公式化简后与朗肯主动土压力公式完全相同，说明朗肯土压力理论是库仑土压力理论的一个特例。在特定条件下，两种土压力理论所得结果一致。

由式（6-17）可知，主动土压力与墙高的平方成正比，为求得距墙顶任意深度 z 处的主动土压力强度 σ_a，可将 E_a 对 z 取导数而得，即

$$\sigma_a=\frac{dE_a}{dz}=\frac{d\left(\frac{1}{2}\gamma z^2K_a\right)}{dz}=\gamma zK_a \tag{6-19}$$

由上式可知，主动土压力强度沿墙高呈三角形分布，主动土压力的作用点在离墙底 $H/3$ 处，方向与墙背法线的夹角为外摩擦角 δ。

三、被动土压力

当墙在外力作用下向后推挤填土，直至土体沿某一破裂面 AC 破坏时，滑动土楔 ABC 沿墙背 AB 和滑动面 AC 向上滑动（图 6-8）。在破坏的瞬间，滑动土楔体 ABC 处于被动极限平衡状态。取 ABC 为隔离体，考虑其上作用的力和静力平衡，按前述库仑主动土压力公式推导思路，采用类似方法可得库仑被动土压力公式。但要注意的是，作用在滑动土楔上的反力 E 和 R 的方向与求主动土压力时相反，都应位于法线的另一侧。另外，被动土压力与主动土压力不同之处是相应于土压力 E 为最小值时的滑动面才是真正的滑动面，因为这时楔体所受阻力最小，最容易被向上推出。

被动土压力 E_p 的库仑公式为

$$E_p=\frac{1}{2}\gamma H^2K_p \tag{6-20}$$

其中

$$K_p=\frac{\cos^2(\varphi-\alpha)}{\cos^2\alpha\cdot\cos(\alpha-\delta)\left[1-\sqrt{\frac{\sin(\varphi+\delta)\cdot\sin(\varphi+\beta)}{\cos(\alpha-\delta)\cdot\cos(\alpha-\beta)}}\right]^2} \tag{6-21}$$

式中　K_p——库仑被动土压力系数；

其他符号意义同前。

显然K_p也与α、β、δ、φ有关。

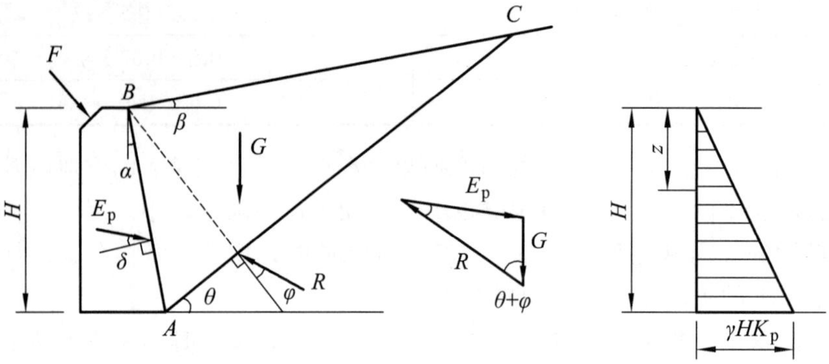

图 6-8　库仑被动土压力计算

在墙背直立、光滑、填土面水平情况时，库仑被动土压力公式与朗肯被动土压力公式相同。被动土压力强度可按下式计算：

$$\sigma_p=\frac{dE_p}{dz}=\frac{d\left(\frac{1}{2}\gamma z^2K_p\right)}{dz}=\gamma zK_p \tag{6-22}$$

由上式可知，被动土压力强度沿墙高呈三角形分布。被动土压力的作用点在离墙底$H/3$处，方向与墙背法线的夹角为δ。

上述关于库仑土压力的主动最大、被动最小的概念，也被称为库仑的最大和最小原理。在分析时要与主动土压力是三种压力中的最小土压力，被动土压力是三种土压力中的最大土压力的概念相区别。本节最大、最小原理是在同一种形态中用来确定滑动面位置的。而三种压力中主动最小、被动最大则是挡土墙在不同变形状态时各种土压力大小的比较。

四、部分高度范围的土压力及力的分解

按式（6-17）、式（6-19）计算的主动土压力都是指挡土结构由顶面算起全部高度范围内的土压力。若要计算其中某一部分高度范围内的土压力时，可按下述方法进行，如要计算图 6-9（a）中的CD段：

首先按公式（6-19）计算要求范围内的土压力强度：

C点土压力强度　　　　$\sigma_{a1}=\gamma h'K_a$

D点土压力强度　　　　$\sigma_{a2}=\gamma(h'+h)K_a$

然后再求压力强度图形的面积，得总的主动土压力

$$E_a=\frac{1}{2}\gamma h(h+2h')K_a \tag{6-23}$$

最后求压力强度图的形心（按力学中梯形图形心公式）即为着力点的位置，其到底边的垂直距离为

$$z_{\mathrm{x}}=\frac{\sum E\cdot y}{\sum E}=\frac{h}{3}\cdot\frac{\sigma_{\mathrm{a}2}+2\sigma_{\mathrm{a}1}}{\sigma_{\mathrm{a}1}+\sigma_{\mathrm{a}2}}=\frac{h}{3}\cdot\frac{h+3h'}{h+2h} \tag{6-24}$$

式中　h'——地面至计算部分顶面的高度（m）；

　　　h——计算部分的有效高度（m）。

为了在检算挡土结构时便于应用，常将主动土压力 E_{a} 分解为水平分力 E_x 和竖直分力 E_y，图 6-9（b）所示为三种常见墙背形式（填土面均水平）。

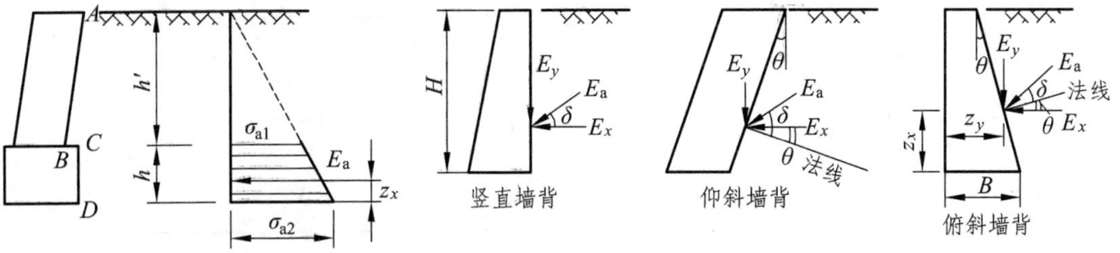

（a）部分高度范围内的土压力　　　　（b）不同墙背形式力的分解

图 6-9　部分高度范围内的土压力及其力的分解

$$\text{当墙背仰斜时}\quad\left.\begin{aligned}E_x&=E_{\mathrm{a}}\cos(\delta-\theta)\\E_y&=E_{\mathrm{a}}\sin(\delta-\theta)=E_x\tan(\delta-\theta)\end{aligned}\right\} \tag{6-25}$$

$$\text{当墙背俯斜时}\quad\left.\begin{aligned}E_x&=E_{\mathrm{a}}\cos(\delta+\theta)\\E_y&=E_{\mathrm{a}}\sin(\delta+\theta)=E_x\tan(\delta+\theta)\end{aligned}\right\} \tag{6-26}$$

$$\text{当墙背竖直时}\quad\left.\begin{aligned}E_x&=E_{\mathrm{a}}\cos\delta\\E_y&=E_{\mathrm{a}}\sin\delta=E_x\tan\delta\end{aligned}\right\} \tag{6-27}$$

第五节　常见情况下土压力的计算

一、用朗肯理论计算几种常见情况的土压力

工程中经常遇到填土面有超载、墙后分层填土、填土中有地下水的情况，当挡土墙满足朗肯土压力简单界面条件时，仍可应用朗肯理论计算挡土墙的土压力。

1. 填土面有满布超载

当挡土墙后填土面有连续均布超载 q 作用时，通常土压力的计算方法是将均布荷载换算成作用在地面上的当量土厚（其重度 γ 与填土重度相同）；即设想一厚度为 h 的土层，其产生的荷载为 q 作用在填土面上，然后计算填土面处和墙底处的土压力。以无黏性土为例，其当量土层厚度：

$$h = \frac{q}{\gamma} \tag{6-28}$$

填土面处的主动土压力：$\sigma_{a1} = \gamma h K_a = qK_a$　　(6-29)

挡土墙墙底处土压力：$\sigma_{a2} = \gamma h K_a + \gamma H K_a = (q + \gamma H) K_a$　　(6-30)

压力分布如图 6-10（a）所示。实际的土压力分布是梯形 $ABCD$ 部分，土压力方向水平，作用点位置在梯形的形心。

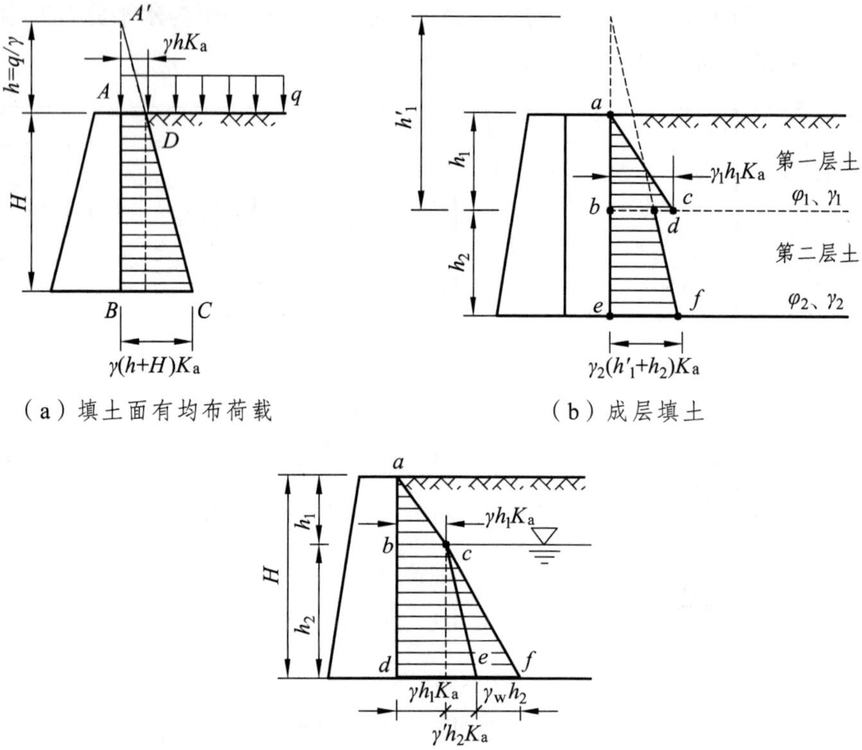

（a）填土面有均布荷载

（b）成层填土

（c）填土中有地下水

图 6-10　常见情况下的朗肯土压力

2. 分层填土

填土由不同性质的土分层填筑时，如图 6-10（b），上层土按均匀的土质指标计算土压力。计算第二层土的土压力时，将上层土视为作用在第二层土上的均布荷载，换算成第二层土的性质指标的当量土层，然后按第二层土的指标计算土压力，但只在第二层土层厚度范围内有效。

由于两种土的内摩擦角不同，因此土压力系数也不相同，所以在土层的分界面上，计算出的土压力强度有两个数值。其中一个代表第一层底面的压力强度，而另一个则代表第二层顶面的压力强度。计算第一、第二层土的土压力强度时，应按各自土层的性质指标 c、φ 分别计算其土压力强度 σ_a，从而计算出各层土的土压力。多层土时计算方法相同。

3. 填土中有地下水

挡墙后填土中常因渗水或排水不畅而存在地下水。地下水的存在会影响填土的物理力学性质，从而影响土压力的大小。一般来说，地下水使填土含水率增加，抗剪强度指标降低，土压力变化，此外还需考虑水压力作用产生的侧向压力。

在地下水位以上的土压力仍按土的原来指标计算。在地下水以下土的重度取浮重度，抗剪强度指标若无专门测定，则仍用原来的 c、φ。此外由于地下水的存在，将有静水压力作用在墙背上，静水压力从地下水面起算。这样挡土墙所受的总侧压力为土压力和水压力之和，土压力和水压力的合力分别为各自分布图形的面积，它们的合力各自通过其分布图形的形心，方向水平，如图 6-10（c）。

【例题 6-2】某挡土墙墙高 7 m，墙背垂直光滑，填土顶面水平并与墙顶齐高。填土为黏性土，主要物理力学指标为：$\gamma=19\ \text{kN/m}^3$，$\varphi=18°$，$c=10\ \text{kPa}$。在填土表面上作用有连续均布超载 $q=15\ \text{kPa}$。求主动土压力并绘制土压力强度分布图。

【解】根据题意可知，本题符合朗肯理论的适用条件，可用朗肯理论计算。

填土表面处的主动土压力强度 σ_a：

$$\sigma_a=(\gamma z+q)\cdot\tan^2\left(45°-\frac{\varphi}{2}\right)-2c\cdot\tan\left(45°-\frac{\varphi}{2}\right)$$

$$=(19\times0+15)\cdot\tan^2\left(45°-\frac{18°}{2}\right)-2\times10\times\tan\left(45°-\frac{18°}{2}\right)$$

$$=-6.6\ \text{kPa}$$

填土顶面处的土压力强度为负，存在临界深度。

临界深度 z_0 可从 $\sigma_a=0$ 求出，即

$$\sigma_a=(\gamma z_0+q)\cdot\tan^2\left(45°-\frac{\varphi}{2}\right)-2c\cdot\tan\left(45°-\frac{\varphi}{2}\right)=0$$

求得
$$z_0=\frac{2c}{\gamma\sqrt{K_a}}-\frac{q}{\gamma}=\frac{2\times10}{19\times\sqrt{0.528}}-\frac{15}{19}=0.66\ \text{m}$$

墙底处土压力强度：

$$\sigma_a=(\gamma H+q)\cdot\tan^2\left(45°-\frac{\varphi}{2}\right)-2c\cdot\tan\left(45°-\frac{\varphi}{2}\right)$$

$$=(19\times7+15)\times0.528-2\times10\times\sqrt{0.528}$$

$$=63.6\ \text{kPa}$$

土压力强度分布图形如图 6-11 所示。

主动土压力 E_a 为土压力强度分布图形中阴影部分的面积，即

$$E_a=\frac{1}{2}(7-0.66)\times63.6=201.6\ \text{kN/m}$$

合力作用点距墙底距离为 $z_x=\frac{1}{3}(7-0.66)=2.11\,\text{m}$

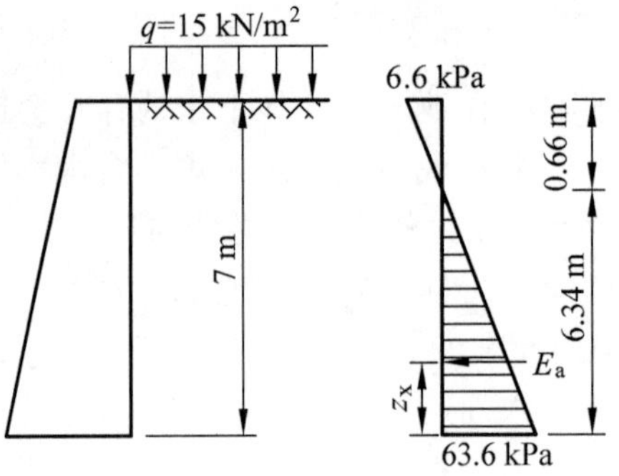

图 6-11　例题 6-2 图

朗肯土压力理论的应用教学案例（一）

【**例题 6-3**】某挡土墙墙高 6 m，墙背竖直光滑，墙后填土面水平，墙后填土为两层砂土，其物理力学性质如表 6-5。试求挡土墙所受的主动土压力并绘出土压力强度的分布图。

表 6-5　例题 6-3 表

层　序	层　厚	物理力学性质指标
第一层	3 m	$\gamma_1=17.0\ \text{kN/m}^3$，$\varphi_1=30°$
第二层	3 m	$\gamma_2=19.0\ \text{kN/m}^3$，$\varphi_2=27°$

【**解**】查表 6-3 确定朗肯土压力系数 $\varphi_1=30°$，$K_{a1}=0.333$；$\varphi_2=27°$，$K_{a2}=0.376$。

第一层砂土底面土压力强度：$\sigma_{a1}=\gamma_1 h_1\cdot K_{a1}=17\times3\times0.333=17.0\ \text{kPa}$

第二层砂土顶面土压力强度：$\sigma_{a2}=\gamma_1 h_1\cdot K_{a2}=17\times3\times0.376=19.2\ \text{kPa}$

第二层砂土底面土压力强度：

$$\sigma_{a3}=(\gamma_1 h_1+\gamma_2 h_2)\cdot K_{a2}=(17\times3+19\times3)\times0.376=40.6\ \text{kPa}$$

挡土墙所受压力如图 6-12。

总土压力为压强图的面积：

$$E_a=\frac{1}{2}\times17\times3+\frac{1}{2}(19.2+40.6)\times3=115\ \text{kN/m}$$

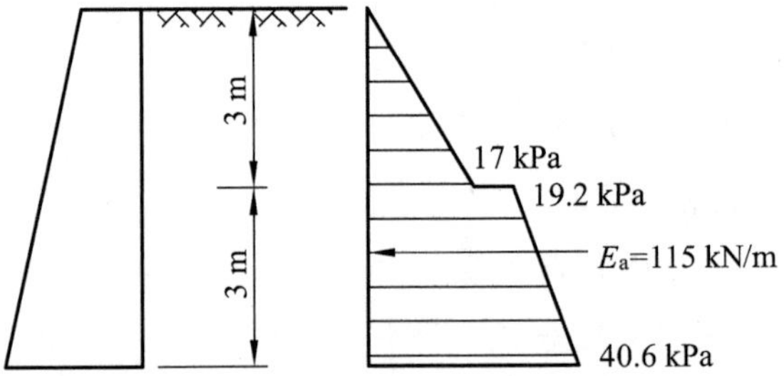

图 6-12　例题 6-3 土压力强度图

【**例题 6-4**】如图 6-13 所示的挡土墙，墙后填土因排水不良，地下水位在墙底以上 2 m，填料为砂土，重度 $\gamma_1=18.0\ \text{kN/m}^3$，饱和重度 $\gamma_{sat}=20.0\ \text{kN/m}^3$，内摩擦角 $\varphi_1=30°$（假定其值在水位以下不变）。求挡土墙所受的主动土压力。

【**解**】墙后填土有地下水时，地下水位以上部分按常规方法计算，土压力强度不受地下水影响，但地下水位以下的填土需考虑地下水对填土重度的影响，透水土用浮重度。

朗肯土压力理论的应用教学案例（二）

在墙顶处：$\sigma_a=0$

在墙顶下 4 m 处：

$$\sigma_a=\gamma z\cdot\tan^2\left(45°-\frac{\varphi}{2}\right)=18\times4\times\tan^2\left(45°-\frac{30°}{2}\right)=24\text{ kPa}$$

在墙底处：

$$\sigma_a=(\gamma h_1+\gamma' h_2)\cdot\tan^2\left(45°-\frac{\varphi}{2}\right)=(18\times4+10\times2)\times\tan^2\left(45°-\frac{30°}{2}\right)=30.7\text{ kPa}$$

主动土压力合力 E_a 为土压力强度分布图面积：

$$E_a=\frac{1}{2}\times4\times24+\frac{1}{2}\times2\times(24+30.7)=103\text{ kN/m}$$

作用在墙背上的水压力呈三角形分布，墙底处水压力：

$$\sigma_w=\gamma_w\cdot h_w=20\text{ kPa}$$

合力为三角形的面积：

$$E_w=\frac{1}{2}\times20\times2=20\text{ kN/m}$$

作用在墙上的总侧压力为土压力与水压力之和，即

$$E=E_a+E_w=103+20=123\text{ kN/m}$$

【讨论】若此挡土墙后没有地下水，则作用在墙底处的土压力强度：

$$\sigma_a=\gamma h\cdot\tan^2\left(45°-\frac{\varphi}{2}\right)=18\times6\times\tan^2\left(45°-\frac{30°}{2}\right)=36\text{ kPa}$$

墙背所受的主动土压力为

$$E_a=\frac{1}{2}\times36\times6=108\text{ kN/m}$$

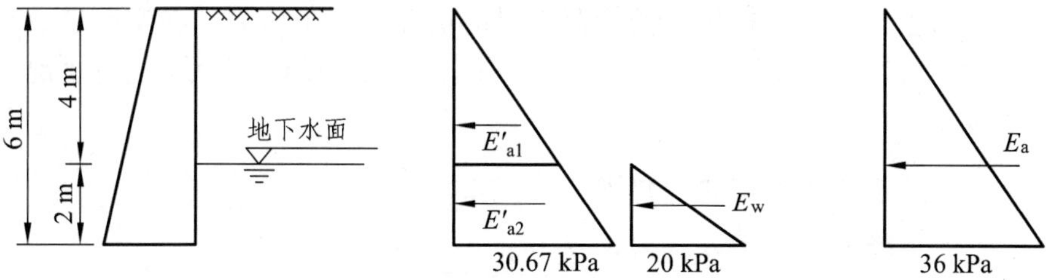

存在地下水位土压力强度图　　无地下水位土压力强度图

图 6-13　例题 6-4 图

比较墙后存在地下水与无地下水两种情况，可以看出：当墙后存在地下水时，土压力部分将减小，但存在水压力，水位越高，水压力也越大；土压力与水压力共同作

用于挡土墙，侧压力大于无地下水时侧压力。所以，挡土墙后应做好排水工作，减小挡土墙所受的侧压力。

二、用库仑理论计算几种特殊情况的土压力

工程上有时会遇到挡土墙并非直立、光滑、填土面水平，并且荷载条件或边界条件较为复杂的情况，这时可以采用一些近似处理办法进行分析计算。

1. 填土面有连续均布荷载

当挡土墙后填土面有连续均布荷载 q 作用时，通常土压力的计算方法是将均布荷载换算成当量的土重，即用假想的土重代替均布荷载。

当填土面和墙背面倾斜，填土面作用连续均布荷载 q 时，如图 6-14，当量土层厚度 $h=\dfrac{q}{\gamma}$，假想的填土面与墙背 AB 的延长线交于 A' 点，故以 $A'B$ 为假想墙背计算主动土压力。但由于填土面和墙背面倾斜，假想的墙高应为 $h'+H$，根据 $\triangle A'AE$ 的几何关系可得

$$h'=h\frac{\cos\beta\cdot\cos\alpha}{\cos(\alpha-\beta)} \tag{6-31}$$

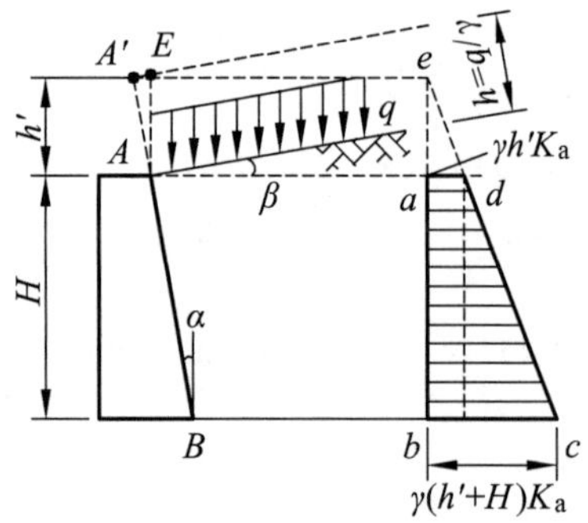

图 6-14　填土面连续均布荷载

然后，以 $A'B$ 为墙背，按填土面无荷载时的情况计算土压力。在实际考虑墙背土压力的分布时，只计墙背高度范围，不计墙顶以上 $A'A$ 范围的土压力。这种情况下主动土压力计算如下：

$$\text{墙顶土压力}\ \sigma_a=\gamma h'K_a \tag{6-32}$$

$$\text{墙底土压力}\ \sigma_a=\gamma(h'+H)K_a \tag{6-33}$$

实际墙 AB 上的土压力合力即为 H 高度上压力图的面积，即

$$E_a=\gamma H\left(\frac{1}{2}H+h'\right)K_a$$

作用位置在梯形面积形心处，与墙背法线成 δ 角。

2. 成层填土

当墙后填土分层，且具有不同的物理力学性质时，常用近似方法分层计算土压力。

如图 6-15，假设各层土的填土面与填土表面平行，计算方法如下：先将墙后土面上荷载 q 按式（6-31）转变成墙高 h'（其中 $h=q/\gamma$），然后自上而下计算土压力。求算下层土压力时，可将上层土的重量当作均布荷载对待进行计算。

第一层土顶面处：$\sigma_a=\gamma h' K_{a1}$ （6-34）

第一层底面处：$\sigma_a=\gamma(h'+H_1)K_{a1}$ （6-35）

在计算第二层土时，需要将 $\gamma(h'+H_1)$ 的土重当作作用在该层土上的荷载，按式（6-36）换算成当量土层的高度 h_1，即

$$h_1=\frac{\gamma_1(h'+H_1)}{\gamma_2}\frac{\cos\alpha\cdot\cos\beta}{\cos(\alpha-\beta)} \tag{6-36}$$

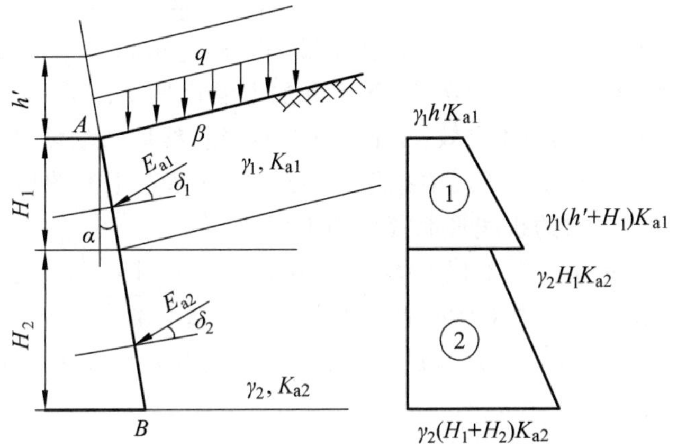

图 6-15　分层填土的主动土压力

故第二层土顶面处土压力强度：$\sigma_a=\gamma_2 H_1 K_{a2}$ （6-37）

第二层土底面处土压力强度：$\sigma_a=\gamma_2(H_1+H_2)\cdot K_{a2}$ （6-38）

每层土的土压力合力 E_{ai} 的大小等于该层压力分布图的面积，作用点在各层压力图的形心位置，方向与墙背法线成 δ 角。

在计算分层土的土压力时，也可将各层土的重度和内摩擦角按土层厚度加权平均，然后近似地把它们当作均质土求土压力系数计算土压力。

3. 折线形墙背的土压力

为了适应山区地形的特点和工程的需要，常采用折线形墙背的挡土墙。对于这类挡墙，工程中常以墙背的转折点为界，把墙分为上墙与下墙两部分，如图 6-16 所示。由于库仑土压力是以直线形墙背出发进行推导的，故当墙背有转折点时，不能直接利用库仑公式进行全墙土压力的计算。这时，要将上墙和下墙当作独立的墙背，分别进行计算。

上墙作为独立的墙背计算其土压力时，可以不考虑下墙的存在，按 AB 段墙背的倾

角和填土表面的倾角计算 AB 段沿墙高的主动土压力强度分布图形，如图 6-16（b）中 abc 所示。如墙背外摩擦角 $\delta_1>0$，则土压力方向与墙背 AB 的法线成 δ_1 角。

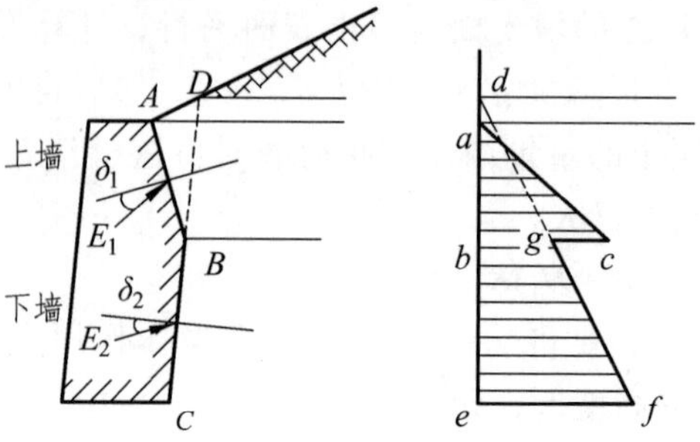

（a）　　　　　　　　（b）

图 6-16　折线形墙背的土压力

下墙土压力的计算目前工程中常采用延长墙背法，即将下墙墙背 CB 延长到填土表面 D，把 CBD 看作一个假想的墙背，按下墙墙背倾斜角和填土表面倾角求出沿墙高 DC 的主动土压力强度分布图形 def。由于实际的上墙背是 BA 而不是 BD，土压力强度分布图形 def 就只对下墙 BC 才有效，因此，在计算沿折线墙背全墙高的主动土压力时，应从上述两个土压力强度分布图形中扣除 $\triangle bdg$，而保留下来的图形 abc 和 $befg$ 之和，即图形 $abefgc$ 就是所要求的折线形墙背上的土压力。

延长墙背法计算简便，在工程上得到了较为广泛的应用。但是由于这种方法所延长的墙背 BD 处在填土中，并非真正的墙背，从而引起了由于忽视土楔体 ABD 的作用所带来的误差。所以，当折线形墙背的上、下部分墙背倾斜角相差较大（大于 10°）时，应按有关方法进行校正。

4. 黏性填土

库仑土压力理论适用于非黏性土，但在工程实践中的多数情况下，土体中总具有或多或少的黏聚力，为了使库仑理论也适用于黏性土，往往采用等值内摩擦角的方法。所谓等值内摩擦角就是将黏聚力 c 折算成内摩擦角，经折算后的内摩擦角称为等值内摩擦角，以 φ_D 表示。这里仅介绍几种常用的换算方法。

（1）半经验数据法：不管黏聚力的大小，φ_D 都按 30° ~ 35°考虑，地下水位以下 φ_D 都按 25° ~ 30°考虑。这种方法简便，墙高用小值，墙低用大值。

（2）根据土的抗剪强度相等的原理计算 φ_D 值，如图 6-17 所示。

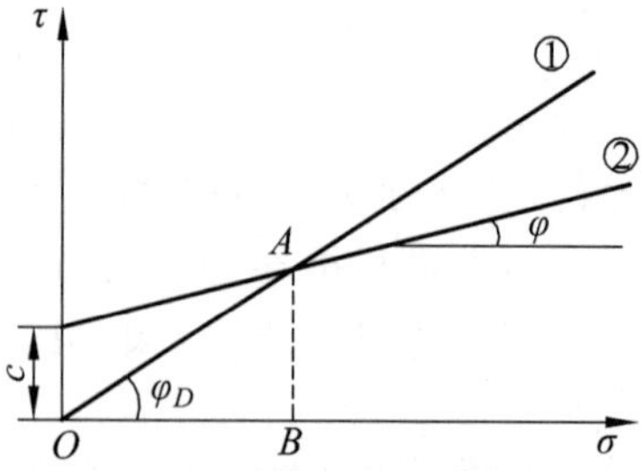

图 6-17　等值内摩擦角原理

假设黏性土的抗剪强度与砂性土抗剪强度在某深度处相等：

黏性土：$\tau_f = \sigma \tan\varphi + c = \gamma H \tan\varphi + c$

砂性土：$\tau_f = \sigma \tan\varphi_D = \gamma H \tan\varphi_D$

因为 $\gamma H \tan\varphi + c = \gamma H \tan\varphi_D$

所以 $$\varphi_D = \arctan\left(\tan\varphi + \frac{c}{\gamma H}\right) \tag{6-39}$$

（3）根据两种土土压力相等的原理计算 φ_D。

$$\frac{1}{2}\gamma H^2 \tan^2\left(45° - \frac{\varphi}{2}\right) - 2cH\tan\left(45° - \frac{\varphi}{2}\right) + \frac{2c^2}{\gamma} = \frac{1}{2}\gamma H^2 \tan^2\left(45° - \frac{\varphi_D}{2}\right)$$

$$\tan\left(45° - \frac{\varphi_D}{2}\right) = \tan\left(45° - \frac{\varphi}{2}\right) - \frac{2c}{\gamma H} \tag{6-40}$$

求得 φ_D 后就可按库仑公式计算黏性填土的主动土压力。

一般来说，按经验确定 φ_D 值的方法在使用中较为方便。但以某一 φ_D 值代替黏性土求得的土压力，仅与某一墙高的土压力相符合。从图 6-17 中可以看出，根据一定墙高 H 换算的内摩擦角 φ_D 求得的土压力进行设计，对低于此 H 高度的挡土墙则过于保守，而对高于此 H 高度的挡土墙则不安全。因此要选取与黏性土真实情况相适应的 φ_D 值来计算黏性土的侧压力是比较困难的，所以只有在工程实践中去逐步充实完善。

【例题 6-5】某挡土墙，如图 6-18，墙高 $H = 6\ \text{m}$，填土水平，墙背垂直光滑，墙顶作用有连续均布荷载 $q = 30\ \text{kPa}$。墙后填两种不同土：第一层填土厚度 $h_1 = 4\ \text{m}$，重度 $\gamma_1 = 18.0\ \text{kN/m}^3$，内摩擦角 $\varphi_1 = 20°$，黏聚力 $c_1 = 15.0\ \text{kPa}$；第二层填土厚度 $h_2 = 2\ \text{m}$，重度 $\gamma_2 = 20.0\ \text{kN/m}^3$，内摩擦角 $\varphi_2 = 25°$，黏聚力 $c_2 = 18.0\ \text{kPa}$。试求主动土压力值，并确定土压力的作用点和作用方向。

【解】挡土墙后填土水平，墙背垂直光滑，满足朗肯理论的适用条件。

$$\varphi_1 = 20°,\ K_{a1} = 0.490;\ \varphi_2 = 25°,\ K_{a2} = 0.406$$

填土表面处主动土压力强度：

$$\sigma_a = qK_{a1} - 2c_1\sqrt{K_{a1}} = -6.3\ \text{kPa}$$

由于主动土压力强度为负值，存在临界深度 z_0，根据

$$\sigma_a = (q + \gamma_1 z_0)K_{a1} - 2c_1\sqrt{K_{a1}} = 0$$

求得 $z_0 = 0.71\ \text{m}$

第一层填土底面处主动土压力强度：

$$\sigma_a = (q + \gamma_1 h_1)K_{a1} - 2c_1\sqrt{K_{a1}} = 29\ \text{kPa}$$

第二层填土顶面处主动土压力强度：

$$\sigma_a = (q + \gamma_1 h_1)K_{a2} - 2c_2\sqrt{K_{a2}} = 18.5\ \text{kPa}$$

第二层填土底面处主动土压力强度：

$$\sigma_a = (q+\gamma_1 h_1+\gamma_2 h_2)K_{a2} - 2c_2\sqrt{K_{a2}} = 34.7\ \text{kPa}$$

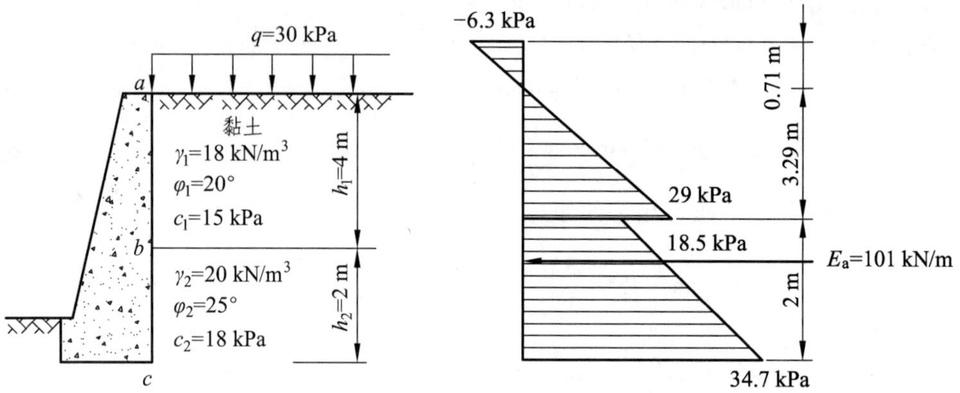

图 6-18　例题 6-5 图

单位墙长所受的总主动土压力：

$$E_a = \frac{1}{2}\times 3.29\times 29+\frac{1}{2}\times(18.5+34.7)\times 2 = 101\ \text{kN/m}$$

作用点位置：

$$z_x = \frac{\frac{1}{2}\times 29\times 3.29\times\left(2+\frac{3.29}{3}\right)+18.5\times 2\times 1+\frac{1}{2}\times(34.7-18.5)\times 2\times\frac{2}{3}}{101}=1.94\ \text{m}$$

本章小结

土压力是挡土结构物背后填土对结构物所产生的侧向推力，按产生条件的不同分为主动土压力、被动土压力和静止土压力。

朗肯理论的适用条件是墙为刚体、墙背竖直光滑、填土面为平面，可计算墙后土体处于极限平衡状态时所产生的主动、被动土压力。

库仑理论的适用条件是墙后填土为砂土，墙后土体处于极限平衡状态时，根据静力平衡条件计算主动、被动土压力。

墙后分层填土、墙顶有分布荷载时用当量土层厚度换算的方法计算土压力。墙后有地下水时，透水土采用水土分算的方法分别计算土压力和水压力；不透水土采用水土合算的方法计算土压力，不计水压力。

复习思考题

6-1　静止土压力、主动土压力、被动土压力三者产生的条件有何不同？试举出实例。

6-2　朗肯土压力理论与库仑土压力理论的适用条件有何不同？

6-3　填土表面有荷载作用时，要计算土压力，需将荷载进行当量换算，什么是当量换算？

6-4　填土中有地下水时，透水土与不透水土计算方法有何不同？

6-5　什么是等值内摩擦角？常用的换算方法有哪几种？

习　题

6-1　某挡土墙高 $H=5\text{ m}$，墙背竖直光滑，墙后填砂性土，地表面水平，填土重度 $\gamma=18\text{ kN/m}^3$，内摩擦角 $\varphi=40°$，黏聚力 $c=0$，填土与墙背间的摩擦角 $\delta=0$。试分别计算静止土压力 E_0、主动土压力 E_a 和被动土压力 E_p 单位长度上的大小及作用方向。

6-2　如图 6-19 所示的 4 种挡土墙，已知 $H=5\text{ m}$，$\gamma=19\text{ kN/m}^3$，$\varphi=40°$，$\delta=\dfrac{\varphi}{2}$。试求作用于墙背上的主动土压力 E_a 的大小、方向和作用点，同时计算 E_x、E_y、K_a，最后列表比较 4 种挡土墙的 E_a、E_x、E_y、K_a 值，并分析其原因。

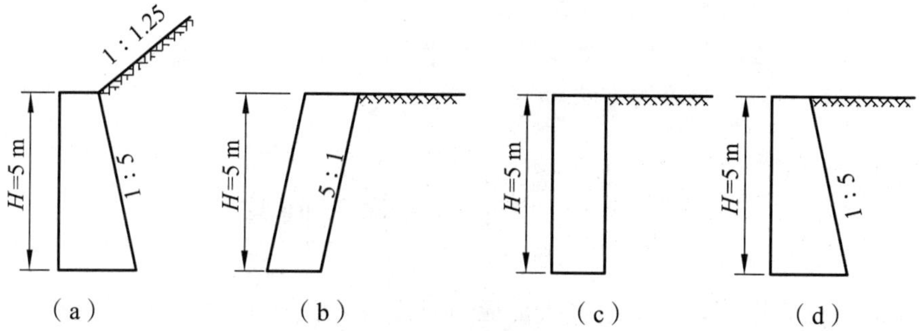

图 6-19　习题 6-2 图

6-3　挡土墙高 $H=6\text{ m}$，填土水平，墙背垂直光滑，墙顶作用有连续均布荷载 $q=15\text{ kPa}$。墙后填两种不同土：第一层填土厚度 $h_1=4\text{ m}$，重度 $\gamma_1=18.6\text{ kN/m}^3$，内摩擦角 $\varphi_1=24°$，黏聚力 $c_1=12.0\text{ kPa}$；第二层填土厚度为 $h_2=2\text{ m}$，重度 $\gamma_2=19.5\text{ kN/m}^3$，内摩擦角 $\varphi_2=20°$，黏聚力 $c_2=8.0\text{ kPa}$。试求主动土压力值，并确定土压力的作用点和作用方向。

第七章
天然地基承载力与地基强度检算

本章知识要点

（1）理解地基承载力的概念，描述地基的破坏变形阶段。
（2）掌握地基破坏的形态。
（3）了解理论公式确定地基承载力的方法。
（4）掌握“规范法”以确定地基容许承载力。
（5）掌握地基强度检算的方法。

第一节　地基承载力简介

地基承受建筑物荷载作用后，内部应力发生变化。一方面，在附加应力作用下地基产生变形，造成建筑物沉降。另一方面，附加应力引起地基内土体的剪应力增加，当某一点的剪应力达到土的抗剪强度时，这一点的土就处于极限平衡状态。若土体中某一区域内各点都达到极限平衡状态，就形成极限平衡区，或称为塑性区。如果荷载继续增大，地基内极限平衡区的发展范围会不断扩大，局部的塑性区发展成为连续贯穿的滑动面。这时，基础下一部分土体将沿滑动面产生滑动，称为地基失去稳定。如果这种情况发生，建筑物将发生严重的塌陷、倾倒等灾害性的破坏。

地基承受荷载的能力称为地基承载力。承载力通常分为两种：一种称为地基极限承载力，它是指地基即将丧失稳定性时的承载力；另一种称为地基容许承载力，它是指在保证地基稳定和建筑物沉降量不超过容许值的条件下，地基单位面积所能承受的最大压力。地基承载力与通常所说的材料的“容许强度”或构件的“承载力”的概念有很大的区别。

影响地基极限承载力的因素很多，除地基土的性质外，还与基础的埋置深度、宽度、形状有关。容许承载力则还与建筑物的结构特性等因素有关。具体如下：

（1）地基土的堆积年代。地基土的成岩过程是和堆积年代密切相关的。在天然状态下，地基土的堆积年代愈久，成岩作用程度愈高，其承载力也愈大；反之，则较小。

（2）地基土的成因。不同成因的土具有不同的承载力。对同一类土，一般地说冲积、洪积成因的土承载力要比坡积、残积成因的土大一些。

（3）土的物理力学性质。地基土的物理力学性质指标是影响承载力高低的直接因素。不同物理力学性质的土，具有不同的承载能力。

（4）地下水。土的重度大小对承载力有一定的影响，当土受到地下水的浮托作用时，土的重度就要减小，承载力也就降低。

（5）建筑物性质。建筑物的结构形式、整体刚度以及使用要求不同，对容许沉降的要求也不同，因而对承载力的选取也应有所不同。

（6）建筑物基础。基础尺寸及埋深大小对承载力也有影响。

在基础设计中，要求地基压应力的计算值不超过地基容许承载力。地基容许承载力的确定，一般可通过如下三种途径：利用现场载荷试验成果；利用理论公式；按规范方法。

第二节　现场载荷试验确定地基容许承载力

一、地基土的变形阶段

地基从开始发生变形到失去稳定（即破坏）的发展过程，可利用现场载荷试验来说明（关于现场载荷试验，第四章中已作了介绍，这里不再赘述）。图 7-1（a）表示由载荷试验测得的 p-s 曲线。典型的 p-s 曲线可按发生顺序分为压密阶段（oa）、局部剪切变形阶段（ab）和整体剪切破坏阶（b 以后）。

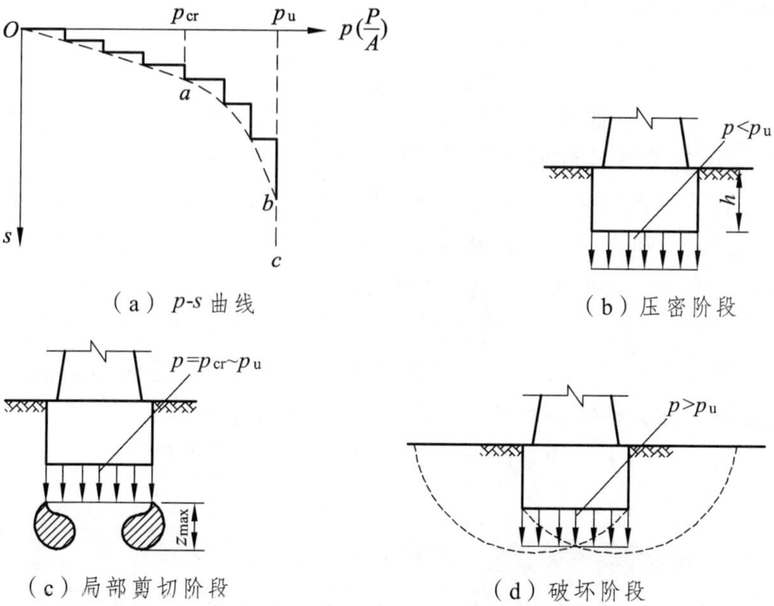

（a）p-s 曲线　（b）压密阶段

（c）局部剪切阶段　（d）破坏阶段

图 7-1　p-s 曲线与地基变形三阶段

1. 压密阶段

该阶段相应于 p-s 曲线上的 oa 段，近于直线关系。此阶段地基中各点的剪应力均小于地基土的抗剪强度，地基土处于弹性平衡状态，如图 7-1（b）所示。基础沉降的主要原因是土颗粒互相挤密、孔隙减小，地基土产生压缩变形。

2. 局部剪切阶段

该阶段相应于 p-s 曲线上的 ab 段。在此阶段，变形的增加率随荷载的增加而增大，p-s 曲线向下弯曲。其原因是在地基土中的局部区域内，发生剪切变形，如图 7-1（c）所示。这些区域称为塑性变形区。随着荷载的增加，地基土中塑性变形区的范围逐渐增大。

3. 破坏阶段

该阶段相应于 p-s 曲线上的 bc 段。当荷载增加到某一极限时，地基变形突然增大，说明地基土中的塑性变形区已形成了与地面贯通的连续滑动面，如图 7-3（d）所示，地基土向基础一侧或两侧挤出，地面隆起，地基整体失稳，基础急剧下沉。

p-s 曲线存在两个界限荷载：a 点对应的荷载 p_{cr}，是地基中即将出现塑性变形区的荷载，称为临塑荷载；b 点对应的荷载 p_u 是地基将要发生剪切破坏的荷载，称为极限荷载。

二、地基的破坏形态

地基破坏的形式是多种多样的，根据土的性质、基础的埋深、荷载增加速度等因素而异，大体上可分成三种形态。

1. 整体剪切破坏

整体剪切破坏的 p-s 曲线如图 7-2 曲线 a 所示。当荷载较小时，其荷载沉降曲线基本上为一直线段，属于线性变形阶段，如图 7-2 曲线 a 的 OA 段。当基底压力达到 p_{cr} 时，基底边缘处首先达到极限平衡并开始产生塑性变形。随着荷载的增加，塑性变形区域从边缘处逐步扩大，塑性区以外仍然是弹性区，整个地基处于弹塑性混合状态。同时，随着荷载增加，地基沉降量不断增加，反映在 p-s 曲线上，为一曲线段，如图 7-2 曲线 a 的 AB 段。当基底压力达到某一特定值 p_u 时，基底剪切破坏面与地面连通，形成一弧形滑动面，地基土沿此滑动面从基底一侧或两侧大量挤出，整个地基将失去稳定，发生破坏。这种破坏称为整体剪切破坏。

当地基为密实的砂土、硬黏性土，地基基础埋置深度相对很小，荷载施加缓慢时，常发生整体剪切破坏。

2. 局部剪切破坏

局部剪切破坏是介于整体剪切破坏和冲剪破坏之间的一种破坏形式。随着荷载的增加，剪切破坏区从基础边缘开始，发展到地基内部某一区域[图 7-2（b）中的实线区域]，并不延伸到地面，基础四周地面虽有隆起迹象，但不会出现明显的倾斜和倒塌。相应的 p-s 曲线如图 7-2 中的曲线 b 所示。相应的 p-s 曲线拐点不是很明显，拐点后的沉降增长率较前段大。中等密实的砂土地基常常发生局部剪切破坏。

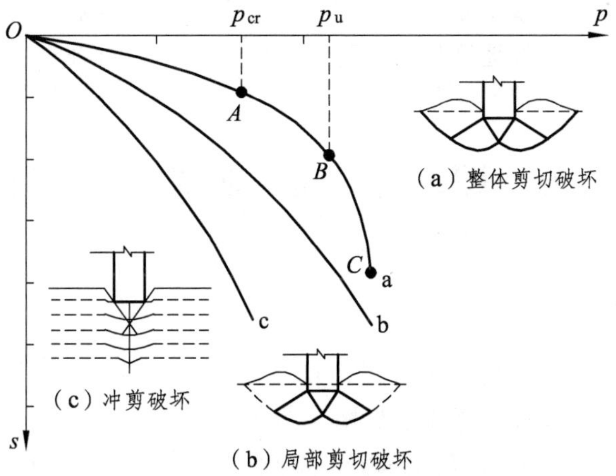

图 7-2　p-s 曲线与地基破坏形态

3. 冲剪破坏

当地基为松砂或软土地基时，不论基础是置于地表或具有一定埋深，随着荷载的增加，基础下面的松砂逐步被压密，而且压密区逐渐向深层扩展，基础也随之切入土中，因此在基础边缘形成的剪切破裂面垂直地向下发展，如图 7-2 中的曲线 c 所示。基底压力很少向四周传播，基础边缘以外的土基本上不受到侧向挤压，地面不会产生隆起现象。冲剪破坏的荷载沉降曲线，对于表面荷载可能还有一小段起始直线段，但在基础有一定埋深时，一开始就是曲线段。曲线梯度随基底压力增大而渐增，当基础荷载沉降曲线的平均下沉梯度接近常数且出现不规则的下沉时的压力可当作极限压力 p_u，随后的曲线将是不光滑的曲线。

利用载荷试验所得的 p-s 曲线来确定地基的容许承载力应注意如下几个方面：

（1）对于密实砂土、一般硬黏土等低压缩性土，其 p-s 曲线通常有较明显的直线段，一般可用直线段末端 A 点所对应的临塑荷载 p_{cr} 作为地基的容许承载力。

（2）对于稍松的砂土、新填土、可塑性黏土等中、高压缩性土，其 p-s 曲线没有明显的直线段和转折点，这种地基上的建筑物，沉降量很大，故用相对沉降量进行控制。一般采用压缩变形量为 $0.02b$ 所对应的荷载 $p_{0.02}$ 作为地基的容许承载力。

（3）对于少数硬黏土，临塑荷载 p_{cr} 接近极限荷载 p_u，可取 p_u/K（K 为安全系数，一般取 $K=2$）作为地基的容许承载力。

但应指出，地基承载力还与基础的形状、底面尺寸、埋置深度等有关，由于载荷试验的承压板尺寸远小于实际地基的底面尺寸，因此，用上述方法确定的地基容许承载力是偏于保守的。

从荷载沉降曲线可知，当整体剪切破坏基底压力达到 p_u 时，其下沉量将比其他两种破坏形态更大。

以上三种破坏状态，除第一种在理论上有较多的研究外，第二种和第三种在理论上不但没有定量的阐述，就是在定性上也研究得不完善。由于建筑物地基很少选择在松砂或其他松散结构的土层上，所以第三种破坏在工程中很少遇到，可不予研究。但第二种破坏状态在天然地基中是常出现的，只是理论工作还未跟上。为建筑设计需要，往往将第二种破坏状态近似地当作第一种破坏状态看待，再补充一些经验修正。

第三节　理论公式确定地基容许承载力

一、临塑荷载

临塑荷载是指地基土中将要而尚未出现塑性变形区时的基底压力。其计算公式可根据土中应力计算的弹性理论和土体极限平衡条件导出。

设地表作用一均布条形荷载 p，如图 7-3 所示，基础埋深为 h，基底以上土的加权平均重度为 γ_2，基底以下深度 z 范围内土的重度为 γ_1。在地表下任一深度点 M 处由条形基础底面附加应力 $p_0=p-\gamma_2 h$ 产生的大、小主应力可按式（7-1）求得：

$$\left.\begin{matrix}\sigma_1\\ \sigma_3\end{matrix}\right\}=\frac{p-\gamma_2 h}{\pi}(2\beta\pm\sin 2\beta) \tag{7-1}$$

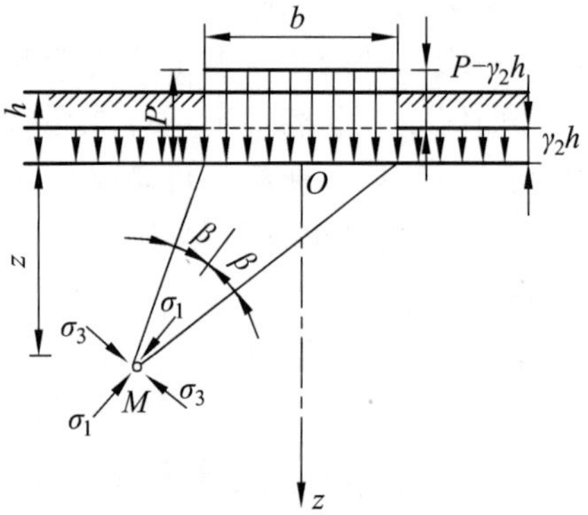

图 7-3　浅埋条形基础临塑荷载的计算图式

此外，由于一般基础都有一定的埋深，此时作用在地基中某点 M 的应力还有地基土的自重应力 $\gamma_2 h+\gamma_1 z$，假定土的自重应力各向相等，则地基中任一点 M 的总大、小主应力可用式（7-2）表示：

$$\left.\begin{matrix}\sigma_1\\ \sigma_3\end{matrix}\right\}=\frac{p-\gamma_2 h}{\pi}(2\beta\pm\sin 2\beta)+\gamma_2 h+\gamma_1 z \tag{7-2}$$

当 M 点处于极限平衡状态时，其大小主应力满足极限平衡条件式（5-4）、式（5-5）或式（5-6），将大小主应力代入并整理可得到塑性区的边界方程：

$$z=\frac{p-\gamma_2 h}{\pi\gamma_1}\left(\frac{\sin 2\beta}{\sin\varphi}-2\beta\right)-\frac{c}{\gamma_1}\cot\varphi-\frac{\gamma_2}{\gamma_1}h \tag{7-3}$$

根据临塑荷载的定义，临塑荷载 p_{cr} 是地基土中将要而尚未出现塑性变形区时的基底压力，因此此时地基中的塑性区的最大深度 $z_{max}=0$。

塑性区的最大深度 z_{max} 可由 $\frac{dz}{d\beta}=0$ 的条件求得。

$$\frac{dz}{d\beta}=\frac{p-\gamma_2 h}{\pi\gamma_1}\left(\frac{\cos 2\beta}{\sin\varphi}-1\right)=0$$

$$\cos 2\beta=\sin\varphi$$

$$2\beta=\frac{\pi}{2}-\varphi$$

将 2β 代入式（7-3）得塑性区发展最大深度 z_{max} 的表达式：

$$z_{max}=\frac{p-\gamma_2 h}{\pi\gamma_1}\left(\cot\varphi-\frac{\pi}{2}+\varphi\right)-\frac{c}{\gamma_1}\cot\varphi-\frac{\gamma_2}{\gamma_1}h \tag{7-4}$$

在条形均布荷载作用下，地基的临塑荷载即为基础底面地基土塑性变形深度为零时承受的荷载。$z_{max}=0$ 时地基的临塑荷载 p_{cr}，按式（7-5）计算：

$$p_{cr}=\frac{\cot\varphi+\frac{\pi}{2}+\varphi}{\cot\varphi-\frac{\pi}{2}+\varphi}\gamma_2 h+\frac{\pi\cot\varphi}{\cot\varphi-\frac{\pi}{2}+\varphi}c=A\gamma_2 h+Bc \tag{7-5}$$

式中　p_{cr}——临塑荷载（kPa）。

h——基础埋置深度（m）。对于受水流冲刷的墩台，由一般冲刷线算起；不受水流冲刷的墩台，由天然地面算起。

γ_2——基底以上土的加权平均重度（kN/m^3）。

A、B——承载力系数，$A=\frac{\cot\varphi+\frac{\pi}{2}+\varphi}{\cot\varphi-\frac{\pi}{2}+\varphi}$，$B=\frac{\pi\cot\varphi}{\cot\varphi-\frac{\pi}{2}+\varphi}$。

c——地基土的黏聚力（kPa）。

φ——地基土的内摩擦角（rad）。

二、临界荷载

采用临塑荷载 p_{cr} 作为地基承载力是偏于保守的。实践证明，当地基发生局部剪裂时，只要塑性区范围不超出某一限度，就不会影响建筑物的安全和使用。因此，有人建议将塑性区的最大深度 z_{max} 达到基础宽度 b 的 1/4 或 1/3 时的相应的基底应力（分别以 $p_{1/3}$ 和 $p_{1/4}$ 表示）作为地基承载力，并称之为临界荷载。其中 $p_{1/4}$ 作为中心受压基础的地基承载力，$p_{1/3}$ 作为偏心受压基础的地基承载力。

在式（7-4）中，令 $z_{\max}=\frac{1}{4}b$，可得中心受压基础临界荷载 $p_{1/4}$ 的理论公式：

$$\begin{aligned}p_{1/4}&=\frac{\pi}{4\left(\cot\varphi-\frac{\pi}{2}+\varphi\right)}\gamma_1 b+\frac{\cot\varphi+\frac{\pi}{2}+\varphi}{\cot\varphi-\frac{\pi}{2}+\varphi}\gamma_2 h+\frac{\pi\cot\varphi}{\cot\varphi-\frac{\pi}{2}+\varphi}c\\&=N_{1/4}\gamma_1 b+A\gamma_2 h+Bc\end{aligned} \tag{7-6}$$

同理，令 $z_{\max}=\frac{1}{3}b$ 代入式（7-4），可得偏心受压基础的临界荷载 $p_{1/3}$ 的理论公式：

$$\begin{aligned}p_{1/3}&=\frac{\pi}{3\left(\cot\varphi-\frac{\pi}{2}+\varphi\right)}\gamma_1 b+\frac{\cot\varphi+\frac{\pi}{2}+\varphi}{\cot\varphi-\frac{\pi}{2}+\varphi}\gamma_2 h+\frac{\pi\cot\varphi}{\cot\varphi-\frac{\pi}{2}+\varphi}c\\&=N_{1/3}\gamma_1 b+A\gamma_2 h+Bc\end{aligned} \tag{7-7}$$

上两式中：b——基础宽度（m）。对矩形基础采用短边宽；对圆形基础取 $b=\sqrt{F}$，其中 F 为圆形基础底面积（m^2）。

$N_{1/4}$、$N_{1/3}$——承载力系数，其值分别为

$$N_{1/4}=\frac{\pi}{4\left(\cot\varphi-\frac{\pi}{2}+\varphi\right)}\qquad N_{1/3}=\frac{\pi}{3\left(\cot\varphi-\frac{\pi}{2}+\varphi\right)}$$

三、极限荷载

极限荷载为地基将要失去稳定，土体将被从基底挤出时，作用于地基上的外荷载。世界各国计算极限荷载的公式很多，但目前尚无公认的完美公式，大多限于条形荷载和均质地基。其主要区别是对地基破坏时的滑裂面形式作了不同的假定，使得计算结果很不一致，不能完全符合地基的实际状况。所以应用每种计算公式时，一定要注意它的适用范围。

一般最常用的极限荷载计算公式有下述几种：太沙基公式（适用于条形基础、方形基础和圆形基础）；普朗德尔公式、斯凯普顿公式（适用于饱和软土地基、内摩擦角 $\varphi=0$ 的浅基础）；汉森公式（适用于倾斜荷载、地面倾斜、基底倾斜等各种情况）。

本节仅简单介绍太沙基（K.Terzaghi）公式。太沙基假定基础是条形基础，受均布荷载作用，且基础底面是粗糙的。当地基发生滑动时，滑动面的形状：两端为直线，中间为曲线，左右对称，如图 7-4 所示。将滑动土体分为 3 个区：

Ⅰ区——位于基础底面下的土楔 $a'ab$。由于土体与基础粗糙的底面之间存在很大的摩擦阻力，此区的土体不发生剪切位移，好像是基础的一部分，处于弹性压密状态，滑动面与基础底面之间的夹角为土的内摩擦角 φ。

Ⅱ区——对称位于Ⅰ区左右下方，其滑动面为对数螺旋线 bc 或 bd。Ⅰ区正中底部的 b 点处对数螺旋线的切线方向为竖向，c、d 点处对数螺旋线的切线方向与水平线夹

角为 $45°-\dfrac{\varphi}{2}$。

Ⅲ区——对称位于Ⅱ区左右呈等腰三角形，其滑动面为斜向平面 *ce* 或 *df*，该斜面与水平地面的夹角也为 $45°-\dfrac{\varphi}{2}$。

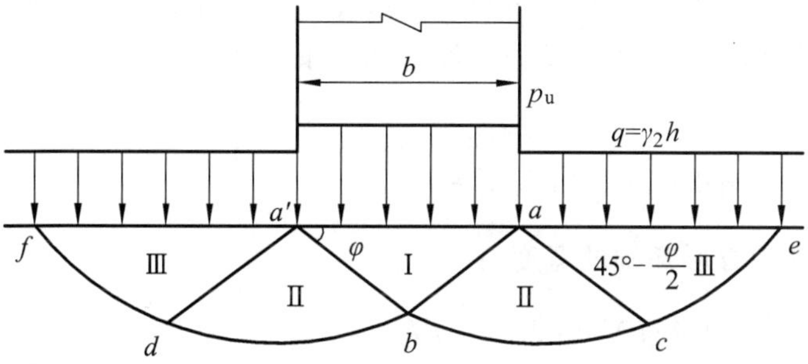

图 7-4　太沙基公式地基滑动面

太沙基认为在均匀分布的极限荷载 p_u 作用下，地基处于极限平衡状态时作用于Ⅰ区土楔上的诸力包括：土楔 *a'ba* 顶面的极限荷载 p_u，土楔 *a'ab* 的自重，土楔斜面 *a'b*、*ab* 上作用的黏聚力 *c* 的竖向分力和Ⅱ区、Ⅲ区土体滑动时对斜面 *a'b*、*ab* 的被动土压力的竖向分力。太沙基根据作用于Ⅰ区土楔上的诸力在竖直方向的静力平衡条件，求得极限荷载 p_u 的公式为

$$p_u=\frac{1}{2}\gamma_1 bN_\gamma+cN_c+\gamma_2 hN_q \tag{7-8}$$

式中　N_γ、N_c、N_q——承载力系数，仅与地基土的内摩擦角 φ 值有关，可查专用的承载力系数图 7-5 中的曲线（实线）确定；

其余符号的意义同前。

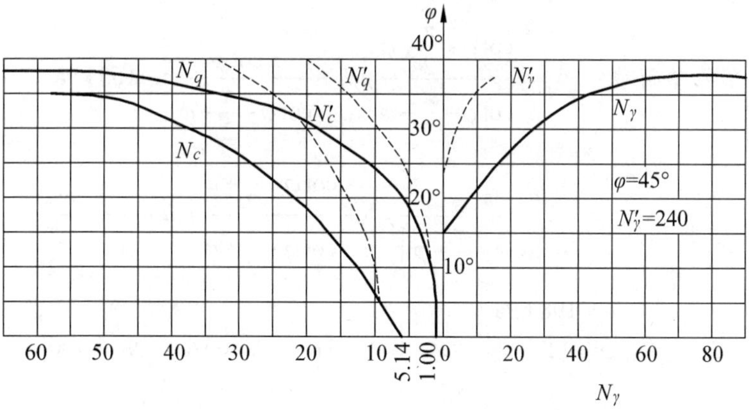

图 7-5　太沙基公式的承载力系数

式（7-8）适用的条件是：地基土较密实且地基土产生整体剪切破坏的情况，即载荷试验结果 *p-s* 曲线上有明显的第二拐点的情况，如图 7-2 中曲线 a 所示。如果地基土松软，载荷试验结果 *p-s* 曲线上就会没有明显的拐点，如图 7-2 中曲线 b 所示，太沙基

称这类情况为局部剪损，此时极限荷载按式（7-9）计算：

$$p_u = \frac{1}{2}\gamma_1 b N'_\gamma + \frac{2}{3}cN'_c + \gamma_2 h N'_q \qquad (7\text{-}9)$$

式中　N'_γ、N'_c、N'_q——局部剪损时的承载力系数，也仅与地基土的内摩擦角 φ 值有关，可查专用的承载力系数图 7-5 中的曲线（虚线）确定。

对于方形和圆形基础，太沙基根据经验建议采用式（7-10）、式（7-11）计算：

圆形基础（R 为基础半径）：

$$p_u = 0.6\gamma_1 R N_\gamma + 1.2cN_c + qN_q \qquad (7\text{-}10)$$

方形基础（b 为方形基础的宽度）：

$$p_u = 0.4\gamma_1 b N_\gamma + 1.2cN_c + qN_q \qquad (7\text{-}11)$$

对于矩形基础（$l \times b$），可按 b/l 值，在条形基础（$b/l = 0$）与方形基础 b/l=1 之间以内插法求得。若地基为软黏土或松砂，将发生局部剪切破坏，此时，式（7-10）、式（7-11）中的承载力系数均应改为 N'_γ、N'_c 和 N'_q。

理论公式法中所求得的临塑荷载 p_{cr}、临界荷载 $p_{1/3}$ 或 $p_{1/4}$ 和极限荷载 p_u 均可作为地基承载力。但是，临塑荷载 p_{cr} 作为地基容许承载力偏于保守；极限荷载 p_u 则应有足够的安全储备，应取 p_u / K 值，其中 K 值为安全系数，一般 $K = 2.0 \sim 3.0$；比较 p_u 和 $p_{1/4}$ 或 $p_{1/3}$ 两种结果，应取两者较小值作为地基容许承载力。但必须注意，这里只考虑了地基土的承载力，所以必要时还应验算基础沉降。

【例题 7-1】某条形基础宽 b=3 m，基底埋深 h=1.2 m，地基土重度 γ=18.0 kN/m³，内摩擦角 $\varphi = 22°$，黏聚力 c=15.0 kPa。

试计算该地基的临塑荷载 p_{cr}、临界荷载 $p_{1/4}$ 和极限荷载 p_u。若取安全系数 $K = 3.0$，试确定地基容许承载力。

【解】地基临塑荷载：$p_{cr} = \dfrac{\cot\varphi + \frac{\pi}{2} + \varphi}{\cot\varphi - \frac{\pi}{2} + \varphi}\gamma_2 h + \dfrac{\pi\cot\varphi}{\cot\varphi - \frac{\pi}{2} + \varphi}c = 165\ \text{kPa}$

地基临界荷载：

$$p_{1/4} = \frac{\pi}{4\left(\cot\varphi - \frac{\pi}{2} + \varphi\right)}\gamma_1 b + \frac{\cot\varphi + \frac{\pi}{2} + \varphi}{\cot\varphi - \frac{\pi}{2} + \varphi}\gamma_2 h + \frac{\pi\cot\varphi}{\cot\varphi - \frac{\pi}{2} + \varphi}c = 198\ \text{kPa}$$

地基极限荷载：由 $\varphi = 22°$ 查图 7-5 得 $N_\gamma = 6.9$，$N_c = 16.9$，$N_q = 7.8$，代入极限承载力公式得

$$p_u = \frac{1}{2}\gamma_1 b N_\gamma + cN_c + \gamma_2 h N_q = 608\ \text{kPa}$$

$$p_u / K = 203\ \text{kPa}$$

比较 $p_{1/4}$ 和 p_u / K，地基容许承载力取为 198 kPa。

第四节　规范法确定地基容许承载力

一、按《铁路桥涵地基和基础设计规范》(TB 10093—2017)确定地基承载力

《铁路桥涵地基和基础设计规范》的规定，对于常用结构形式基础的桥涵地基，如果地质情况比较简单，可以采用规范中提供的经验数据和经验公式确定地基容许承载力。

《铁路桥涵地基和基础设计规范》首先提供了各类地基土的基本承载力。基本承载力是根据载荷试验与土的物理力学性质指标的对比资料及国内外实践经验，并参照国内外规范综合考虑编制的，具有一定的普遍性，适用于地质简单的常用结构形式桥涵地基。地基基本承载力修正后可得到地基容许承载力，在一般情况下，按《铁路桥涵地基和基础设计规范》确定的地基容许承载力来设计桥涵的常用结构形式的基础，地基的强度和稳定性将能得到保证，同时沉降量也在容许范围之内。

对重要桥梁或地质复杂的桥梁地基，应根据实际情况用原位测试、荷载试验计算等方法综合确定。

(一)地基基本承载力 σ_0 的确定

地基基本承载力 σ_0 是指建筑物基础短边宽度不大于 2.0 m、埋置深度不大于 3.0 m 时的地基容许承载力。

地基基本承载力 σ_0 可根据岩土类别、状态及其物理力学特征指标按表 7-1 ~ 表 7-10 确定。

地基基本承载力
——岩石地基教学案例

1. 岩石地基的基本承载力

一般岩石地基可根据岩石类别、节理发育程度按表 7-1 确定基本承载力。对于复杂的岩层（如溶洞、断层、软弱夹层、易溶岩石、软化岩石等），应按各项因素综合确定。

表 7-1　岩石地基的基本承载力 σ_0（单位：kPa）

岩石类别	节理发育程度		
	节理很发育	节理发育	节理不发育或较发育
	节理间距/mm		
	20 ~ 200	200 ~ 400	＞400
硬质岩	1500 ~ 2000	2000 ~ 3000	＞3000
较软岩	800 ~ 1000	1000 ~ 1500	1500 ~ 3000
软　岩	500 ~ 800	700 ~ 1000	900 ~ 1200
极软岩	200 ~ 300	300 ~ 400	400 ~ 500

注：裂隙张开或有泥质填充时应取低值。

2. 碎石类土地基的基本承载力

碎石类土地基的基本承载力可根据其类别和密实程度按表 7-2 来确定。

表 7-2　碎石类土地基的基本承载力 σ_0（单位：kPa）

土　名	密实程度			
	松　散	稍　　密	中　　密	密　　实
卵石土、粗圆砾土	300 ~ 500	500 ~ 650	650 ~ 1000	1000 ~ 1200
碎石土、粗角砾土	200 ~ 400	400 ~ 550	550 ~ 800	800 ~ 1000
细圆砾土	200 ~ 300	300 ~ 400	400 ~ 600	600 ~ 850
细角砾土	200 ~ 300	300 ~ 400	400 ~ 500	500 ~ 700

注：① 半胶结的碎石类土可按密实的同类土的 σ_0 值提高 10% ~ 30%。

② 由硬质岩块组成，充填砂类土时用高值；由软质岩块组成，充填黏性土时用低值。

③ 自然界中很少见松散的碎石类土，其密实程度判定为松散时应慎重。

④ 漂石土、块石土的基本承载力值可参照卵石土、碎石土的 σ_0 适当提高。

3. 砂类土地基的基本承载力

砂类土地基的基本承载力可根据密实程度、潮湿程度按表 7-3 确定。

地基基本承载力
——砂土地基教学案例

表 7-3　砂类土地基的基本承载力 σ_0（单位：kPa）

土名	湿度	密实程度			
		松　散	稍　　密	中　　密	密　　实
砾砂、粗砂	与湿度无关	200	370	430	550
中砂	与湿度无关	150	330	370	450
细砂	稍湿或潮湿	100	230	270	350
	饱　和	—	190	210	300
粉砂	稍湿或潮湿	—	190	210	300
	饱　和	—	90	110	200

4. 粉土地基的基本承载力

粉土地基可根据土的天然孔隙比 e 和天然含水率 w 按表 7-4 确定基本承载力 σ_0。

表 7-4　粉土地基的基本承载力 σ_0（单位：kPa）

天然孔隙比 e	天然含水率 w/%						
	10	15	20	25	30	35	40
0.5	400	380	(355)	—	—	—	—
0.6	300	290	280	(270)	—	—	—
0.7	250	235	225	215	(205)	—	—
0.8	200	190	180	170	165	—	—
0.9	160	150	145	140	130	(125)	—
1.0	130	125	120	115	110	105	(100)

注：① 表中括号内数值用于内插取值。

② 在湖、塘、沟、谷与河漫滩地段以及新近沉积的粉土，应根据当地经验取值。

5. Q_4 冲、洪积黏性土地基的基本承载力

Q_4 冲、洪积黏性土地基可根据液性指数 I_L 和孔隙比 e 按表 7-5 确定基本承载力 σ_0。

地基基本承载力
——Q_4 黏性土教学案例

表 7-5　Q_4 冲、洪积黏性土地基的基本承载力 σ_0（单位：kPa）

孔隙比 e	液性指数 I_L												
	0	0.1	0.2	0.3	0.4	0.5	0.6	0.7	0.8	0.9	1.0	1.1	1.2
0.5	450	440	430	420	400	380	350	310	270	240	220	—	—
0.6	420	410	400	380	360	340	310	280	250	220	200	180	—
0.7	400	370	350	330	310	290	270	240	220	190	170	160	150
0.8	380	330	300	280	260	240	230	210	180	160	150	140	130
0.9	320	280	260	240	220	210	190	180	160	140	130	120	100
1.0	250	230	220	210	190	170	160	150	140	120	110	—	—
1.1	—	—	160	150	140	130	120	110	100	90	—	—	—

注：土中含有粒径大于 2 mm 的颗粒且按质量计占全部质量的 30%以上时，σ_0 可酌情提高。

6. Q_3 及其以前冲、洪积黏性土地基的基本承载力

Q_3 及其以前冲、洪积黏性土地基可根据压缩模量 E_s 按表 7-6 确定基本承载力 σ_0。

地基基本承载力
——Q_3 及以前黏性土教学案例

表 7-6　Q_3 及其以前冲、洪积黏性土地基的基本承载力 σ_0（单位：kPa）

压缩模量 E_s/MPa	10	15	20	25	30	35	40
基本承载力 σ_0/kPa	380	430	470	510	550	580	620

注：① 压缩模量为对应于 0.1～0.2 MPa 压力段的压缩模量。
② 当压缩模量小于 10 MPa 时，其基本承载力按表 7-5 确定。

7. 残积黏性土地基的基本承载力

残积黏性土地基可根据压缩模量 E_s 按表 7-7 确定基本承载力 σ_0。

表 7-7　残积黏性土地基的基本承载力 σ_0（单位：kPa）

压缩模量 E_s/MPa	4	6	8	10	12	14	16	18	20
基本承载力 σ_0/kPa	190	220	250	270	290	310	320	330	340

注：本表适用于西南地区碳酸盐类岩层的残积红土，其他地区可参照使用。

8. 黄土地基的基本承载力

黄土地基分为新黄土地基与老黄土地基。

（1）新黄土（Q_3、Q_4）包括湿陷性黄土和非湿陷性黄土，其基本承载力可根据天然孔隙比 e、天然含水率 w 及液限 w_L 按表 7-8 确定。

表 7-8　新黄土（Q_3、Q_4）地基土的基本承载力 σ_0（单位：kPa）

液限 w_L	孔隙比 e	天然含水率 w/%						
		5	10	15	20	25	30	35
24	0.7	—	230	190	150	110	—	—
	0.9	240	200	160	125	85	（50）	—
	1.1	210	170	130	100	60	（20）	—
	1.3	180	140	100	70	40	—	—
28	0.7	280	260	230	190	150	110	—
	0.9	260	240	200	160	125	85	—
	1.1	240	210	170	140	100	60	—
	1.3	220	180	140	110	70	40	—
32	0.7	—	280	260	230	180	150	—
	0.9	—	260	240	200	150	125	—
	1.1	—	240	210	170	130	100	60
	1.3	—	220	180	140	100	70	40

注：① 非饱和 Q_3 新黄土，当 $0.85<e<0.95$ 时，σ_0 可提高 10%。
② 本表不适用于坡积、崩积和人工堆积等黄土。
③ 表中括号内数值用于内插取值。
④ 液限含水率试验采用圆锥仪法，圆锥仪总质量 76 g，入土深度 10 mm。

（2）老黄土（Q_1、Q_2）地基的基本承载力。

老黄土（Q_1、Q_2）地基的基本承载力可根据孔隙比 e、含水比 w/w_L 查表 7-9 确定。

表 7-9　老黄土（Q_1、Q_2）地基的基本承载力 σ_0（单位：kPa）

含水比 w/w_L	孔隙比 e			
	$e<0.7$	$0.7\leqslant e<0.8$	$0.8\leqslant e\leqslant 0.9$	$e>0.9$
<0.6	700	600	500	400
0.6 ~ 0.8	500	400	300	250
>0.8	400	300	250	200

注：① 老黄土黏聚力小于 50 kPa、内摩擦角小于 25°时，σ_0 应降低 20%左右。
② 液限含水率试验采用圆锥仪法，圆锥仪总质量 76 g，入土深度 10 mm。

9. 多年冻土地基的基本承载力

多年冻土地基的基本承载力可根据基础底面的月均最高土温按表 7-10 确定。

地基基本承载力
——冻土地基教学案例

表 7-10 多年冻土地基的基本承载力 σ_0（单位：kPa）

序号	土 名	基础底面的月均最高土温/°C					
		−0.5	−1.0	−1.5	−2.0	−2.5	−3.5
1	块石土、卵石土、碎石土、粗圆砾土、粗角砾土	800	950	1100	1250	1380	1650
2	细圆砾土、细角砾土、砾砂、粗砂、中砂	600	750	900	1050	1180	1450
3	细砂、粉砂	450	550	650	750	830	1000
4	粉土	400	450	550	650	710	850
5	粉质黏土、黏土	350	400	450	500	560	700
6	饱冰冻土	250	300	350	400	450	550

注：① 表列数值不适用于含盐量和泥炭化程度超过表 7-11 及表 7-12 中数值的多年冻土。
② 本表序号 1～5 类的地基承载力适用于少冰冻土、多冰冻土，当地基为富冰冻土时，表列数值应降低 20%。
③ 含土冰层的承载力应实测确定。
④ 基础置于饱冰冻土的土层上时，基础底面应敷设厚度不小于 0.30 m 的砂垫层。

表 7-11 盐渍化冻土的盐渍程度界限值

土类	碎石类土、砂类土	粉土	粉质黏土	黏土
盐渍程度/%	0.10	0.15	0.20	0.25

表 7-12 泥炭化冻土的泥炭化程度界限值

土类	碎石类土、砂类土	黏土、粉土
泥炭化程度/%	≥3	≥5

（二）地基容许承载力 $[\sigma]$ 的确定

当基础的宽度 $b>2$ m、基础底面的埋置深度 $h>3$ m，且 $h/b\leqslant 4$ 时，地基容许承载力 $[\sigma]$ 可按式（7-12）确定：

$$[\sigma]=\sigma_0+k_1\gamma_1(b-2)+k_2\gamma_2(h-3) \tag{7-12}$$

式中 $[\sigma]$——地基容许承载力（kPa）。

σ_0——地基基本承载力（kPa），可根据岩土类别、状态及其物理力学特征指标按表 7-1～表 7-10 确定。

b——基础底面的最小边宽度（m）。当 $b<2$ m 时，b 取 2.0 m；当 $b>10$ m 时，b 取 10 m。圆形或正多边形基础取 $b=\sqrt{F}$，F 为基础的底面积（m^2）。

h——基础底面的埋置深度（m）。自天然地面起算，有水流冲刷时自一般冲刷线起算；位于挖方内的，由开挖后地面算起；$h<3$ m 时取 $h=3$ m；$h/b>4$ 时，h 取 $4b$。

γ_1——基底持力层土的天然重度（kN/m^3），若持力层在水面以下且透水时应采用浮重度。

γ_2——基底以上土层的加权平均重度（kN/m^3）。换算时若持力层在水面以下且不透水时，不论基底以上土的透水性如何，均取饱和重度；透水时水中部分土层应取浮重度。

k_1、k_2——宽度和深度修正系数，根据基底持力层土的类别，按表 7-13 确定。

表 7-13　宽度、深度修正系数 k_1、k_2

修正系数	土类																		
	黏性土				粉土	黄土		砂类土								碎石类土			
	Q_4的冲、洪积土		Q_3及其以前的冲、洪积土	残积土		新黄土	老黄土	粉砂		细砂		中砂		砾砂粗砂		碎石圆砾角砾		卵石	
	$I_L<0.5$	$I_L\geq0.5$						稍、中密	密实	稍、中密	密实	稍、中密	密实	稍、中密	密实	稍、中密	密实	稍、中密	密实
k_1	0	0	0	0	0	0	0	1.0	1.2	1.5	2	2	3	3	4	3	4	3	4
k_2	2.5	1.5	2.5	1.5	1.5	1.5	1.5	2.0	2.5	3	4	4	5.5	5	6	5	6	6	10

注：① 节理不发育或较发育的岩石不作宽、深修正；节理发育或很发育的岩石，k_1、k_2可采用碎石类土的系数；对已风化成砂、土状的岩石，则按砂类土、黏性土的系数取值。

② 稍松状态的砂类土和松散状态的碎石类土，k_1、k_2值可采用表列稍、中密值的 50%。

③ 冻土的 k_1、k_2 均取 0。

由式（7-12）可看出，地基承载容许力$[\sigma]$由三部分组成：

（1）地基基本承载力，可根据岩土类别、状态及其物理力学特征指标确定。

（2）$k_1\gamma_1(b-2)$是基础宽度 $b>2$ m 时地基承载力的增加值。由图 7-6 可以看出，当地基承受压力发生挤出破坏时，$b>2$ m 的基础所挤出土体的体积和重量都比 $b=2$ m 时大，挤出所遇的阻力也增加。因此，基础愈宽，挤出就愈困难，地基承载力就比 $b=2$ m 时有所增加。增加值与基础宽度的增大值（$b-2$）、反映基底挤出土体重量的重度 γ_1 和反映基底土抗剪强度的系数 k_1 三者有关。

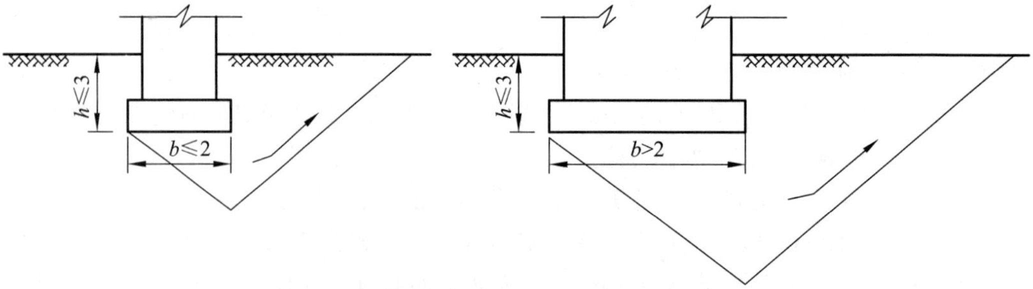

图 7-6　基础宽度不同时对地基承载力的影响示意图（尺寸单位：m）

（3）$k_2\gamma_2(h-3)$是基础底面埋置深度 $h>3$ m 时地基承载力的增加值。当 $h>3$ m 时，相当于在 $h=3$ m 的基础周围地面上有$\gamma_2(h-3)$的超载作用，如图 7-7 所示。基底下的滑动土体在挤出过程中，要增加克服超载作用的阻力，所以地基承载力有所增加，系数

k_2 与基底挤出土的抗剪强度有关。

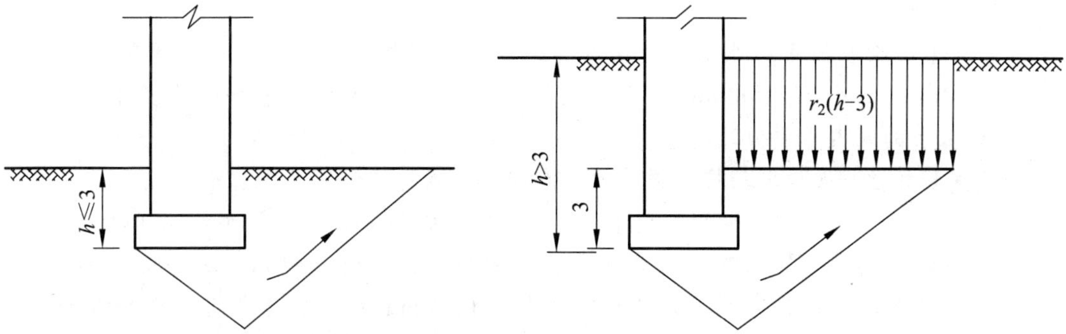

图 7-7 基础埋深不同时对地基承载力的影响示意图（尺寸单位：m）

（三）软土地基的容许承载力

软土地基的基础应满足稳定和变形两方面的要求，修正后地基的容许承载力应符合以下规定：

（1）修正后地基承载力可按式（7-13）确定：

$$[\sigma]=5.14c_{\mathrm{u}}\frac{1}{m'}+\gamma_2 h \tag{7-13}$$

（2）对于小桥和涵洞基础，也可按式（7-14）确定地基容许承载力：

$$[\sigma]=\sigma_0+\gamma_2(h-3) \tag{7-14}$$

式中 $[\sigma]$——地基容许承载力（kPa）；

m'——安全系数，可根据软土灵敏度及建筑物对变形的要求等因素选 1.5～2.5；

c_u——不排水剪切强度（kPa）；

σ_0——软土地基基本承载力（kPa），由表 7-14 确定。

表 7-14 软土地基的基本承载力 σ_0（单位：kPa）

天然含水率 w/%	36	40	45	50	55	65	75
基本承载力 σ_0/kPa	100	90	80	70	60	50	40

（四）地基承载力的提高

（1）主力加附加力（不含长钢轨纵向力）时，地基容许承载力 $[\sigma]$ 可提高 20%。主力加特殊荷载（地震力除外）时，地基容许承载力 $[\sigma]$ 可按表 7-15 提高。

表 7-15 地基容许承载力 $[\sigma]$ 的提高系数

地基情况	提高系数
$\sigma_0>500$ kPa 的岩石和土	1.4
150 kPa$<\sigma_0\leq500$ kPa 的岩石和土	1.3
100 kPa$<\sigma_0\leq150$ kPa 的土	1.2

（2）既有墩台地基基本承载力可根据压密程度予以提高，但提高值不应超过 25%。

（3）基础位于水中不透水地层上时，常水位高出一般冲刷线每高 1 m，容许承载力可增加 10 kPa。

【例题 7-2】某涵洞地基经勘察取样，地基为泥质灰岩，岩石饱和单轴抗压强度 R_c=20 MPa，节理间距 200 mm 且节理发育。试按《铁路桥涵地基和基础设计规范》确定该地基土的基本承载力。

【解】由岩石饱和单轴抗压强度 R_c=20 MPa，确定该岩石为较软岩。

根据岩石类别与节理间距，查表 7-1，该地基的基本承载力为 σ_0=1000 kPa。

【例题 7-3】某圆形基础仅受主力作用，基础底面直径 D=4 m，基础埋深 h=5 m，基底以下为砂类土，试验测得该砂样粒径大于 0.25 mm 的颗粒含量超过总重的 50%，天然重度 $\gamma=19.5\ \text{kN/m}^3$，含水率 $w=12.0\%$，土粒相对密度 $G_s=2.66$，最大孔隙比 $e_{\max}=0.85$，最小孔隙比 $e_{\min}=0.45$；基础埋深范围内土的重度 $\gamma=18\ \text{kN/m}^3$。试按《铁路桥涵地基和基础设计规范》确定地基容许承载力。

【解】砂类土地基基本承载力由砂土名称和密实程度决定。

（1）确定砂土名称。

由粒径大于 0.25 mm 的颗粒含量超过总重的 50%，确定此砂类土为中砂。

按规范确定地基容许承载力教学案例

（2）确定砂土密实程度。

砂土天然孔隙比：$e=\dfrac{G_s\gamma_w(1+w)}{\gamma}-1=\dfrac{2.66\times10\times(1+12\%)}{19.5}-1=0.53$

砂土相对密实度：$D_r=\dfrac{e_{\max}-e}{e_{\max}-e_{\min}}=\dfrac{0.85-0.53}{0.85-0.45}=0.8$

$D_r=0.8\geqslant0.67$，确定此砂土处于密实状态。

由砂土类别和密实程度，查表 7-3 确定该地基基本承载力 $\sigma_0=450\ \text{kPa}$。

基础宽度：$b=\sqrt{F}=\sqrt{\dfrac{\pi D^2}{4}}=\sqrt{\dfrac{3.14\times4^2}{4}}=3.54\ \text{m}>2\ \text{m}$

基础埋深 h=5 m>3 m，且 $h/b=5/3.54=1.4\leqslant4$

故可按照式（7-12）进行修正。由密实中砂，查表 7-13 得 $k_1=3.0$、$k_2=5.5$，代入式（7-12）：

$$[\sigma]=\sigma_0+k_1\gamma_1(b-2)+k_2\gamma_2(h-3)$$

$$=450+3\times19.5\times(3.54-2)+5.5\times18\times(5-3)$$

$$=738\ \text{kPa}$$

二、按《公路桥涵地基与基础设计规范》（JTG 3363—2019）确定地基承载力

公路桥涵地基承载力的验算应以修正后的地基承载力特征值 f_a 乘以地基承载力抗力系数 γ_R 控制。修正后的地基承载力特征值 f_a 应基于地基承载力特征值 f_{a0}，根据基础基底埋深、宽度及地基土的类别确定。

（一）地基承载力特征值 f_{a0}

地基承载力特征值 f_{a0} 是由载荷试验测定的地基土压力-变形曲线线性变形段内规定的变形所对应的压力值。地基承载力特征值 f_{a0} 宜由载荷试验或其他原位测试方法实测取得，其值不应大于地基极限承载力的 1/2。对中小桥、涵洞，当受现场条件限制或开展载荷试验和其他原位测试有困难时，可根据岩土类别、状态、物理力学特性指标及工程经验等按表 7-16 ~ 表 7-22 确定。

1. 岩石地基

岩石地基的承载力与岩石的成因、构造、矿物成分、形成年代、裂隙发育程度和水浸湿影响等因素有关。各种因素影响程度视具体情况而异，通常主要取决于岩块强度和岩体破碎程度这两个方面。新鲜完整的岩体主要取决于岩块强度，受构造作用和风化作用影响的岩体，岩块强度低，破碎性增加，则其承载力不仅与强度有关，而且与破碎程度有关。一般岩石地基承载力特征值 f_{a0} 可根据强度等级、节理按表 7-16 确定。对于复杂的岩层（如溶洞、断层、软弱夹层、易溶岩石、崩解性岩石、软化岩石等）应按各项因素综合确定。

表 7-16 岩石地基承载力特征值 f_{a0}（单位：kPa）

坚硬程度	节理发育程度		
	节理不发育	节理发育	节理很发育
坚硬岩、较硬岩	＞3000	3000 ~ 2000	2000 ~ 1500
较软岩	3000 ~ 1500	1500 ~ 1000	1000 ~ 800
软岩	1200 ~ 1000	1000 ~ 800	800 ~ 500
极软岩	500 ~ 400	400 ~ 300	300 ~ 200

2. 碎石土地基

碎石类土地基承载力特征值 f_{a0} 和颗粒大小、碎石含量、密实度、岩石成因、岩性和充填物性质等因素有关。碎石类土是根据颗粒大小和含量定名的。另据试验资料的统计分析，在影响碎石类土承载力的诸因素中，密实程度是一个具有共性的因素。因此，规范规定碎石土地基可根据土的类别和密实程度按表 7-17 确定地基承载力特征值 f_{a0}。

表 7-17 碎石土地基承载力特征值 f_{a0}（单位：kPa）

土名	密实程度			
	密实	中密	稍密	松散
卵石	1200 ~ 1000	1000 ~ 650	650 ~ 500	500 ~ 300
碎石	1000 ~ 800	800 ~ 550	550 ~ 400	400 ~ 200
圆砾	800 ~ 600	600 ~ 400	400 ~ 300	300 ~ 200
角砾	700 ~ 500	500 ~ 400	400 ~ 300	300 ~ 200

注：① 由硬质岩组成，填充砂土者取高值；由软质岩组成，填充黏性土者取低值。
② 半胶结的碎石土按密实的同类土提高 10% ~ 30%。
③ 松散的碎石土在天然河床中很少遇见，需特别注意鉴定。
④ 漂石、块石参照卵石、碎石取值并适当提高。

3. 砂土地基

砂土地基可根据土的密实度和水位情况按表 7-18 确定地基承载力特征值 f_{a0}。

表 7-18　砂土地基承载力特征值 f_{a0}（单位：kPa）

土名	湿度	密实程度			
		密实	中密	稍密	松散
砾砂、粗砂	与湿度无关	550	430	370	200
中砂	与湿度无关	450	370	330	150
细砂	水上	350	270	230	100
	水下	300	210	190	—
粉砂	水上	300	210	190	—
	水下	200	110	90	—

4. 粉土地基

粉土地基可根据土的天然孔隙比 e 和天然含水率 w 按表 7-19 确定地基承载力特征值 f_{a0}。

表 7-19　粉土地基承载力特征值 f_{a0}（单位：kPa）

e	w/%					
	10	15	20	25	30	35
0.5	400	380	355	—	—	—
0.6	300	290	280	270	—	—
0.7	250	235	225	215	205	—
0.8	200	190	180	170	165	—
0.9	160	150	145	140	130	125

5. 老黏性土地基

老黏性土地基可根据压缩模量 E_s 按表 7-20 确定其承载力特征值 f_{a0}。

表 7-20　老黏性土地基承载力特征值 f_{a0}（单位：kPa）

E_s /MPa	10	15	20	25	30	35	40
f_{a0} /kPa	380	430	470	510	550	580	620

注：当老黏性土 E_s < 10 MPa 时，地基承载力特征值 f_{a0} 按一般黏性土查表 7-21 确定。

6. 一般黏性土地基

一般黏性土地基可根据液性指数 I_L 和天然孔隙比 e 按表 7-21 确定其承载力特征值 f_{a0}。

表 7-21　一般黏性土地基承载力特征值 f_{a0}（单位：kPa）

e	I_L												
	0	0.1	0.2	0.3	0.4	0.5	0.6	0.7	0.8	0.9	1.0	1.1	1.2
0.5	450	440	430	420	400	380	350	310	270	240	220	—	—
0.6	420	410	400	380	360	340	310	280	250	220	200	180	—
0.7	400	370	350	330	310	290	270	240	220	190	170	160	150
0.8	380	330	300	280	260	240	230	210	180	160	150	140	130
0.9	320	280	260	240	220	210	190	180	160	140	130	120	100
1.0	250	230	220	210	190	170	160	150	140	120	110	—	—
1.1	—	—	160	150	140	130	120	110	100	90	—	—	—

注：① 土中含有粒径大于 2 mm 的颗粒质量超过总质量的 30%以上者，f_{a0} 可适当提高。

② 当 $e<0.5$ 时，取 $e=0.5$；当 $I_L<0$ 时，取 $I_L=0$。此外，超过表列范围的一般黏性土，$f_{a0}=57.22E_s^{0.57}$。

③ 一般黏性土地基承载力特征值 $f_{a0}>300$ kPa 时，应有原位测试数据作依据。

7. 新近沉积黏性土地基

新近沉积黏性土地基可根据液性指数 I_L 和天然孔隙比 e 按表 7-22 确定其承载力特征值 f_{a0}。

表 7-22　新近沉积黏性土地基承载力特征值 f_{a0}（单位：kPa）

e	I_L		
	≤0.25	0.75	1.25
≤0.8	140	120	100
0.9	130	110	90
1.0	120	100	80
1.1	110	90	—

（二）修正后地基承载力特征值 f_a

按表 7-16～表 7-22 确定地基承载力特征值后，需按式（7-15）对地基承载力特征值进行宽度、深度修正，得修正后地基土承载力特征值 f_a。当基础位于水中不透水地层上时，f_a 可按平均常水位至一般冲刷线的水深按 10 kPa/m 提高。地基承载力的验算，应以修正后的地基承载力特征值 f_a 控制。

$$f_a = f_{a0} + k_1\gamma_1(b-2) + k_2\gamma_2(h-3) \tag{7-15}$$

式中　f_a——修正后的地基承载力特征值（kPa）。

f_{a0}——地基承载力特征值（kPa）。

b——基础底面的最小边宽（m）。当 $b<2$ m 时，取 $b=2$ m；当 $b>10$ m 时，取 $b=10$ m。

h——基底埋置深度（m）。自天然地面起算，有水流冲刷时自一般冲刷线起算；当 $h<3$ m 时，取 $h=3$ m；当 $h/b>4$ 时，取 $h=4b$；

k_1、k_2——基底宽度、深度修正系数，根据基底持力层土的类别按表 7-23 确定。

γ_1——基底持力层土的天然重度（kN/m^3），若持力层在水面以下且为透水者，应取浮重度。

γ_2——基底以上土层的加权平均重度（kN/m^3）。换算时若持力层在水面以下且不透水，则不论基底以上土的透水性质如何，均取饱和重度；当透水时，水中部分土层应取浮重度。

由式（7-15）可看出，修正后地基承载力特征值 f_a 由三部分组成：

（1）地基承载力特征值 f_{a0}，宜由载荷试验或其他原位测试方法实测取得或根据岩土类别、状态、物理力学特性指标及工程经验等查表确定。

（2）$k_1\gamma_1(b-2)$ 是基础宽度 $b>2$ m 时地基承载力的增加值。

（3）$k_2\gamma_2(h-3)$ 是基础底面埋置深度 $h>3$ m 时地基容许承载力的增加值。

表 7-23　地基土承载力宽度、深度修正系数 k_1、k_2

系数	黏性土				粉土	砂土								碎石土			
	老黏性土	一般黏性土		新近沉积黏性土	—	粉砂		细砂		中砂		砂砾、粗砂		碎石、圆砾角砾		卵石	
		$I_L\geqslant 0.5$	$I_L<0.5$		—	中密	密实	中密	密实	中密	密实	中密	密实	中密	密实	中密	密实
k_1	0	0	0	0	0	1.0	1.2	1.5	2.0	2.0	3.0	3.0	4.0	3.0	4.0	3.0	4.0
k_2	2.5	1.5	2.5	1.0	1.5	2.0	2.5	3.0	4.0	4.0	5.5	5.0	6.0	5.0	6.0	6.0	10.0

注：①对于稍密和松散状态的砂、碎石土，k_1、k_2 值可采用表列中密值的 50%。

② 强风化和全风化的岩石，可参照所风化成的相应土类取值；其他状态下的岩石不修正。

（三）软土地基承载力

（1）软土地基承载力特征值 f_{a0} 应由载荷试验或其他原位测试取得。载荷试验和原位测试确有困难时，对于中小桥、涵洞基底未经处理的软土地基，修正后的地基承载力特征值 f_a 可采用下列两种方法确定：

① 根据原状土天然含水率 w，按表 7-24 确定软土地基承载力特征值 f_{a0}，然后按式（7-16）计算修正后的地基承载力特征值 f_a：

$$f_a = f_{a0} + \gamma_2 h \tag{7-16}$$

式中　γ_2、h 的意义同式（7-15）。

表 7-24　软土地基承载力特征值 f_{a0}（单位：kPa）

天然含水率 w/%	36	40	45	50	55	65	75
f_{a0} /kPa	100	90	80	70	60	50	40

② 根据原状土强度指标确定软土地基修正后的地基承载力特征值 f_a：

$$[f_a]=\frac{5.14}{m}k_p c_u+\gamma_2 h \quad (7\text{-}17)$$

$$k_p=\left(1+0.2\frac{b}{l}\right)\left(1-\frac{0.4H}{blc_u}\right) \quad (7\text{-}18)$$

式中　m——抗力修正系数，可视软土灵敏度及基础长宽比等因素选用 1.5 ~ 2.5；

c_u——地基土不排水抗剪强度标准值（kPa）；

k_p——系数；

H——由作用（标准值）引起的水平力（kN）；

b——基础宽度（m），有偏心作用时，取 $b-2e_b$；

l——垂直于 b 边的基础长度（m），有偏心作用时，取 $l-2e_l$；

e_b、e_l——偏心作用在宽度和长度方向的偏心距（m）；

γ_2、h 的意义同式（7-15）。

（2）经排水固结方法处理的软土地基，其承载力特征值 f_{a0} 应通过载荷试验或其他原位测试方法确定；经复合地基方法处理的软土地基，其承载力特征值应通过载荷试验确定，然后按式（7-16）计算修正后的软土地基地基承载力特征值 f_a。

【例题 7-4】 某水中基础，其底面为 $a\times b=4.0\text{ m}\times 6.0\text{ m}$ 的矩形，埋置深度为 $h=3.5\text{ m}$，平均常水位到一般冲刷线水深 $h_w=2.5\text{ m}$。基底以下为不透水黏土，重度 $\gamma=18.6\text{ kN/m}^3$，含水率 $w=18\%$，土粒相对密度 $G_s=2.68$，液限 $w_L=32\%$，塑限 $w_P=12\%$。基底以上为中密粉砂，其饱和重度 $\gamma_{sat}=20.0\text{ kN/m}^3$。

试按《公路桥涵地基与基础设计规范》确定修正后地基承载力特征值。

【解】 地基为一般黏性土，可按其 e、I_L 确定承载力特征值 f_{a0}。

孔隙比：$e=\frac{G_s\gamma_w(1+w)}{\gamma}-1=\frac{2.68\times10\times(1+18\%)}{18.6}-1=0.70$

液性指数：$I_L=\frac{w-w_P}{w_L-w_P}=\frac{18\%-12\%}{32\%-12\%}=0.3$

查表 7-21 得承载力特征值 f_{a0}=330 kPa；由 I_L=0.3 查表 7-23 得宽、深度修正系数 $k_1=0$、$k_2=2.5$；基底下为不透水黏土，故考虑平均常水位至一般冲刷线的水深的影响。则修正后地基承载力特征值：

$$\begin{aligned} f_a &= f_{a0}+k_1\gamma_1(b-2)+k_2\gamma_2(h-3)+\gamma_w h_w \\ &=330+0+2.5\times20\times(3.5-3)+10\times2.5 \\ &=380\text{ kPa} \end{aligned}$$

第五节　地基强度检算

地基土由不同工程性质的土层组成时，直接承受建筑物基础作用的地层称为持力层，位于持力层以下、处于被压缩或可能被剪损的一定深度内的土层称为下卧层。如果下卧层的强度低于持力层，则将该下卧层称为软弱下卧层，如图 7-8 所示。在地基中任意深度处的应力为自重应力和附加应力之和，自重应力随深度的增加而线性增大，附加应力随深度的增加而逐渐减小，二者之和即总应力，它可能增大，也可能减小。因此，地基强度检算除检算持力层外，在必要的时候还需验算下卧层的强度，尤其是软弱下卧层强度。

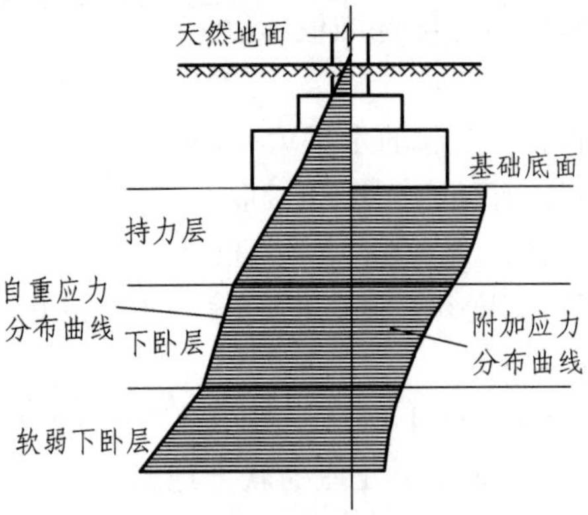

图 7-8　地基应力示意图

一、按《铁路桥涵地基和基础设计规范》（TB 10093—2017）检算地基强度

（一）持力层强度检算

持力层就是直接承受建筑物基础作用的地层，它的强度检算分以下两种情况。

（1）当基础受中心荷载作用时，要求基底压应力不大于持力层地基的容许承载力，按式（7-19）检算：

$$\sigma_h \leqslant [\sigma] \tag{7-19}$$

（2）当基础受偏心荷载作用或有弯矩作用时，要求基底压应力的最大值不大于持力层土的容许承载力，按式（7-20）检算：

$$\sigma_{h\max} \leqslant [\sigma] \tag{7-20}$$

（二）软弱下卧层强度检算

对于存在软弱下卧层的地基，在其上设计基础时，除按基底处持力层的强度初步选定基础底面尺寸外，还必须计算软弱下卧层顶面处的应力，要求作用在软弱下卧层顶面处的应力不大于它的容许承载力。

为了简化计算，规范规定：计算软弱下卧层顶面与基础形心竖向轴线相交处的自重应力与附加应力，叠加后按式（7-21）进行检算，如图 7-8 所示。

$$\sigma_{h+z} = \gamma_{h+z}(h+z) + \alpha(\sigma_h - \gamma h) \leqslant [\sigma]_{h+z} \tag{7-21}$$

式中：

σ_h——基底压应力（kPa）。当 $z/b>1$（或 $z/d>1$）时，σ_h 采用基底平均压应力；当 $z/b\leqslant 1$（或 $z/d\leqslant 1$）时，σ_h 按基底压应力图形采用距最大应力点 $b/4$ ~ $b/3$ 或（$d/4$ ~ $d/3$）处的压应力（对于梯形图形前后端压力差值较大时，可采用上述 $b/4$ 点处的压应力值，反之则采用上述 $b/3$ 点处的压应力值）。其中 b 为矩形基础的短边宽度（m），d 为圆形基础的直径（m）。

α——基底下卧土层附加应力系数，查表 3-2。

γ_{h+z}——软弱下卧层顶面以上 $h+z$ 深度范围内各土层的换算重度（kN/m^3）。

γ_h——基底以上 h 深度范围内各土层的换算重度（kN/m^3）。

h——基底埋置深度（m）。当基础受水流冲刷时，由一般冲刷线算起；当不受水流冲刷时，由天然地面算起；当位于挖方内时，由开挖后的地面算起。

z——自基底至软弱下卧层顶面的距离（m）。

$[\sigma]_{h+z}$——软弱下卧土层经深度修正后的容许承载力（kPa）。

地基强度检算教学案例

【例题 7-5】某铁路桥梁采用矩形基础，基础底面长边 a=6 m，短边 b=4.0 m，受主力和附加力共同作用。作用在基础底面的集中荷载为 P=9000 kN，弯矩 M=1800 kN·m。地质剖面图和有关资料如图 7-9。试检算地基强度（黏土层按不透水检算）。

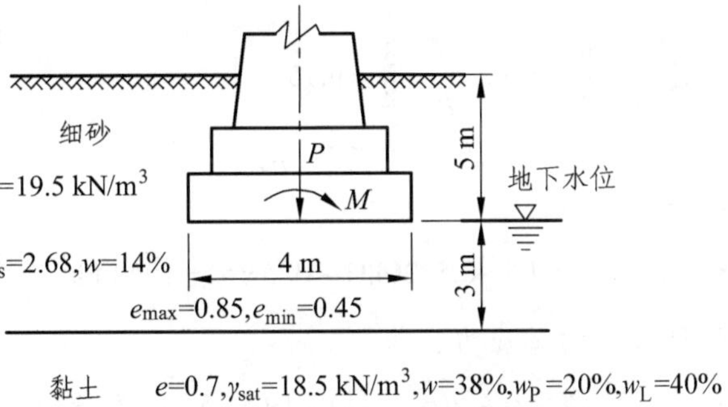

图 7-9　例题 7-5 地质资料示意图

【解】

1. 持力层强度检算

持力层为水下细砂。

（1）作用于持力层土的基底压应力：

$$\sigma_{\min}^{\max}=\frac{P}{A}\pm\frac{M}{W}=\frac{9000}{6\times 4}\pm\frac{1800}{\frac{1}{6}\times 6\times 4^2}=\frac{488}{263}\ \text{kPa}$$

（2）确定持力层土的容许承载力。

$$e=\frac{\gamma_s(1+w)}{\gamma}-1=\frac{26.8\times(1+14\%)}{19.5}-1=0.57$$

$$D_r=\frac{e_{\max}-e}{e_{\max}-e_{\min}}=\frac{0.85-0.57}{0.85-0.45}=0.7$$

由 D_r=0.7 知细砂处于密实状态，查表 7-3，饱和密实细砂基本承载力 $\sigma_0 = 300\ \text{kPa}$。

由于 $b = 4$ m>2 m，h=5 m>3 m，且 $h/b = 5/4 = 1.25 \leqslant 4$，故应该按照公式（7-12）进行修正。持力层位于水下且透水，故应采用浮重度。

$$\gamma' = \frac{\gamma_s - \gamma_w}{1+e} = \frac{26.8-10}{1+0.57} = 10.7\ \text{kN/m}^3$$

据饱和密实细砂查表 7-13 得 $k_1 = 2.0$ 、$k_2 = 4.0$，代入式（7-12）得

$$\begin{aligned}[\sigma]_{持(主+附)} &= 1.2\times[\sigma_0 + k_1\gamma_1(b-2) + k_2\gamma_2(h-3)] \\ &= 1.2\times[300 + 2.0\times10.7\times(4-2) + 4.0\times19.5\times(5-3)] \\ &= 599\ \text{kPa}\end{aligned}$$

因为 σ_{max} =488 kPa＜$[\sigma]_{持(主+附)}$ =599 kPa，所以持力层强度满足要求。

2. 软弱下卧层强度检算

此题中，黏土为软弱下卧层。

（1）确定作用在软弱下卧层顶面的总应力。

因为 $\frac{z}{b} = \frac{3}{4} = 0.75 \leqslant 1$，所以基底压应力 σ_h 取距基底压力最大应力点 b/4 处的压应力值：

$$\sigma_h = 263 + \frac{3}{4}(488-263) = 431\ \text{kPa}$$

软弱下卧层顶面处 $\frac{a}{b} = \frac{6}{4} = 1.5$，$\frac{z}{b} = \frac{3}{4} = 0.75$

按矩形面积均布荷载中点下附加应力查表 3-2，得附加应力系数 $\alpha = 0.582$，则作用在软弱下卧层顶面的附加应力：

$$\sigma_z = \alpha(\sigma_h - \gamma \cdot h) = 0.582(431 - 19.5\times5) = 194\ \text{kPa}$$

作用在软弱下卧层顶面的总应力：

$$\sigma_{h+z} = \gamma_{h+z}(h+z) + \alpha(\sigma_h - \gamma h) = 19.5\times5 + 10.7\times3 + 10\times3 + 194 = 354\ \text{kPa}$$

（2）确定软弱下卧层的容许承载力。

液性指数：$I_L = \frac{w - w_P}{w_L - w_P} = \frac{38\% - 20\%}{40\% - 20\%} = 0.9$

孔隙比：$e = 0.7$

查表 7-5，黏土地基的基本承载力 $\sigma_0 = 190\ \text{kPa}$，由 $I_L = 0.9 \geqslant 0.5$ 查表 7-13 得其修正系数 $k_1 = 0$ 、$k_2 = 1.5$，代入式（7-12）得软弱下卧层的容许承载力：

$$\gamma_2 = \frac{19.5\times5 + 20.7\times3}{5+3} = 19.95\ \text{kN/m}^3$$

$$\begin{aligned}[\sigma]_{下(主+附)} &= 1.2\times[\sigma_0 + k_1\gamma_1(b-2) + k_2\gamma_2(h-3)] \\ &= 1.2\times[190 + 0\times18.5\times(4-2) + 1.5\times19.95\times(5+3-3)] \\ &= 408\ \text{kPa}\end{aligned}$$

因为 σ_{h+z} =354 kPa＜$[\sigma]_{下(主+附)} = 408\ \text{kPa}$，所以此软弱下卧层强度足够。

二、按《公路桥涵地基与基础设计规范》(JTG 3363—2019）检算地基强度

桥涵地基承载力的验算应以修正后的地基承载力特征值 f_a 乘以地基承载力抗力系数 γ_R 控制。

桥梁墩台地基验算时，应考虑修建和使用期间可能发生的各项作用，并应符合以下规定：

（1）当桥台台背填土的高度在 5 m 以上时，应考虑台背填土对桥台基底处的附加竖向压应力。

（2）对软土或软弱地基，当相邻墩台的距离小于 5 m 时，应考虑邻近墩台对软土或软弱地基所引起的附加竖向压应力。

（3）对桥台基础，当台背地基土质不良时，应验算桥台与路堤同时滑动的稳定性。

（一）持力层强度的检算

不考虑嵌固作用的基础底面岩土的承载力可按以下规定验算：

（1）当基底只承受轴心荷载作用时，按式（7-22）验算：

$$p \leqslant f_a \tag{7-22}$$

式中 p——基底平均压应力（kPa）；

f_a——修正后的地基承载力特征值（kPa）。

（2）当基底单向偏心受压时，按式（7-23）验算：

$$p_{max} \leqslant \gamma_R f_a \tag{7-23}$$

式中 p_{max}——基底最大压应力（kPa）；

γ_R——地基承载力抗力系数，可按表 7-25 取值。

表 7-25　地基承载力抗力系数

<table>
<tr><th>受荷阶段</th><th colspan="2">作用组合或地基条件</th><th>f_a/kPa</th><th>γ_R</th></tr>
<tr><td rowspan="9">使用阶段</td><td rowspan="3">频遇组合</td><td rowspan="2">永久作用与可变作用组合</td><td>≥150</td><td>1.25</td></tr>
<tr><td><150</td><td>1.00</td></tr>
<tr><td>仅计结构重力、预加力、土的重力、土侧压力和汽车荷载、人群荷载</td><td>—</td><td>1.00</td></tr>
<tr><td colspan="2" rowspan="2">偶然组合</td><td>≥150</td><td>1.25</td></tr>
<tr><td><150</td><td>1.00</td></tr>
<tr><td colspan="2" rowspan="2">多年压实未遭破坏的非岩石旧桥基</td><td>≥150</td><td>1.5</td></tr>
<tr><td><150</td><td>1.25</td></tr>
<tr><td colspan="2">岩石旧桥基</td><td>—</td><td>1.00</td></tr>
<tr><td colspan="2" style="display:none"></td></tr>
<tr><td rowspan="2">施工阶段</td><td colspan="2">不承受单向推力</td><td>—</td><td>1.25</td></tr>
<tr><td colspan="2">承受单向推力</td><td>—</td><td>1.5</td></tr>
</table>

（二）软弱下卧层检算

在基础底面下有软弱地基或软土层时，应按式（7-24）验算软弱地基或软土层的承载力：

$$p_z = \gamma_1 \cdot (h+z) + \alpha(p - \gamma_2 h) \leqslant \gamma_R f_a \qquad (7\text{-}24)$$

式中 p_z——软弱地基或软土层的压应力（kPa）。

p——基底压应力（kPa）。当 $z/b>1$ 或（$z/d>1$）时，p 采用基底平均压应力；当 $z/b \leqslant 1$ 或（$z/d \leqslant 1$）时，p 为基底压应力图形距最大压应力点 $b/4$ ~ $b/3$ 或（$d/4$ ~ $d/3$）处的压应力（对于梯形图形前后端压力差值较大时，可采用上述 $b/4$ 点处的压应力值，反之则采用上述 $b/3$ 点处的压应力值）。其中 b 为矩形基础的短边宽度（m），d 为圆形基础的直径（m）。

α——土中附加压应力系数，查表 3-2。

γ_1——深度（$h+z$）范围内各土层的换算重度（kN/m^3）。

γ_2——深度 h 范围内各土层的换算重度（kN/m^3）。

h——基底埋置深度（m）。当基础受水流冲刷时，由一般冲刷线算起；当不受水流冲刷时，由天然地面算起；如位于挖方内，则由开挖后地面算起。

z——自基底处到软弱地基或软土层地基顶面的距离（m）。

f_a——软弱地基或软土层地基顶面土的承载力特征值（kPa）。

【例题 7-6】若例题 7-5 为公路桥梁基础，见图 7-9，试检算永久作用与可变作用组合使用期间地基强度（黏土层按不透水检算）。

【解】

1. 持力层强度检算

持力层为水下细砂。

（1）作用于持力层土的基底最大压应力：

$$p_{max} = \frac{P}{A} + \frac{M}{W} = \frac{9000}{6\times4} + \frac{1800}{\frac{1}{6}\times6\times4^2} = 488\ \text{kPa}$$

（2）确定持力层土修正后地基承载力特征值。

$$e = \frac{\gamma_s(1+w)}{\gamma} - 1 = \frac{26.8\times(1+14\%)}{19.5} - 1 = 0.57$$

$$D_r = \frac{e_{max} - e}{e_{max} - e_{min}} = \frac{0.85-0.57}{0.85-0.45} = 0.7$$

由 D_r=0.7 知细砂处于密实状态，查表 7-18，砂土地基承载力特征值 f_{a0}=300 kPa。

由于 $b=4$ m>2 m，h=5 m>3 m，且 $h/b=5/4=1.25 \leqslant 4$，故应该按照公式（7-15）进行修正。持力层位于水下且透水，故应采用浮重度。

$$\gamma' = \frac{\gamma_s - \gamma_w}{1+e} = \frac{26.8-10}{1-0.57} = 10.7\ \text{kN/m}^3$$

据饱和密实细砂查表 7-23 得 $k_1 = 2.0$ 、$k_2 = 4.0$ ，代入式（7-15）得

$$\begin{aligned} f_a &= f_{a0} + k_1\gamma_1(b-2) + k_2\gamma_2(h-3) \\ &= 300 + 2.0\times10.7\times(4-2) + 4.0\times19.5\times(5-3) \\ &= 499\ \text{kPa} \end{aligned}$$

查表 7-25，永久作用与可变作用组合使用期间地基承载力抗力系数 γ_R=1.25，则

$$\gamma_R \cdot f_a = 624\ \text{kPa}$$

因为 p_{max}=488 kPa＜ $\gamma_R \cdot f_a = 624\ \text{kPa}$ ，所以持力层强度满足要求。

2. 软弱下卧层强度检算

此题中，黏土为软弱下卧层。

（1）确定作用在软弱下卧层顶面的总应力。

因为 $\frac{z}{b} = \frac{3}{4} = 0.75 \leqslant 1$，所以基底压应力取距基底压力最大应力点 $b/4$ 处的压应力值：

$$p = 263 + \frac{3}{4}(488-263) = 431\ \text{kPa}$$

软弱下卧层顶面处 $\frac{a}{b} = \frac{6}{4} = 1.5$ ，$\frac{z}{b} = \frac{3}{4} = 0.75$ 。

按矩形面积均布荷载中点下附加应力查表 3-2，得附加应力系数 $\alpha = 0.582$ ，则作用在软弱下卧层顶面的附加应力：

$$\sigma_z = \alpha(p-\gamma\cdot h) = 0.582(431-19.5\times5) = 194\ \text{kPa}$$

作用在软弱下卧层顶面的总应力：

$$p_z = \gamma_1\cdot(h+z) + \alpha(p-\gamma_2 h) = 354\ \text{kPa}$$

（2）确定软弱下卧层土修正后承载力特征值。

液性指数：$I_L = \frac{w - w_P}{w_L - w_P} = \frac{38\% - 20\%}{40\% - 20\%} = 0.9$ ，

孔隙比：$e = 0.7$

查表 7-21，黏土地基的承载力特征值 f_a=190 kPa，由 $I_L = 0.9 \geqslant 0.5$ 查表 7-13 得其修正系数 $k_1 = 0$ 、$k_2 = 1.5$ ，代入式（7-12）得软弱下卧层修正后承载力特征值：

$$\gamma_2 = \frac{19.5\times5 + 20.7\times3}{5+3} = 19.95\ \text{kN/m}^3$$

$$\begin{aligned} f_a &= f_{a0} + k_1\gamma_1(b-2) + k_2\gamma_2(h-3) \\ &= 190 + 1.5\times19.95\times(5+3-3) \\ &= 340\ \text{kPa} \end{aligned}$$

$$\gamma_R \cdot f_a = 425\ \text{kPa}$$

因为 $p_z = 354\ \text{kPa} < \gamma_R \cdot f_a = 425\ \text{kPa}$，所以此软弱下卧层强度足够。

第六节　几种确定地基容许承载力的方法比较

前面四节内容给出了几种地基承载力的确定方法。理论公式计算对于一般简单的地基可以参考，因为其假设简化太多，与实际的数值偏差较大。所以最常用的还是规范法。因为规范中各类土的基本承载力表是根据载荷试验与土的物理力学性质指标的对比资料及国内外实践经验，并参照国内外规范综合考虑确定的，具有一定的普遍性，适用于地质简单的常用结构形式桥涵的地基。但由于我国幅员辽阔，自然条件复杂，不是在任何条件下规范中各表都能适用。因此在具体工点如做了专门研究，或当地已有经验，确定时可不受表列数值的限制。至于重要桥梁或地质复杂的桥梁更不能单纯查表确定，应根据实际情况用载荷试验、原位测试等方法综合确定。

现场原位测试是确定地基容许承载力最直接、最准确、最能符合实际情况的方法。目前常用的原位测试方法有载荷试验、静力触探、动力触探等。下面对这几种试验方法进行简要介绍比较。

一、载荷试验

载荷试验是在现场试坑中竖立载荷架，直接对地基土分级施加荷载，测定其在各级荷载作用下的沉降量。根据试验数据绘制荷载-沉降曲线（p-s 曲线）及每级荷载作用下的沉降-时间曲线（s-t 曲线），由此判定土的变形模量、地基承载力和土的变形特性等。

载荷试验根据建筑物性质、建筑荷载大小、基础埋置深度等因素分为浅层平板载荷试验与深层平板载荷试验。

（一）浅层平板载荷试验

浅层平板载荷试验见第四章的介绍，此处不再赘述。

（二）深层平板载荷试验

深层平板载荷试验可用于确定深部地基及大直径桩桩端在承压板压力主要影响范围内土层的承载力。深层平板载荷试验的承压板采用直径为 0.8 m 的刚性板，紧靠承压板周围外侧的土层高度不应小于 0.8 m。加载装置如图 7-10 所示，加荷采用油压千斤顶分级加荷，加荷等级可按预估极限承载力的 1/10 ~ 1/15 分级施加。每级加荷后，第一个小时内按间隔 10 min、10 min、10 min、15 min、15 min，以后为每隔半小时测读一次沉降。当在连续两小时内每小时沉降量小于 0.1 mm 时，则认为沉降已趋稳定，可加下一级荷载。

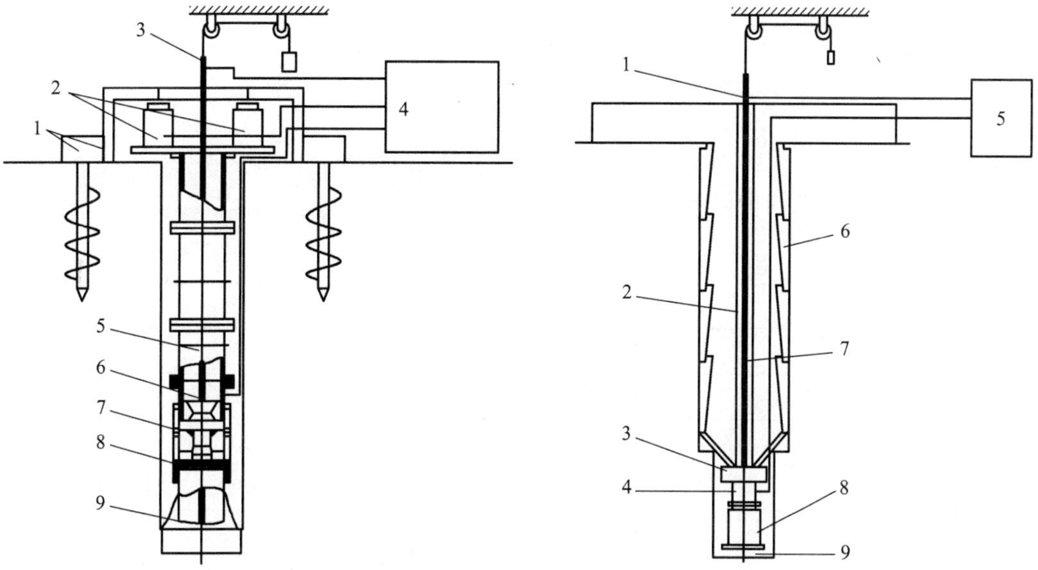

（a）地锚反力法

1—反力梁；2—千斤顶；3—位移传感器；4—检测仪；5—传力杆；6—位移杆；7—压力传感器；8—密封装置；9—承压板。

（b）井圈护壁反力法

1—位移传感器；2—塑料保温管；3—传力杆；4—压力传感器；5—检测仪；6—井圈护壁；7—位移杆；8—千斤顶；9—承压板。

图 7-10　深层平板载荷试验装置图

当出现下列现象之一时，即可终止加载：

（1）沉降量 s 急骤增大，在荷载-沉降（p-s）曲线上有可判定极限承载力的陡降段，且沉降量超过 $0.04d$（d 为承压板直径）。

（2）在某级荷载作用下，24 h 内沉降速率不能达到稳定。

（3）本级沉降量大于前一级沉降量的 5 倍。

当持力层土层坚硬，沉降量很小时，最大加载量不小于设计要求的 2 倍。

承载力基本容许值按下列规定取值：

（1）当 p-s 曲线上有比例界限时，取该比例界限所对应的荷载值。

（2）当满足终止加载条件三条之一时，其对应的前一级荷载定为极限荷载值；当该值小于对应比例界限的荷载值的 2 倍时，取极限荷载的一半。

（3）不能按上述两条要求确定时，可取 $s/d=0.01\sim0.015$ 所对应荷载值，但其值不应大于最大加载量的一半。

同一土层参加统计的试验点不应少于 3 点。当试验实测值的极差不超过其平均值的 30%时，取此平均值作为该土层的地基承载力基本容许值。

（三）变形模量

在部分侧向限制条件下，土在受压变形时产生的竖向压应力 σ_z 与竖向应变 ε_z 的比值称为变形模量 E_0。深层平板载荷试验荷载作用在半无限体内部，变形模量不宜采用荷载作用在半无限体表面的弹性理论公式，而应采用荷载作用于地基内部垂直均布荷载作用下的变形模量：

$$E_0=\omega\frac{pd}{s} \tag{7-25}$$

式中　ω——与试验深度和土类有关的系数，可查表 7-26；

其余符号意义同前。

表 7-26　深层载荷试验计算系数 ω

d/z	土类				
	碎石土	砂土	粉土	粉质黏土	黏土
0.30	0.477	0.489	0.491	0.515	0.524
0.25	0.459	0.480	0.482	0.505	0.514
0.20	0.450	0.471	0.474	0.497	0.505
0.15	0.444	0.454	0.457	0.479	0.487
0.10	0.435	0.445	0.448	0.470	0.478
0.05	0.427	0.437	0.439	0.451	0.458
0.01	0.418	0.429	0.431	0.452	0.459

注：d/z 为承压板直径和承压板底面深度之比。

二、触探试验

触探是将一种金属的探头压入或打入（统称贯入）土层中，根据贯入时的阻力或贯入一定深度的锤击数来划分土层及确定其物理力学性质的一种工程地质勘探方法和原位测试手段。按贯入方式的不同，触探分为静力触探和动力触探。采用静力压入方式的叫静力触探，采用落锤打入方式的叫动力触探。

（一）静力触探法

静力触探是采用静力触探仪，通过液压千斤顶或其他机械方式，将具有一定规格和功用的探头以规定的速率贯入土中，量测贯入过程中土对探头的阻力乃至孔隙水压力等触探参数。根据这些触探参数，可以：

（1）划分土层，确定土层名称及其潮湿程度。

（2）确定天然地基的基本承载力，评估土的几种物理力学指标和饱和土的固结特性。

（3）选择桩尖持力层，预估单桩承载力。

（4）判别砂类土、黏砂土和塑性指数 $I_P\leqslant10$ 的砂黏土液化的可能性。

（5）探查场地土层的均匀性和地下洞室的埋藏深度，检验人工素填土的密实程度和地基改良效果。

（二）动力触探法

动力触探是指利用一定的锤击能量，将带圆锥形探头的探杆打入土中，根据贯入土中规定深度所需的锤击数，判定地基土的力学性质的一种原位测试手段。

现场载荷试验是在模拟地基受建筑物荷载的作用条件和保持地基土的自然条件下进行的，同时还可以测定土在荷载作用下的变化过程。因此，它是确定地基容许承载力的各种方法中最有效和最可靠的方法。但现场载荷试验毕竟费工费时，也不易确定深层地基的承载力，因此，在一般桥涵地基工程中是不作载荷试验的。触探法也是一种原位测试手段。与载荷试验相比，触探法的显著优点是简捷经济。当静力触探和载荷试验之间建立了地区性相关关系以后，静力触探的可靠性不亚于载荷试验。在不少情况下，动力触探还需和钻探配合。按规范确定地基容许承载力，方法简便，只要取得有关的物理力学指标，即可求得地基承载力。对于地质和结构复杂的桥涵地基，其容许承载力就不应按规范提供的经验数据和经验公式，而应经原位测试确定。

本章小结

地基承受荷载的能力称为地基的承载力。地基承载力通常分为两种：一种称为地基极限承载力，它是指地基即将丧失稳定性时的承载力；另一种称为地基容许承载力，它是指在保证地基稳定和建筑物沉降量不超过容许值的条件下，地基单位面积所能承受的最大压力。

地基容许承载力的确定，一般可通过如下三种途径：① 利用现场载荷试验成果；② 利用理论公式；③ 按铁路、公路桥涵设计规范方法。

按《铁路桥涵地基和基础设计规范》（TB 10093—2017）确定地基承载力容许值：

$$[\sigma]=\sigma_0+k_1\gamma_1(b-2)+k_2\gamma_2(h-3)$$

按《公路桥涵地基与基础设计规范》（JTG 3363—2019）确定修正后的地基承载力特征值：

$$f_a=f_{a0}+k_1\gamma_1(b-2)+k_2\gamma_2(h-3)$$

地基强度检算的问题：

1. 按《铁路桥涵地基和基础设计规范》（TB 10093—2017）检算

（1）持力层强度检算：

当基础受中心荷载作用时：$\sigma_h\leqslant[\sigma]$

当基础受偏心荷载作用或有弯矩作用时：$\sigma_{h\max}\leqslant[\sigma]$

（2）软弱下卧层强度检算：

$$\sigma_{h+z}=\gamma_{h+z}(h+z)+\alpha(\sigma_h-\gamma h)\leqslant[\sigma]$$

2. 按《公路桥涵地基与基础设计规范》（JTG 3363—2019）检算

（1）持力层强度检算：

当基底只承受轴心荷载作用时：$p\leqslant f_a$

当基底单向偏心受压时：$p_{\max}\leqslant\gamma_R f_a$

（2）软弱下卧层检算：

$$p_z = \gamma_1 \cdot (h+z) + \alpha(p - \gamma_2 h) \leqslant \gamma_R f_a$$

复习思考题

7-1　什么是地基承载力、容许承载力和极限承载力？

7-2　确定地基容许承载力的方法有哪些？各有何特点？

7-3　影响地基承载力的主要因素有哪些？

7-4　何谓临塑荷载、临界荷载和极限荷载？

7-5　怎样用《公路桥涵地基与基础设计规范》（JTG 3363—2019）确定修正后地基承载力特征值？

7-6　怎样用《铁路桥涵地基和基础设计规范》（TB 10093—2017）确定地基的容许承载力？

7-7　为什么要验算软弱下卧层的强度?其具体要求是什么?

7-8　浅层平板载荷试验与深层平板载荷试验有何不同？根据试验结果如何确定承载力基本容许值？

习　题

7-1　某桥涵地基为黏性土，通过试验确定土粒相对密度 $G_s = 2.66$，天然密度 $\rho = 1.87\ \text{g/cm}^3$，含水率 $w = 32.5\%$，塑限 $w_P = 25\%$，液限 $w_L = 45\%$。试按《公路桥涵地基与基础设计规范》或《铁路桥涵地基和基础设计规范》确定该黏性土的名称，并确定其承载力。

7-2　某桥涵地基为中砂，该土样相对密度 $G_s = 2.65$，天然密度 $\rho = 1.95\ \text{g/cm}^3$，含水率 $w = 14\%$，最大孔隙比 $e_{max} = 0.75$，最小孔隙比 $e_{min} = 0.35$。试确定该中砂地基的承载力。

7-3　某桥梁地基为饱和黏土，孔隙比 e=0.80，土粒相对密度 G_s=2.75，液限 w_L=31.0%，塑限 w_P=25.5%。试确定其承载力。

7-4　某铁路桥墩基础为一矩形，长 a=8.0 m，宽 b=5.0 m，基础埋深 h=4.0 m，常水位至一般冲刷线为 3 m，基底与埋深范围内土样均为中密粗砂，饱和重度为 20.2 kN/m³。试计算此粗砂地层的容许承载力。

7-5　某条形基础宽 b=3 m，基底埋深 h=1.5 m，地基土重度 γ=18.0 kN/m³，内摩擦角 $\varphi = 20°$，黏聚力 c=16.0 kPa。试按太沙基公式确定地基的极限承载力。如果安全系数 $K = 2.5$，则地基容许承载力是多少？

第八章 地基处理

本章知识要点

（1）地基处理与复合地基的概念。

（2）换填垫层地基、预压地基、压实与夯实地基、复合地基、注浆地基的适用条件、设计、施工及检测。

第一节 地基处理概述

我国地域辽阔，分布着大面积的软弱地基与特殊地基，而随着高速铁路与高速公路建设规模的日益扩大，地基沉降控制已成为确定轨道平顺性、路面平整性的关键因素，地基处理的难度及要求越来越高，数量越来越多。地基处理得恰当与否，不仅影响工程的投资，而且将直接影响工程构筑物的使用性能和工程质量，影响行车的安全与舒适。

软弱地基是指由土质疏松、压缩性高、抗剪强度低的软土、松散砂土和未经处理的填土所组成的地基。人们把具有特殊工程性质的土类称为特殊地基。当地基为软弱地基或特殊地基时，需对地基进行处理。为了提高地基承载力，改善其变形性能或渗透性能而采取的技术措施就是地基处理。

地基处理的目的是：提高地基的抗剪强度，增加其稳定性；降低地基土的压缩性，减少地基的沉降变形；改善地基土的渗透特性，减少地基渗漏或加强其渗透稳定性；改善地基土的动力特性，提高地基的抗震性能；改善特殊土地基的不良特性，满足工程设计要求。

常用的地基处理方法见表 8-1。

地基处理设计程序是首先根据建（构）筑物对地基的要求和天然地基条件确定地基是否需要加固。在确定是否需要进行地基处理时，应将上部结构、基础和地基统一考虑，若天然地基满足要求，宜尽量采用天然地基。若天然地基不能满足建（构）筑物对地基的要求，就要确定进行地基处理的天然地层的范围以及地基处理的要求。

表 8-1　常见地基处理方法

处理方法	适用条件
换填垫层	浅层软弱土层或不均匀土层
预压地基	淤泥质土、淤泥、冲填土等饱和地基
压实地基和夯实地基	大面积填土地基
复合地基	欠固结土、湿陷性黄土、可液化土等特殊土
注浆加固	地基的局部加固处理，适用于砂土、粉土、黏性土和人工填土等

地基处理设计采用动态设计法。考虑上部结构、基础、地基的共同作用，既要有单一的地基处理方案，又要有加强上部结构刚度和地基处理相结合的方案，应根据天然地基的工程地质和水文地质条件、地基处理方法的原理、已有的经验、现有机具设备、材料等进行地基处理方案的可行性研究，提出多种技术上可行的方案，并对提出的方案进行技术、经济、进度、环保等方面的比较分析，确定采用一种或几种地基处理方法。根据需要对已选定的地基处理方法进行小型现场试验或进行补充调查，根据试验结果进行地基处理施工设计，然后进行地基处理施工。地基处理施工采用信息施工法，即在过程中如果发现设计有不完善的地方，可根据需要对设计进行修改、补充，根据现场地质资料和监测资料及时调整施工方案。

第二节　换填垫层法

换填垫层法是挖除基础底面下一定范围内的软弱土层或不均匀土层，回填其他性能稳定、无侵蚀性、强度较高的材料，并夯压密实形成的垫层。

一、一般规定

换填垫层法适用于浅层软弱土层或不均匀土层的地基处理。

换填垫层法应根据建筑体型、结构特点、荷载性质、场地土质条件、施工机械设备及填料性质和来源等综合分析后，进行换填垫层的设计，并选择施工方法。对于工程量较大的换填垫层，应按所选用的施工机械、换填材料及场地的土质条件进行现场试验，确定换填垫层压实效果和施工质量控制标准。

二、设　计

1. 垫层材料的选用

（1）砂石：宜选用碎石、卵石、角砾、圆砾、砾砂、粗砂、中砂或石屑，并应级配良好，不含植物残体、垃圾等杂质。当使用粉细砂或石粉时，应掺入不少于总质量30%的碎石或卵石。砂石的最大粒径不宜大于 50 mm。对湿陷性黄土或膨胀土地基，不得选用砂石等透水材料。

（2）粉质黏土：土料中有机质含量不得超过 5%，且不得含有冻土或膨胀土。当含有碎石时，其粒径不宜大于 50 mm。用于湿陷性黄土或膨胀土地基的粉质黏土垫层，土料中不得夹有砖、瓦或石块等。

（3）灰土：体积配合比宜为 2∶8 或 3∶7。石灰宜选用新鲜的消石灰，其最大粒径不得大于 5 mm。土料宜选用粉质黏土，不宜使用块状黏土，且不得含有松软杂质。土料应过筛且最大粒径不得大于 15 mm。

（4）粉煤灰：选用的粉煤灰应满足相关标准对腐蚀性和放射性的要求。粉煤灰垫层上宜覆土 0.3 ~ 0.5 m。粉煤灰垫层中采用掺加剂时，应通过试验确定其性能及适用条件。粉煤灰垫层中的金属构件、管网应采取防腐措施。大量填筑粉煤灰时，应经场地地下水和土壤环境的不良影响评价合格后，方可使用。

（5）矿渣：宜选用分级矿渣、混合矿渣及原状矿渣等高炉重矿渣。矿渣的松散重度不应小于 11 kN/m^3，有机质及含泥量不得超过总质量 5%。垫层设计、施工前应对所选用的矿渣进行试验，确认性能稳定并满足腐蚀性和放射性安全的要求。对易受酸、碱影响的基础或地下管网不得采用矿渣垫层。大量填筑矿渣时，应经场地地下水和土壤环境的不良影响评价合格后，方可使用。

（6）其他工业废渣：在有充分依据或成功经验时，可采用质地坚硬、性能稳定、透水性强、无腐蚀性和无放射性危害的其他工业废渣材料，但应经过现场试验证明其经济技术效果良好且施工措施完善后方可使用。

（7）土工合成材料加筋垫层所选用土工合成材料的品种与性能及填料，应根据工程特性和地基土质条件，按照现行国家标准《土工合成材料应用技术规范》GB 50290 的要求，通过设计计算并进行现场试验后确定。土工合成材料应采用抗拉强度较高、耐久性好、抗腐蚀的土工带、土工格栅、土工格室、土工垫或土工织物等土工合成材料。垫层填料宜用碎石、角砾、砾砂、粗砂、中砂等材料，且不含氯化钙、碳酸钠、硫化物等化学物质。当工程要求垫层具有排水功能时，垫层材料应具有良好的透水性。在软土地基上使用加筋垫层时，应保证建筑物稳定并满足允许变形的要求。

2. 垫层厚度的确定

（1）垫层厚度应根据需要置换软弱土（层）的深度或下卧土层的承载力确定，并应符合式（8-1）的要求：

$$p_z + p_{cz} \leqslant f_{az} \tag{8-1}$$

式中 p_z——相应于作用的标准组合时，垫层底面处的附加压力（kPa）；

p_{cz}——垫层底面处土的自重压力值（kPa）；

f_{az}——垫层底面处经深度修正的地基承载力特征值（kPa）。

（2）垫层底面处的附加压力 p_z 可按式（8-2）、式（8-3）计算：

$$\text{条形基础}\ p_z = \frac{b(p_k - p_c)}{b + 2z\tan\theta} \tag{8-2}$$

$$矩形基础\ p_z=\frac{bl(p_k-p_c)}{(b+2z\tan\theta)(l+2z\tan\theta)} \tag{8-3}$$

式中　b——矩形基础或条形基础底面的宽度（m）；

l——矩形基础底面的长度（m）；

p_k——相应于作用的标准组合时，基础底面处的平均压力（kPa）；

p_c——基础底面处土的自重压力（kPa）；

z——基础底面下垫层的厚度（m）；

θ——垫层的压力扩散角（°），宜通过试验确定，无试验资料时，可按表 8-2 选用。

表 8-2　压力扩散角 θ [单位：（°）]

z/b	换填材料		
	中砂、粗砂、砾砂、圆砾、角砾、碎石、卵石、石屑、矿渣	粉质黏土、粉煤灰	灰土、水泥土
0.25	20	6	28
≥0.5	30	23	

注：① 当 $z/b<0.25$ 时，除灰土取 $\theta=28°$ 外，其余材料均取 $\theta=0°$，必要时，宜由试验确定。
② 当 $0.25<z/b<0.5$ 时，θ 值可内插求得。
③ 土工合成材料加筋垫层其压力扩散角宜由现场载荷试验确定。

在工程实践中，换填垫层的厚度宜为 0.5 ~ 3.0 m。当厚度太小（<0.5 m）时，在压实工具的作用下，不能形成完整的一层，垫层作用不大；如果厚度太大（>3.0 m），则施工不便，造价也高。故换填垫层的厚度根据式（8-1）计算结果，并考虑当地经验，一般取 1.0 ~ 2.0 m。

3. 垫层底面宽度的确定

（1）垫层底面的宽度应满足压力扩散的要求，按式（8-4）确定，具体见图 8-1：

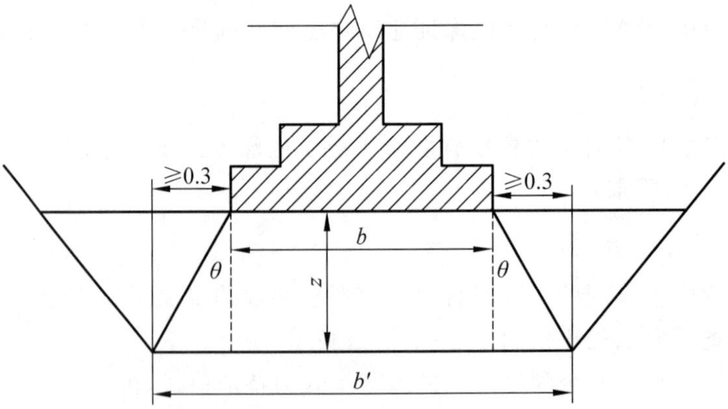

图 8-1　垫层宽度取值示意图（单位：m）

$$b'\geqslant b+2z\tan\theta \tag{8-4}$$

式中　b'——垫层底面宽度（m）；

θ——压力扩散角，可按表 8-2 选用，当 $z/b<0.25$ 时，仍按表中 $z/b=0.25$ 取值。

（2）垫层顶面每边超出基础底边缘不应小于 0.3 m，且从垫层底面两侧向上，按当地基坑开挖的经验及要求放坡。

（3）整片垫层底面的宽度可根据施工的要求适当加宽。

4. 垫层的压实标准

各种垫层的压实标准可按表 8-3 选用。矿渣垫层的压实系数可根据满足承载力设计要求的试验结果，按最后两遍压实的压陷差确定。

表 8-3　各种垫层的压实标准

施工方法	换填材料类别	压实系数 λ_c
碾压、振密或夯实	碎石、卵石	≥0.97
	砂夹石（其中碎石、卵石占全重的 30%～50%）	
	土夹石（其中碎石、卵石占全重的 30%～50%）	
	中砂、粗砂、砾砂、角砾、圆砾、石屑	
	粉质黏土	≥0.97
	灰　土	≥0.95
	粉煤灰	≥0.95

注：① 压实系数 λ_c 为土的控制干密度 ρ_d 与最大干密度 ρ_{dmax} 的比值；土的最大干密度宜采用击实试验确定；碎石或卵石的最大干密度可取 2.1 t/m^3～2.2 t/m^3。

② 表中压实系数 λ_c 系使用轻型击实试验测定土的最大干密度 ρ_{dmax} 时给出的压实控制标准；采用重型击实试验时，对粉质黏土、灰土、粉煤灰及其他材料压实标准应为压实系数 $\lambda_c \geq 0.94$。

5. 其他设计规定

（1）换填垫层的承载力宜通过现场静载荷试验确定。

（2）对于垫层下存在软弱下卧层的建筑，在进行地基变形计算时应考虑邻近建筑物基础荷载对软弱下卧层顶面应力叠加的影响。当超出原地面标高的垫层或换填材料的重度高于天然土层重度时，宜及时换填，并应考虑其附加荷载的不利影响。

（3）垫层地基的变形由垫层自身变形和下卧层变形组成。换填垫层在满足换填宽度、厚度、压实标准的条件下，垫层地基的变形可仅考虑其下卧层的变形。对地基沉降有严格限制的建筑，应计算垫层自身的变形。垫层下卧层的变形量可按现行国家标准《建筑地基基础设计规范》GB 50007 的规定进行计算。

（4）加筋土垫层所选用的土工合成材料尚应根据式（8-5）进行材料强度验算：

$$T_p \leq T_a \tag{8-5}$$

式中　T_a——土工合成材料在允许延伸率下的抗拉强度（kN/m）；

T_p——相应于作用的标准组合时，单位宽度的土工合成材料的最大拉力（kN/m）。

（5）加筋土垫层的加筋体设置应符合下列规定：

① 一层加筋时，可设置在垫层的中部。

② 多层加筋时，首层筋材距垫层顶面的距离宜取 30%垫层厚度，筋材层间距宜取 30%～50%的垫层厚度，且不应小于 200 mm。

③ 加筋线密度宜为 0.15～0.35。无经验时，单层加筋宜取高值，多层加筋宜取低值。垫层的边缘应有足够的锚固长度。

三、施 工

（1）垫层施工应根据不同的换填材料选择施工机械。粉质黏土、灰土垫层宜采用平碾、振动碾或羊足碾，以及蛙式夯、柴油夯。砂石垫层等宜用振动碾。粉煤灰垫层宜采用平碾、振动碾、平板振动器、蛙式夯。矿渣垫层宜采用平板振动器或平碾，也可采用振动碾。

（2）垫层的施工方法、分层铺填厚度、每层压实遍数通过现场试验确定。除接触下卧软土层的垫层底部应根据机械设备及土质条件确定厚度外，其他垫层的分层铺填厚度宜为 200～300 mm。为保证分层压实质量，应控制机械碾压速度。

（3）粉质黏土和灰土垫层土料的施工含水率宜控制在 $w_{opt}\pm2\%$的范围内，粉煤灰垫层的施工含水率宜控制在 $w_{opt}\pm4\%$的范围内。最优含水率 w_{opt} 可通过击实试验确定，也可按当地经验选取。

（4）当垫层底部存在古井、古墓、洞穴、旧基础、暗塘时，应根据建筑物对不均匀沉降的控制要求予以处理，并经检验合格后，方可铺填垫层。

（5）基坑开挖时应避免坑底土层受扰动，可保留 180～220 mm 厚的土层暂不挖去，待铺填垫层前再由人工挖至设计标高。严禁扰动垫层下的软弱土层，应防止软弱垫层被践踏、受冻或受水浸泡。在碎石或卵石垫层底部宜设置厚度为 150～300 mm 的砂垫层或铺一层土工织物，并应防止基坑边坡塌土混入垫层中。

（6）换填垫层施工时，应采取基坑排水措施。除砂垫层宜采用水撼法施工外，其余垫层施工均不得在浸水条件下进行。工程需要时应采取降低地下水位的措施。

（7）垫层底面宜设在同一标高上，如深度不同，坑底土层应挖成阶梯或斜坡搭接，并按先深后浅的顺序进行垫层施工，搭接处应夯压密实。

（8）粉质黏土、灰土垫层及粉煤灰垫层施工，应符合下列规定：

① 粉质黏土及灰土块层分段施工时，不得在柱基、墙角及承重窗间墙下接缝。

② 垫层上下两层的缝距不得小于 500 mm，且接缝处应夯压密实。

③ 灰土拌和均匀后，应当日铺填夯压，灰土夯压密实后，3 d 内不得受水浸泡。

④ 粉煤灰垫层铺填后宜当日压实，每层验收后应及时铺填上层或封层，并应禁止车辆碾压通行。

⑤ 垫层施工竣工验收合格后，应及时进行基础施工与基坑回填。

（9）土工合成材料施工，应符合下列要求：

① 下铺地基土层顶面应平整。

② 土工合成材料铺设顺序应先纵向后横向，且应把土工合成材料张拉平整、绷紧，

严禁有皱折。

③ 土工合成材料的连接宜采用搭接法、缝接法或胶接法，接缝强度不应低于原材料抗拉强度，端部应采用有效方法固定，防止筋材拉出。

④ 应避免土工合成材料暴晒或裸露，阳光曝晒时间不应大于 8 h。

四、质量检验

（1）对粉质黏土、灰土、砂石、粉煤灰垫层的施工质量可选用环刀取样、静力触探、轻型动力触探或标准贯入试验等方法进行检验；对碎石、矿渣垫层的施工质量可采用重型动力触探试验等进行检验。压实系数可采用灌砂法、灌水法或其他方法进行检验。

（2）换填垫层的施工质量检验应分层进行，并应在每层的压实系数符合设计要求后再铺填上层。

（3）采用环刀法检验垫层的施工质量时，取样点应选择位于每层垫层厚度的 2/3 深度处。检验点数量，条形基础下垫层每 10 ~ 20 m 不应少于 1 个点，独立柱基、单个基础下垫层不应少于 1 个点，其他基础下垫层每 50 ~ 100 m^2 不应少于 1 个点。采用标准贯入试验或动力触探法检验垫层的施工质量时，每分层平面上检验点的间距不应大于 4 m。

（4）竣工验收应采用静载荷试验检验垫层承载力，且每个单体工程不宜少于 3 个点；对于大型工程应按单体工程的数量或工程划分的面积确定检验点数。

（5）加筋垫层中土工合成材料的检验应符合下列要求：

① 土工合成材料质量应符合设计要求，外观无破损、无老化，无污染。

② 土工合成材料应可张拉、无皱折、紧贴下承层，锚固端应锚固牢靠。

③ 上下层土工合成材料搭接缝应交替错开，搭接强度应满足设计要求。

第三节　预压法

预压法又称排水固结法，指直接在天然地基或在设置有普通砂井、袋装砂井、塑料排水带等竖向排水体的地基上，利用建筑物本身重量分级逐渐加载或在建筑物建造前在场地上先行加载预压，使土体中孔隙水排出，提前完成土体固结沉降，逐步增加地基强度的一种软土地基加固方法。

一、一般规定

预压法由加压系统和排水系统两部分组成，见图 8-2。加压系统通过预先对地基施加荷载，使地基中的孔隙水产生压力差，从饱和地基中自然排出，进而使土体固结；排水系统则通过改变地基原有的排水边界条件，增加孔隙水排出的途径，缩短排水距离，使地基在预压期间尽快完成设计要求的沉降量，并及时提高地基土强度。

- 预压法
  - 加压系统
    - 堆载预压
    - 真空预压
    - 降水预压
    - 电渗排水
    - 真空联合堆载预压
  - 排水系统
    - 竖向排水体
      - 普通砂井
      - 袋装砂井
      - 塑料排水板
    - 水平排水体 ——砂垫层

图 8-2　预压法结构组成

预压地基适用于处理淤泥质土、淤泥、冲填土等饱和黏性土地基。预压地基按处理工艺可分为堆载预压、真空预压、真空和堆载联合预压。

真空预压适用于处理以黏性土为主的软弱地基。当存在粉土、砂土等透水、透气层时，加固区周边应采取确保膜下真空压力满足设计要求的密封措施。对塑性指数大于 25 且含水率大于 85%的淤泥，应通过现场试验确定其适用性。加固土层上覆盖有厚度大于 5 m 以上的回填土或承载力较高的黏性土层时，不宜采用真空预压处理。

预压地基应预先通过勘察查明土层在水平和竖直方向的分布、层理变化，查明透水层的位置、地下水类型及水源补给情况等；并应通过土工试验确定土层的先期固结压力、孔隙比与固结压力的关系、渗透系数、固结系数、三轴试验抗剪强度指标，通过原位十字板试验确定土的抗剪强度。

对重要工程，应在现场选择试验区进行预压试验，在预压过程中应进行地基竖向变形、侧向位移、孔隙水压力、地下水位等项目的监测并进行原位十字板剪切试验和室内土工试验。根据试验区获得的监测资料确定加载速率控制指标，推算土的固结系数、固结度及最终竖向变形等，分析地基处理效果。对原设计进行修正，指导整个场区的设计与施工。

对堆载预压工程，预压荷载应分级施加，并确保每级荷载下地基的稳定性；对于真空预压工程，可采用一次连续抽真空至最大压力的加载方式。

对主要以变形控制的建筑物，当地基土经预压所完成的变形和平均固结度满足设计要求时，方可卸载。对以地基承载力或抗滑稳定性控制设计的建筑物，当地基土经预压后其强度满足建筑物地基承载力或稳定性要求时，方可卸载。

当建筑物的荷载超过真空预压的压力，或建筑物对地基变形有严格要求时，可采用真空和堆载联合预压，其总压力宜超过建筑物的竖向荷载。

预压地基加固应考虑预压施工对相邻建筑物、地下管线等产生附加沉降的影响。真空预压地基加固区边线与相邻建筑物、地下管线等的距离不宜小于 20 m，当距离较近时，应对相邻建筑物、地下管线等采取保护措施。

当受预压时间限制，残余沉降或工程投入使用后的沉降不满足工程要求时，在保证整体稳定条件下可采用超载预压。

二、设　计

1. 堆载预压

堆载预压就是地基上堆加荷载使地基土固结压密的地基处理方式。

对深厚软黏土地基，应设置塑料排水带或砂井等排水竖井。当软土层厚度较小或软土层中含较多薄粉砂夹层，且固结速率满足工期要求时，可不设置排水竖井。

（1）堆载预压地基处理的设计内容。

① 选择塑料排水带或砂井，确定其断面尺寸、间距、排列方式和深度。

② 确定预压工区范围、预压荷载大小、荷载分级、加载速率和预压时间。

③ 计算堆载荷载作用下地基土的固结度、强度增长、稳定性和变形。

（2）砂井直径。

排水竖井分普通砂井、袋装砂井和塑料排水带。普通砂井直径宜为 300 ~ 500 mm，袋装砂井直径宜为 70 ~ 120 mm，塑料排水带的当量换算直径可按式（8-6）计算：

$$d_{\mathrm{p}}=\frac{2(b+\delta)}{\pi} \tag{8-6}$$

式中　d_{p}——塑料排水带当量换算直径（mm）；

b——塑料排水带宽度（mm）；

δ——塑料排水带厚度（mm）。

（3）砂井的布置形式及间距。

袋装砂井及塑料排水带的平面布置可采用等边三角形或正方形排列，见图 8-3，有效排水直径 d_{e} 与间距 l 的关系由式（8-7）、式（8-8）确定：

等边三角形排列 $d_{\mathrm{e}}=1.05l$　（8-7）

正方形排列 $d_{\mathrm{e}}=1.13l$　（8-8）

式中　d_{e}——有效排水直径（mm）；

l——间距（m）。

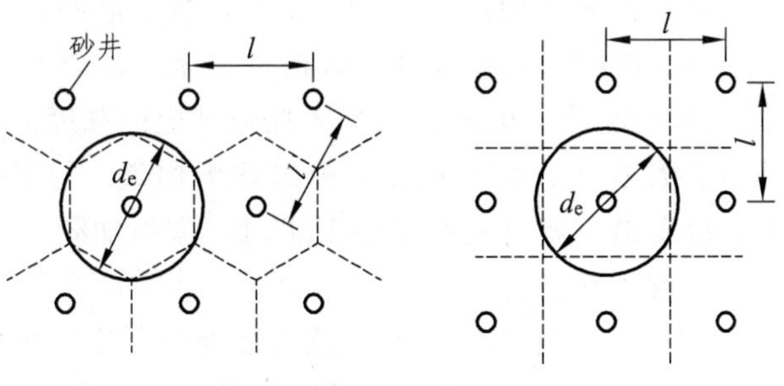

（a）三角形排列　（b）正方形排列

图 8-3　砂井的平面布置图

排水竖井的间距可根据地基土的固结特性和预定时间内所要求达到的固结度确定。设计时，竖井的间距可按井径比 n 选用（$n=d_{\mathrm{e}}/d_{\mathrm{w}}$，$d_{\mathrm{w}}$ 为竖井直径，对塑料带可

取 $d_w = d_p$ ）。塑料排水带或袋装砂井的间距可按 n=15～22 选用，普通砂井的间距可按 n=6～8 选用。

（4）砂井深度。

排水竖井的深度应符合下列规定：

① 根据建筑物对地基的稳定性、变形要求和工期确定。

② 对以地基抗滑稳定性控制的工程，竖井深度应大于最危险滑动面以下 2.0 m。

③ 对以变形控制的建筑工程，竖井深度应根据在限定的预压时间内需完成的变形量确定，竖井宜穿透受压土层。

（5）固结度的计算。

一级或多级等速加载条件下，当固结时间为 t 时，对应总荷载的地基平均固结度可按式（8-9）计算：

$$\overline{U_t} = \sum_{i=1}^{n} \frac{q_i}{\sum \Delta p} \left[(t_i - t_{i-1}) - \frac{\alpha}{\beta} \mathrm{e}^{-\beta t} (\mathrm{e}^{\beta t_i} - \mathrm{e}^{\beta t_{i-1}}) \right] \tag{8-9}$$

式中 $\overline{U_t}$——t 时间地基的平均固结度；

q_i——第 i 级荷载的加载速率（kPa/d）；

$\sum \Delta p$——各级荷载的累加值（kPa）；

t_{i-1}、t_i——第 i 级荷载加载的起始和终止时间（从零点起算）(d)，当计算第 i 级荷载加载过程中某时间 t 的固结度时，t_i 改为 t；

α、β——参数，可根据地基土排水固结条件查相关规范。

当排水竖井采用挤土方式施工时，应考虑涂抹对土体固结的影响。

对排水竖井未穿透受压土层的情况，竖井范围内土层的平均固结度和竖井底面以下受压土层的平均固结度，以及通过预压完成的变形量均应满足设计要求。

（6）预压荷载大小、范围、加载速率的确定。

① 预压荷载大小应根据设计要求确定；对于沉降有严格限制的建筑，可采用超载预压法处理，超载量大小应根据预压时间内要求完成的变形量通过计算确定，并宜使预压荷载下受压土层各点的有效竖向应力大于建筑物荷载引起的相应点的附加应力。

② 预压荷载顶面的范围应不小于建筑物基础外缘的范围。

③ 加载速率应根据地基土的强度确定；当天然地基土的强度满足预压荷载下地基的稳定性要求时，可一次性加载；如不满足应分级逐渐加载，待前期预压荷载下地基土的强度增长满足下一级荷载下地基的稳定性要求时，方可加载。

（7）预压地基抗剪强度的计算。

计算预压荷载下饱和黏性土地基中某点的抗剪强度时，应考虑土体原来的固结状态。对正常固结饱和黏性土地基，某点某一时间的抗剪强度可按式（8-10）计算：

$$\tau_{\mathrm{ft}} = \tau_{\mathrm{f0}} + \Delta\sigma_z \cdot U_t \tan\varphi_{\mathrm{cu}} \tag{8-10}$$

式中 τ_{ft}——t 时刻该点土的抗剪强度（kPa）；

τ_{f0}——地基土的天然抗剪强度（kPa）；

$\Delta\sigma_z$——预压荷载引起的该点的附加竖向应力（kPa）；

U_t——该点土的固结度；

φ_{cu}——三轴固结不排水压缩试验求得的土的内摩擦角（°）。

（8）预压地基最终竖向变形量的计算。

预压荷载下地基最终竖向变形量的计算可取附加应力与土自重应力的比值为 0.1 的深度作为压缩层的计算深度，可按式（8-11）计算：

$$s_f = \xi \sum_{i=1}^{n} \frac{e_{0i} - e_{1i}}{1 + e_{0i}} h_i \tag{8-11}$$

式中　s_f——最终竖向变形量（m）；

e_{0i}——第 i 层中点土自重应力所对应的孔隙比，由室内固结试验 e-p 曲线查得；

e_{1i}——第 i 层中点土自重应力与附加应力之和所对应的孔隙比，由室内固结试验 e-p 曲线查得；

h_i——第 i 层土层厚度（m）；

ξ——经验系数，可按地区经验确定，无经验时对正常固结饱和黏性土地基可取 ξ=1.1～1.4，荷载较大或地基软弱土层厚度大时应取较大值。

（9）砂垫层应满足的要求。

预压处理地基应在地表铺设与排水竖井相连的砂垫层，砂垫层厚度不应小于 500 mm；砂垫层砂料宜用中粗砂，黏粒含量不应大于 3%，砂料中可含有少量粒径不大于 50 mm 的砾石；砂垫层的干密度应大于 1.5 t/m^3，渗透系数应大于 1×10^{-2} cm/s。

在预压区边缘应设置排水沟，在预压区内宜设置与砂垫层相连的排水盲沟，排水盲沟的间距不宜大于 20 m。

砂井的砂料应选用中粗砂，其黏粒含量不应大于 3%。

堆载预压处理地基设计的平均固结度不宜低于 90%，且应在现场监测的变形速率明显变缓时方可卸载。

2. 真空预压

真空预压就是通过对覆盖于竖井地基表面的封闭薄膜内抽真空排水使地基土固结压密的地基处理方法。

（1）真空预压地基处理应设置排水竖井，其设计内容有：

① 竖井断面尺寸、间距、排列方式和深度。

② 预压区面积和分块大小。

③ 真空预压施工工艺。

④ 要求达到的真空度和土层的固结度。

⑤ 真空预压和建筑物荷载下地基的变形计算。

⑥ 真空预压后的地基承载力增长计算。

（2）真空预压的设计要求：

① 真空预压排水竖井的间距与堆载预压相同。

② 砂井的砂料应选用中粗砂，其渗透系数应大于 1×10^{-2} cm/s。

③ 真空预压竖向排水通道宜穿透软土层，但不应进入下卧透水层。软土层较厚且以地基抗滑稳定性控制的工程，竖向排水通道的深度不应小于最危险滑动面下 2.0 m。对以变形控制的工程，竖井深度应根据在限定的预压时间内需完成的变形量确定，且宜穿透主要受压土层。

④ 真空预压区边缘应大于建筑物基础轮廓线，每边增加量不得小于 3.0 m。

⑤ 真空预压的膜下真空度应稳定地保持在 86.7 kPa（650 mmHg）以上，且应均匀分布，排水竖井深度范围内土层的平均固结度应大于 90%，预压时间不宜低于 90 d。

⑥ 对于表层存在良好的透气层或在处理范围内有充足水源补给的透水层，应采取有效措施隔断透气层或透水层。

⑦ 真空预压固结度和地基强度增长率的计算可按堆载预压计算。

⑧ 真空预压地基的最终竖向变形计算与堆载预相同。ξ 可按当地经验取值；无当地经验时，ξ 可取 1.0 ~ 1.3。

⑨ 真空预压地基加固面积较大时，宜采用分区加固，每块预压面积应尽可能大且呈方形，分区面积宜为 20 000 ~ 40 000 m^2。

⑩ 真空预压地基加固可根据面积的大小、形状和土层结构特点，按每套设备可加固地基 1000 ~ 1500 m^2 确定设备数量。

3. 真空和堆载联合预压

当设计地基预压荷载大于 80 kPa，且进行真空预压处理地基不能满足设计要求时，可采用真空和堆载联合预压地基处理。

堆载体的坡肩线宜与真空预压边线一致。

对于一般软黏土，上部堆载施工宜在真空预压膜下真空度稳定地达到 86.7 kPa（650 mmHg）且抽真空时间不少于 10 d 后进行。对于高含水率的淤泥类土，上部堆载施工宜在真空预压膜下真空度稳定地达到 86.7 kPa（650 mmHg）且抽真空 20 ~ 30 d 后可进行。

当堆载较大时，真空和堆载联合预压应采用分级加载，分级数应根据地基土稳定计算确定。分级加载时，应待前期预压荷载下地基的承载力增长满足下一级荷载下地基的稳定性要求时，方可增加堆载。

真空和堆载联合预压时地基固结度、地基承载力增长、最终竖向变形与堆载预压相同。

三、施　工

预压法施工的主要步骤为：打设竖向排水体、铺设水平砂垫层、堆载或真空或堆载和真空联合预压。根据预压方式的不同，施工中有以下应注意的问题。

1. 堆载预压

堆载预压所使用的塑料排水带性能指标应符合设计要求，防止阳光照射、破损或污染。砂井的灌砂量，应按井孔的体积和砂在中密状态时的干密度计算，实际灌砂量不得小于计算值的 95%。灌入砂袋中的砂宜用干砂，并应灌制密实。

塑料排水带和袋装砂井施工时，宜配置深度检测设备。

塑料排水带需接长时，应采用滤膜内芯带平搭接的连接方法，搭接长度宜大于 200 mm。

塑料排水带施工所用套管应保证插入地基中的带子不扭曲。袋装砂井施工所用套管内径应大于砂井直径。

塑料排水带和袋装砂井施工时，平面井距偏差不应大于井径，垂直度允许偏差应为±1.5%，深度应满足设计要求。

塑料排水带和袋装砂井砂袋埋入砂垫层中的长度不应小于 500 mm。

堆载预压加载过程中，应满足地基承载力和稳定控制要求，并应进行竖向变形、水平位移及孔隙水压力的监测。堆载预压加载速率应满足下列要求：

① 竖井地基最大竖向变形量不应超过 15 mm/d。

② 天然地基最大竖向变形量不应超过 10 mm/d。

③ 堆载预压边缘处水平位移不应超过 5 mm/d。

根据上述观测资料综合分析、判断地基的承载力和稳定性。

2. 真空预压

真空预压的抽气设备宜采用射流真空泵，真空泵空抽吸力不应低于 95 kPa。真空泵的设置应根据地基预压面积、形状、真空泵效率和工程经验确定，每块预压区设置的真空泵不应少于两台。

（1）真空管路设置应符合下列规定：

① 真空管路的连接应密封，真空管路中应设置止回阀和截门。

② 水平向分布滤水管可采用条状、梳齿状及羽毛状等形式。

③ 滤水管布置宜形成回路。

④ 滤水管应设在砂垫层中，上覆砂层厚度宜为 100 ~ 200 mm。

⑤ 滤水管可采用钢管或塑料管，应外包尼龙纱或土工织物等滤水材料。

（2）密封膜应符合下列规定：

① 密封膜应采用抗老化性能好、韧性好、抗穿刺性能强的不透气材料。

② 密封膜热合时，宜采用双热合缝的平搭接，搭接宽度应大于 15 mm。

③ 密封膜宜铺设三层，膜周边可采用挖沟埋膜，平铺并用黏土覆盖压边、围埝沟内及膜上覆水等方法进行密封。

地基土渗透性强时，应设置黏土密封墙。黏土密封墙宜采用双排搅拌桩，搅拌桩直径不宜小于 700 mm；当搅拌桩深度小于 15 m 时，搭接宽度不宜小于 200 mm；当搅拌桩深度大于 15 m 时，搭接宽度不宜小于 300 mm；搅拌桩成桩搅拌应均匀，黏土密封墙的渗透系数应满足设计要求。

3. 真空和堆载联合预压

当采用真空和堆载联合预压时，应先抽真空，当真空压力达到设计要求并稳定后，再进行堆载，并继续抽真空。

堆载前，应在膜上铺设编织布或无纺布等土工编织布保护层。保护层上铺设 100 ~ 300 mm 厚砂垫层。

堆载施工时可采用轻型运输工具，不得损坏密封膜。

上部堆载施工时，应监测膜下真空度的变化，发现漏气应及时处理。

堆载加载过程中，应满足地基稳定性设计要求。对竖向变形、边缘水平位移及孔隙水压力的监测应满足下列要求：

① 地基向加固区外的侧移速率不应大于 5 mm/d。

② 地基竖向变形速率不应大于 10 mm/d。

根据上述观察资料综合分析、判断地基的稳定性。

四、质量检验

1. 施工过程中的质量检验和监测

（1）对塑料排水带应进行纵向通水量、复合体抗拉强度、滤膜抗拉强度、滤膜渗透系数和等效孔径等性能指标现场随机抽样测试。

（2）对不同来源的砂井和砂垫层砂料，应取样进行颗粒分析和渗透性试验。

（3）对以地基抗滑稳定性控制的工程，应在预压区内预留孔位，在加载不同阶段进行原位十字板剪切试验和取土进行室内土工试验；加固前的地基土检测，应在打设塑料排水带之前进行。

（4）对预压工程，应进行地基竖向变形、侧向位移和孔隙水压力等监测。

（5）真空预压、真空和堆载联合预压工程，除应进行地基变形、孔隙水压力监测外，尚应进行膜下真空度和地下水位监测。

2. 预压地基竣工验收检验

（1）排水竖井处理深度范围内和竖井底面以下受压土层，经预压所完成的竖向变形和平均固结度应满足设计要求。

（2）应对预压的地基土进行原位试验和室内土工试验。

原位试验可采用十字板剪切试验或静力触探，检验深度不应小于设计处理深度。原位试验和室内土工试验，应在卸载 3 ~ 5 d 后进行。检验数量按每个处理分区不少于 6 点进行检测，堆载斜坡处应增加检验数量。

预压处理后的地基承载力应按处理后的静载试验确定。检验数量按每个处理分区不应少于 3 点进行检测。

第四节　压实地基和夯实地基

压实地基就是利用平碾、振动碾、冲击碾或其他碾压设备将填土分层密实处理的地基。

夯实地基就是反复将夯锤提到高处使其自由落下，给地基以冲击和振动能量，将地基土密实处理或置换形成密实墩体的地基。

一、一般规定

压实地基适用于处理大面积填土地基，浅层软弱地基以及局部不均匀地基应采用换填法处理。夯实地基可分为强夯和强夯置换处理地基。强夯处理地基适用于碎石土、砂土、低饱和度的粉土与黏性土、湿陷性黄土、素填土和杂填土等地基；强夯置换适用于高饱和度的粉土与软塑~流塑的黏性土地基上对变形要求不严格的工程。

二、压实地基

1. 压实地基处理应遵守的规定

（1）地下水位以上填土，可采用碾压法和振动压实法，非黏性土或黏粒含量少、透水性较好的松散填土地基宜采用振动压实法。

（2）压实地基的设计和施工方法的选择，应根据建筑物体型、结构与荷载特点、场地土层条件、变形要求及填料等因素确定。

（3）对大型、重要或场地地层条件复杂的工程，在正式施工前，应通过现场试验确定地基处理效果。

（4）以压实填土作为建筑地基持力层时，应根据建筑结构类型、填料性能和现场条件等，对拟压实的填土提出质量要求。未经检验，且不符合质量要求的压实填土，不得作为建筑地基持力层。

（5）对大面积填土的设计和施工，应验算并采取有效措施确保大面积填土自身稳定性、填土下原地基的稳定性、承载力和变形满足设计要求；应评估对邻近建筑物及重要市政设施、地下管线等的变形和稳定的影响；施工过程中应对大面积填土和邻近建筑物、重要市政设施、地下管线等进变形监测。

2. 压实填土地基的设计

（1）压实填土的填料可选用粉质黏土、灰土、粉煤灰、级配良好的砂土或碎石土，以及质地坚硬、性能稳定、无腐蚀性和无放射性危害的工业废料等，并应满足下列要求：

① 以碎石土作填料时，其最大粒径不宜大于 100 mm。

② 以粉质黏土、粉土作填料时，其含水率宜为最优含水率，可采用击实试验确定。

③ 不得使用淤泥、耕土、冻土、膨胀土以及有机质含量大于 5%的土料。

④ 采用振动压实法时，宜降低地下水位到振实面下 600 mm。

（2）采用碾压法和振动压实法施工时，应根据压实机械的压实性能，地基土性质、密实度、压实系数和施工含水率等，并结合现场试验确定碾压分层厚度、碾压遍数、碾压范围和有效加固深度等施工参数。初步设计可按表 8-4 选用。

表 8-4　填土每层铺填厚度及压实遍数

施工设备	每层铺填厚度/mm	每层压实遍数
平碾（8 ~ 12 t）	200 ~ 300	6 ~ 8
羊足碾（5 ~ 16 t）	200 ~ 350	8 ~ 16
振动碾（8 ~ 15 t）	500 ~ 1200	6 ~ 8
冲击碾压（冲击势能 15 ~ 25 kJ）	600 ~ 1500	20 ~ 40

对已经回填完成且回填厚度超过表 8-4 中的铺填厚度，或粒径超过 100 mm 的填料含量超过 50%的填土地基，应采用较高性能的压实设备或采用夯实法进行加固。

压实填土的质量以压实系数 λ_c 控制，并应根据结构类型和压实填土所在部位按表 8-5 的要求确定。

表 8-5　压实填土质量控制

结构类型	填土部位	压实系数 λ_c	控制含水率/%
砌体承重结构和框架结构	在地基主要受力层范围以内	≥0.97	$w_{opt} \pm 2\%$
	在地基主要受力层范围以下	≥0.95	
排架结构	在地基主要受力层范围以内	≥0.96	
	在地基主要受力层范围以下	≥0.94	

注：地坪垫层以下及基础底面标高以上的压实填土，压实系数不应小于 0.94。

压实填土的最大干密度和最优含水率，宜采用击实试验确定；当无试验资料时，最大干密度可按式（8-12）计算：

$$\rho_{d\max} = \eta \frac{\rho_w d_s}{1 + 0.01 w_{opt} d_s} \tag{8-12}$$

式中　$\rho_{d\max}$——分层压实填土的最大干密度（t/m^3）；

η——经验系数，粉质黏土取 0.96，粉土取 0.97；

ρ_w——水的密度（t/m^3）；

d_s——土粒相对密度（t/m^3）；

w_{opt}——填料的最优含水率（%）。

当填料为碎石或卵石时，其最大干密度可取 2.1 ~ 2.2 t/m^3。

设置在斜坡上的压实填土，应验算其稳定性。当天然地面坡度大于 20%时，应采取防止压实填土可能沿坡面滑动的措施，并应避免雨水沿斜坡排泄。当压实填土阻碍原地表水畅通排泄时，应根据地形修筑雨水截水沟，或设置其他排水设施。设置在压实填土区的上、下水管道，应采取严格防渗、防漏措施。

压实填土的边坡坡度允许值，应根据其厚度、填料性质等因素，按照填土自身稳定性、填土下原地基稳定性的验算结果确定，初步设计时可按表 8-6 的数值确定。

表 8-6　压实填土的边坡坡度允许值

填土类型	边坡坡度允许值（高宽比）		压实系数 λ_c
	坡高 8 m 以内	坡高 8～15 m	
碎石、卵石	1∶1.50～1∶1.25	1∶1.75～1∶1.50	0.94～0.97
砂夹石（碎石、卵石占全重的 30%～50%）	1∶1.50～1∶1.25	1∶1.75～1∶1.50	
土夹石（碎石、卵石占全重的 30%～50%）	1∶1.50～1∶1.25	1∶2.00～1∶1.50	
粉质黏土 黏粒含量≥10%的黏土	1∶1.75～1∶1.50	1∶2.25～1∶1.75	

注：当压实填土厚度 H 大于 15 m 时，可设计成台阶或者采用土工格栅加筋等措施，验算满足稳定性要求后进行压实填土的施工。

冲击碾压法可用于地基冲击碾压、土石混填或填石路基分层碾压、路基冲击增强补压、旧砂石（沥青）路面冲压和旧水泥混凝土路面冲压等处理；其冲击设备、分层填料的虚铺厚度、分层压实的遍数等的设计应根据土质条件、工期要求等因素综合确定，其有效加固深度为 3.0～4.0 m，施工前应进行试验段施工，确定施工参数。

压实填土地基承载力特征值，应根据现场静载荷试验确定，或可通过动力触探、静力触探等试验，并结合静载荷试验结果确定；其下卧层顶面的承载力应满足相关要求。

压实填土地基的变形，可按现行国家标准《建筑地基基础设计规范》GB 50007 的有关规定计算，压缩模量应通过处理后地基的原位测试或土工试验确定。

3. 压实填土地基的施工

压实填土地基施工时应根据使用要求、邻近结构类型和地质条件确定允许加载量和范围，并按设计要求均衡分步施加，避免大量快速集中填土。

填料前，应清除填土层底面以下的耕土、植被或软弱土层等。

在压实填土施工过程中，应采取防雨、防冻措施，防止填料（粉质黏土、粉土）受雨水淋湿或冻结。

基槽内压实时，应先压实基槽两边，再压实中间。

冲击碾压法施工的冲击碾压宽度不宜小于 6 m；工作面较窄时，需设置转弯车道，冲压最短直线距离不宜小于 100 m，冲压边角及转弯区域应采用其他措施压实；施工时，地下水位应降低到碾压面以下 1.5 m。

性质不同的填料，应采取水平分层、分段填筑，并分层压实；同一水平层，应采用同一填料，不得混合填筑；填方分段施工时，接头部位如不能交替填筑，应按 1∶1 坡度分层留台阶；如能交替填筑，则应分层相互交替搭接，搭接长度不小于 2 m；压实填土的施工缝，各层应错开搭接，在施工缝的搭接处，应适当增加压实遍数；边角及转弯区域应采取其他措施压实，以达到设计标准。

压实地基施工场地附近有对振动和噪声环境控制要求时，应合理安排施工工序和时间，减少噪声与振动对环境的影响，或采取挖减振沟等减振和隔振措施，并进行振动和噪声监测。

在施工过程中，应避免扰动填土下卧的淤泥或淤泥质土层。压实填土施工结束检验合格后，应及时进行基础施工。

4. 压实填土地基的检验

在施工过程中，应分层取样检验土的干密度和含水率；每 50 ~ 100 m^2 面积内应设不少于 1 个检测点，每一个独立基础下检测点不少于 1 个，条形基础每 20 延米设检测点不少于 1 个，压实系数不得低于表 8-5 的规定；采用灌水法或灌砂法检测的碎石土干密度不得低于 2.0 t/m^3。

有地区经验时，可采用动力触探、静力触探、标准贯入等原位试验，并结合干密度试验的对比结果进行质量检验。

冲击碾压法施工宜分层进行变形量、压实系数等土的物理力学指标监测和检测。

地基承载力验收检验，可通过静载荷试验并结合动力触探、标准贯入试验结果综合判定。每个单体工程静载荷试验不应少于 3 点，大型工程可按单体工程数量或面积确定检验点数。

压实地基的施工质量检验应分层进行。每完成一道工序，应按设计要求进行验收，未经验收或验收不合格时，不得进行下一道工序施工。

三、夯实地基

1. 夯实地基处理的规定

强夯和强夯置换施工前，应在施工现场有代表性的场地选取一个或几个试验区，进行试夯或试验性施工。每个试验区面积不宜小于 20 m × 20 m，试验区数量应根据建筑场地复杂程度、建筑规模及建筑类型确定。

场地地下水位高，影响施工或夯实效果时，应采取降水或其他技术措施进行处理。

强夯置换处理地基，必须通过现场试验确定其适用性和处理效果。

2. 夯实地基的设计

（1）强夯地基的设计。

① 强夯的有效加固深度，应根据现场试夯或地区经验确定。在缺少试验资料或经验时，可按表 8-7 进行预估。

表 8-7　强夯的有效加固深度（单位：m）

单击夯击能 E/（kN · m）	碎石土、砂土等粗颗粒土	粉土、粉质黏土、湿陷性黄土等细颗粒土
1000	4.0 ~ 5.0	3.0 ~ 4.0
2000	5.0 ~ 6.0	4.0 ~ 5.0
3000	6.0 ~ 7.0	5.0 ~ 6.0
4000	7.0 ~ 8.0	6.0 ~ 7.0

续表

单击夯击能 E/（kN·m）	碎石土、砂土等粗颗粒土	粉土、粉质黏土、湿陷性黄土等细颗粒土
5000	8.0～8.5	7.0～7.5
6000	8.5～9.0	7.5～8.0
8000	9.0～9.5	8.0～8.5
10 000	9.5～10.0	8.5～9.0
12 000	10.0～11.0	9.0～10.0

注：强夯法的有效加固深度应从最初起夯面算起，单击夯击能 E 大于 12 000 kN·m 时，强夯的有效加固深度应通过试验确定。

② 夯点的夯击次数，应根据现场试夯的夯击次数和夯沉量关系曲线确定，并应同时满足下列条件：

最后两击的平均夯沉量，宜满足表 8-8 的要求，当单击夯击能 E 大于 12 000 kN·m 时，应通过试验确定；夯坑周围地面不应发生过大的隆起；不因夯坑过深而发生提锤困难。

表 8-8　强夯法最后两击平均夯沉量

单击夯击能 E/（kN·m）	最后两击平均夯沉量不大于/mm
$E<4000$	50
$4000\leqslant E<6000$	100
$6000\leqslant E<8000$	150
$8000\leqslant E<12\,000$	200

③ 夯击遍数应根据地基土的性质确定，可采用点夯 2～4 遍，对于渗透性较差的细颗粒土，应适当增加夯击遍数；最后以低能量满夯 2 遍。满夯可采用轻锤或低落距锤多次夯击，锤印搭接。

④ 两遍夯击之间，应有一定的时间间隔，间隔时间取决于土中超静孔隙水压力的消散时间。当缺少实测资料时，可根据地基土的渗透性确定，对于渗透性较差的黏性土地基，间隔时间不应少于 2～3 周；对于渗透性好的地基可连续夯击。

⑤ 夯击点位置可根据基础底面形状，采用等边三角形、等腰三角形或正方形布置。第一遍夯击点间距可取夯锤直径的 2.5～3.5 倍，第二遍夯击点应位于第一遍夯击点之间。以后各遍夯击点间距可适当减小。对于处理深度较深或单击夯击能较大的工程，第一遍夯点间距适当增大。

⑥ 强夯处理范围应大于建筑物基础范围，每边超出基础外缘的宽度宜为基底下设计处理深度的 1/2～2/3，且不应小于 3 m；对可液化地基，基础边缘的处理宽度，不宜小于 5 m；对湿陷性黄土地基，应符合现行国家标准《湿陷性黄土地区建筑规范》GB 50025 的有关规定。

⑦ 根据初步确定的强夯参数，提出强夯试验方案，进行现场试夯。应根据不同土质条件，待试夯结束一周至数周后，对试夯场地进行检测，并与夯前测试数据进行对

比，检验强夯效果，确定工程采用的各项强夯参数。

⑧ 根据基础埋深和试夯时所测得的夯沉量，确定起夯面标高、夯坑回填方式和夯后标高。

⑨ 强夯地基承载力特征值应通过现场静载荷试验确定。

⑩ 强夯地基变形计算，应符合现行国家标准《建筑地基基础设计规范》GB 50007有关规定。夯后有效加固深度内土的压缩模量，应通过原位测试或土工试验确定。

（2）强夯置换处理地基的设计。

① 强夯置换墩的深度应由土质条件决定。除厚层饱和粉土外，应穿透软土层，到达较硬土层上，深度不宜超过10 m。

② 强夯置换的单击夯击能应根据现场试验确定。

③ 墩体材料可采用级配良好的块石、碎石、矿渣、工业废渣、建筑垃圾等坚硬粗颗粒材料，且粒径大于300 mm的颗粒含量不宜超过30%。

④ 夯点的夯击次数应通过现场试夯确定，并应满足下列条件：墩底穿透软弱土层，且达到设计墩长；累计夯沉量为设计墩长的1.5～2.0倍；最后两击的平均夯沉量可按表8-8确定。

⑤ 墩位布置宜采用等边三角形或正方形。对独立基础或条形基础可根据基础形状与宽度作相应布置。

⑥ 墩间距应根据荷载大小和原状土的承载力选定，当满堂布置时，可取夯锤直径的2～3倍。对独立基础或条形基础可取夯锤直径的1.5～2.0倍。墩的计算直径可取夯锤直径的1.1～1.2倍。

⑦ 强夯置换处理范围与强夯相同。

⑧ 墩顶应铺设一层厚度不小于500 mm的压实垫层，垫层材料宜与墩体材料相同，粒径不宜大于100 mm。

⑨ 强夯置换设计时，应预估地面抬高值，并在试夯时校正。

⑩ 强夯置换地基处理试验方案应符合强夯的规定。除应进行现场静载荷试验和变形模量检测外，尚应采用超重型或重型动力触探等方法，检查置换墩着底情况，以及地基土的承载力与密度随深度的变化。

⑪ 在软黏性土中，强夯置换地基承载力特征值应通过现场单墩静载荷试验确定；对于饱和粉土地基，当处理后形成2.0 m以上厚度的硬层时，其承载力可通过现场单墩复合地基静载荷试验确定。

⑫ 强夯置换地基的变形宜按单墩静载荷试验确定的变形模量计算加固区的地基变形，对墩下地基土的变形可按置换墩材料的压力扩散角计算传至墩下土层的附加应力，按现行国家标准《建筑地基基础设计规范》GB 50007的有关规定计算确定；对饱和粉土地基，当处理后形成2.0 m以上厚度的硬层时，可按复合地基计算。

3. 夯实地基的施工

（1）强夯处理地基的施工。

强夯夯锤质量宜为10～60 t，其底面形式宜采用圆形，锤底面积宜按土的性质确定，锤底静接地压力值宜为 25 ~ 80 kPa。单击夯击能高时，取高值；单击夯击能低时，取低值；对于细颗粒土宜取低值。锤的底面宜对称设置若干个上下贯通的排气孔，孔径宜为 300 ~ 400 mm。

强夯法施工步骤如下：清理并平整施工场地；标出第一遍夯点位置，并测量场地高程；起重机就位，夯锤置于夯点位置；测量夯前锤顶高程；将夯锤起吊到预定高度，开启脱钩装置，夯锤脱钩自由下落，放下吊钩，测量锤顶高程；若发现因坑底倾斜而造成夯锤歪斜时，应及时将坑底整平。重复上述步骤，按设计规定的夯点次数和控制标准，完成一个夯点的夯击；当夯坑过深，出现提锤困难，但无明显隆起，而且尚未达到控制标准时，宜将夯坑回填至与坑顶齐平后，继续夯击。

换夯点，重复上述步骤，完成第一遍全部夯点的夯击。

用推土机将夯坑填平，并测量场地高程；在规定的间隔时间后，按上述步骤逐次完成全部夯击遍数；最后，采用低能量满夯，将场地表层松土夯实，并测量夯后场地高程。

（2）强夯置换处理地基的施工。

强夯置换夯锤底面宜采用圆形，夯锤底静接地压力值宜大于 80 kPa。

强夯置换施工步骤如下：清理并平整施工场地，当表层土松软时，可铺设 1.0 ~ 2.0 m 厚的砂石垫层；标出夯点位置，并测量场地高程；起重机就位，夯锤置于夯点位置；测量夯前锤顶高程；夯击并逐击记录夯坑深度；当夯坑过深，起锤困难时，应停夯，向夯坑内填料直至与坑顶齐平，记录填料数量；工序重复，直至满足设计的夯击次数及质量控制标准，完成一个墩体的夯击；当夯点周围软土挤出，影响施工时，应随时清理，并宜在夯点周围铺垫碎石后，继续施工；按照“由内而外、隔行跳打”的原则，完成全部夯点的施工；推平场地，采用低能量满夯，将场地表层松土夯实，并测量夯后场地高程；铺设垫层，分层碾压密实。

（3）夯实地基施工时应注意的问题。

夯实地基宜采用带自动脱钩装置的履带式起重机，夯锤的质量不应超过起重机械额定起重质量。履带式起重机应在臂杆端部设置辅助门架或采取其他安全措施，防止起落锤时，机架倾覆。

当场地表层土软弱或地下水位较高时，宜采用人工降低地下水位或铺填一定厚度的砂石材料的施工措施。施工前，宜将地下水位降低至坑底面以下 2 m。施工时，坑内或场地积水应及时排除。对细颗粒土，尚应采取晾晒等措施降低含水率。当地基土的含水率低，影响处理效果时，宜采取增湿措施。

施工前，应查明施工影响范围内地下构筑物和地下管线的位置，并采取必要的保护措施。

当强夯施工所引起的振动和侧向挤压对邻近建构筑物产生不利影响时，应设置监测点，并采取挖隔振沟等隔振或防振措施。

（4）夯实地基的施工监测。

开夯前，应检查夯锤质量和落距，以确保单击夯击能量符合设计要求。

在每一遍夯击前，应对夯点放线进行复核，夯完后检查夯坑位置，发现偏差或漏夯应及时纠正。

按设计要求，检查每个夯点的夯击次数、每击的夯沉量、最后两击的平均夯沉量和总夯沉量、夯点施工起止时间。对强夯置换施工，尚应检查置换深度。

在施工过程中，应对各项施工参数及施工情况进行详细记录。

夯实地基施工结束后，应根据地基土的性质及所采用的施工工艺，待土层休止期结束后，方可进行基础施工。

（5）夯实地基的竣工验收。

强夯处理后的地基竣工验收，承载力检验应根据静载荷试验、其他原位测试和室内土工试验等方法综合确定。强夯置换后的地基竣工验收，除应采用单墩静载荷试验进行承载力检验外，尚应采用动力触探等查明置换墩着底的情况及密度随深度的变化情况。

4. 夯实地基的质量检验

检查施工过程中的各项测试数据和施工记录，不符合设计要求的应补夯或采取其他有效措施。

强夯处理后的地基承载力检验，应在施工结束后间隔一定时间进行。对于碎石土和砂土地基，间隔时间宜为 7 ~ 14 d；粉土和黏性土地基，间隔时间宜为 14 ~ 28 d。强夯置换地基，间隔时间宜为 28 d。

强夯地基均匀性检验，可采用动力触探试验或标准贯入试验、静力触探试验等原位测试，以及室内土工试验。检验点的数量，可根据场地复杂程度和建筑物的重要性确定：对于简单场地上的一般建筑物，每 400 m^2 不少于 1 个检测点，且不少于 3 点；对于复杂场地或重要建筑地基，每 300 m^2 不少于 1 个检验点，且不少于 3 点。强夯置换地基，可采用超重型或重型动力触探试验等方法，检查置换墩着底的情况及承载力与密度随深度的变化情况，检验数量不应少于墩点数的 3%，且不少于 3 点。

强夯地基承载力检验的数量，应根据场地复杂程度和建筑物的重要性确定：对于简单场地上的一般建筑，每个建筑地基载荷试验检验点不应少于 3 点；对于复杂场地或重要建筑地基应增加检验点数。检测结果的评价，应考虑夯点和夯间位置的差异。强夯置换地基单墩载荷试验数量不应少于墩点数的 1%，且不应少于 3 点；对饱和粉土地基，当处理后墩间土能形成 2.0 m 以上厚度的硬层时，其地基承载力可通过现场单墩复合地基静载荷试验确定，检验数量不应少于墩点数的 1%，且每个建筑载荷试验检验点不应少于 3 点。

第五节　复合地基

复合地基是部分土体被增强或被置换，形成的由地基土和竖向增强体共同承担荷载的人工地基。复合地基分为散体材料复合地基和有黏结强度复合地基。

一、一般规定

施工时对散体材料复合地基增强体应进行密实度检验，对有黏结强度复合地基增强体应进行强度及桩身完整性检验。

复合地基承载力的验收检验应采用复合地基静载荷试验，对有黏结强度的复合地基增强体尚应进行单桩静载荷试验。

复合地基承载力特征值应通过复合地基静载荷试验或采用增强体静载荷试验结果和其周边土的承载力特征值结合经验确定，初步设计时，可按式（8-13）、式（8-14）估算。

（1）对散体材料增强体复合地基应按式（8-13）计算：

$$f_{spk}=\left[1+m(n-1)\right]f_{sk} \tag{8-13}$$

式中 f_{spk}——复合地基承载力特征值（kPa）。

f_{sk}——处理后桩间土承载力特征值（kPa），可按地区经验确定。

n——复合地基桩土应力比，可按地区经验确定。

m——面积置换率，$m=d^2/d_e^2$，d 为桩身平均直径（m），d_e 为一根桩分担的处理地基面积的等效圆直径（m）。等边三角形布桩 $d_e=1.05s$，正方形布桩 $d_e=1.13s$，矩形布桩 $d_e=1.05\sqrt{s_1s_2}$，s、s_1、s_2 分别为桩间距（m）、纵向桩间距（m）和横向桩间距（m）。

（2）对有黏结强度增强体复合地基应按式（8-14）计算：

$$f_{spk}=\lambda m\frac{R_a}{A_p}+\beta(1-m)f_{sk} \tag{8-14}$$

式中 λ——单桩承载力发挥系数，可按地区经验取值；

R_a——增强体单桩竖向承载力特征值（kN）；

f_{sk}——处理后桩间土承载力特征值（kPa）；

A_p——桩的截面积（m^2）；

β——桩间土承载力发挥系数，可按地区经验取值。

（3）增强体单桩竖向承载力特征值可按式（8-15）估算：

$$R_a=u_p\sum_{i=1}^{n}q_{si}l_{pi}+\alpha_p q_p A_p \tag{8-15}$$

式中 u_p——桩的周长（m）；

q_{si}——桩周第 i 层土的侧阻力特征值（kPa），可按地区经验确定；

l_{pi}——桩长范围内第 i 层土的厚度（m）；

α_p——桩端端阻力发挥系数，应按地区经验确定；

q_p——桩端端阻力特征值（kPa），可按地区经验确定，对于水泥搅拌桩、旋喷桩应取未经修正的桩端地承土承载力特征值。

（4）有黏结强度复合地基增强体桩身强度应满足式（8-16）的要求。当复合地基承载力进行基础埋深的深度修正时，增强体桩身强度应满足式（8-17）的要求。

$$f_{cu} \geqslant 4\frac{\lambda R_a}{A_p} \tag{8-16}$$

$$f_{cu} \geqslant 4\frac{\lambda R_a}{A_p}\left[1+\frac{\gamma_m(d-0.5)}{f_{spa}}\right] \tag{8-17}$$

式中 f_{cu}——桩体试块（边长为 150 mm 的立方体）标准养 28 d 的立方体抗压强度平均值（kPa）。

γ_m——基础底面以上土的加权平均重度（kN/m^3），地下水位以下取有效重度；

d——基础埋置深度（m）；

f_{spa}——深度修正后复合地基承载力特征值（kPa）。

（5）复合地基变形计算应符合现行国家标准《建筑地基基础设计规范》GB 50007 的有关规定，地基变形计算深度应大于复合土层的深度，复合土层的分层与天然地基相同。

（6）处理后的复合地基承载力，应按复合地基静载荷试验确定；复合地基增强体的单桩承载力，应按复合地基增强体单桩静载荷试验确定。

二、振冲碎石桩和沉管砂石桩复合地基

振冲碎石桩指在振冲器和高压水的共同作用下，使松砂土层振密，或在软弱土层中成孔，然后回填碎石等粗粒料形成桩柱，并和原地基组成复合地基的处理方法。

沉管砂石桩是采用振动或锤击等方式成孔，然后回填碎石等粗粒料形成桩柱，并和原地基组成复合地基的处理方法。

1. 一般规定

振冲碎石桩、沉管砂石桩适用于挤密处理松散砂土、粉土、粉质黏土、素填土、杂填土等地基，以及用于处理可液化地基、饱和黏土地基，如对变形控制不严格，可采用砂石桩置换处理。

对大型的、重要的或场地地层复杂的工程，以及对于处理不排水抗剪强度不小于 20 kPa 的饱和黏性土和饱和黄土地基，应在施工前通过现场试验确定其适用性。

不加填料振冲挤密法适用于处理黏粒含量不大于 10%的中、粗砂地基，在初步设计阶段宜进行现场工艺试验，确定不加填料振密的可行性，确定孔距、振密电流值、振冲水压力、振后砂层的物理力学指标等施工参数；30 kW 振冲器振密深度不宜超过 7 m，75 kW 振冲器振密深度不宜超过 15 m。

2. 振冲碎石桩、沉管砂石桩复合地基设计

（1）地基处理范围应根据建筑物的重要性和场地条件确定，宜在基础外缘扩大 1 ~ 3 排桩。对可液化地基，在基础外缘扩大宽度不应小于基底下可液化土层厚度的 1/2，且不应小于 5 m。

（2）桩位布置，对大面积满堂基础和独立基础，可采用三角形、正方形、矩形布

桩；对条形基础，可沿基础轴线采用单排布桩或对称轴线多排布桩。

（3）桩径可根据地基土质情况、成桩方式和成桩设备等因素确定，桩的平均直径可按每根桩所用填料量计算。振冲碎石桩桩径宜为 800 ~ 1200 mm，沉管砂石桩桩径宜为 300 ~ 800 mm。

（4）桩间距应通过现场试验确定，并应符合下列规定：

振冲碎石桩的桩间距应根据上部结构荷载大小和场地土层情况，并结合所采用的振冲器功率大小综合考虑：30 kW 振冲器布桩间距可采用 1.3 ~ 2.0 m，55 kW 振冲器布桩间距可采用 1.4 ~ 2.5 m，75 kW 振冲器布桩间距可采用 1.5 ~ 3.0 m，不加填料振冲挤密孔距可为 2 ~ 3 m。

沉管砂石桩的桩间距，不大于砂石桩直径的 4.5 倍；初步设计时，对松散粉土和砂土地基，应根据挤密后要求达到的孔隙比确定，可按式（8-18）~ 式（8-20）估算：

等边三角形布置：
$$s = 0.95\xi d\sqrt{\frac{1+e_0}{e_0 - e_1}} \tag{8-18}$$

正方形布置：
$$s = 0.89\xi d\sqrt{\frac{1+e_0}{e_0 - e_1}} \tag{8-19}$$

$$e_1 = e_{max} - D_{r1}(e_{max} - e_{min}) \tag{8-20}$$

式中 s——砂石桩间距（m）。

d——砂石桩直径（m）。

ξ——修正系数。当考虑振动下沉密实作用时，可取 1.1 ~ 1.2；不考虑振动下沉密实作用时，可取 1.0。

e_0——地基处理前砂土的孔隙比，可按原状土样试验确定，也可根据动力或静力触探等对比试验确定。

e_1——地基挤密后要求达到的孔隙比。

e_{max}、e_{min}——砂土的最大、最小孔隙比，可按现行国家标准《土工试验方法标准》GB/T 50123 的有关规定确定。

D_{r1}——地基挤密后要求砂土达到的相对密实度，可取 0.70 ~ 0.85。

（5）桩长可根据工程要求和工程地质条件，通过计算确定并应符合下列规定：当相对硬土层埋深较浅时，可按相对硬层埋深确定；当相对硬土层埋深较大时，应按建筑物地基变形允许值确定；对按稳定性控制的工程，桩长应不小于最危险滑动面以下 2.0 m 的深度；

对可液化的地基，桩长应按要求处理液化的深度确定；桩长不宜小于 4 m。

（6）振冲桩桩体材料可采用含泥量不大于 5%的碎石，卵石、矿渣或其他性能稳定的硬质材料，不宜使用风化易碎的石料。对 30 kW 振冲器，填料粒径宜为 20 ~ 80 mm；对 55 kW 振冲器，填料粒径宜为 30 ~ 100 mm；对 75 kW 振冲器，填料粒径宜为 40 ~ 150 mm。沉管桩桩体材料可用含泥量不大于 5%的碎石、卵石、角砾、圆砾、砾砂、粗砂、中砂或石屑等硬质材料，最大粒径不宜大于 50 mm。

（7）桩顶和基础之间宜铺设厚度为 300 ~ 500 mm 的垫层，垫层材料宜用中砂、粗砂、级配砂石和碎石等，最大粒径不宜大于 30 mm，其夯填度（夯实后的厚度与虚铺厚度的比值）不应大于 0.9。

（8）复合地基的承载力初步设计可按式（8-13）估算，处理后桩间土承载力特征值，可按地区经验确定。如无经验时，对于一般黏性土地基，可取天然地基承载力特征值；松散的砂土、粉土可取原天然地基承载力特征值的 1.2 ~ 1.5 倍。复合地基桩土应力比 n，宜采用实测值确定，如无实测资料时，对于黏性土取 2.0 ~ 4.0，对于砂土、粉土可取 1.5 ~ 3.0。

（9）复合地基应进行变形计算与稳定性验算。

3. 振冲碎石桩与沉管砂石桩施工

（1）振冲碎石桩施工。

振冲施工可根据设计荷载的大小、原土强度的高低、设计桩长等条件选用不同功率的振冲器。施工前应在现场进行试验确定水压、振密电流和留振时间等各种施工参数。

升降振冲器的机械可用起重机、自行井架式施工平车或其他合适的设备。施工设备应配有电流、电压和留振时间自动信号仪表。

振冲施工可按下列步骤进行：清理平整施工场地，布置桩位；施工机具就位，使振冲器对准桩位；启动供水泵和振冲器，水压宜为 200 ~ 600 kPa，水量宜为 200 ~ 400 L/min，将振冲器徐徐沉入土中，造孔速度宜为 0.5 ~ 2.0 m/min，直至达到设计深度，记录振冲器经各深度的水压、电流和留振时间；造孔后边提升振冲器，边冲水直至孔口，再放至孔底，重复 2 ~ 3 次扩大孔径并使孔内泥浆变稀，开始填料制桩；大功率振冲器投料可不提出孔口，小功率振冲器下料困难时，可将振冲器提出孔口填料，每次填料厚度不宜大于 500 mm；将振冲器沉入填料中进行振密制桩，当电流达到规定的密实电流值和规定的留振时间后，将振冲器提升 300 ~ 500 mm；重复以上步骤，自下而上逐段制作桩体直至孔口，记录各段深度的填料量、最终电流值和留振时间；关闭振冲器和水泵。

桩体施工完毕后，应将顶部预留的松散桩体挖除，铺设垫层并压实。不加填料振冲加密宜采用大功率振冲器，造孔速度宜为 8 ~ 10 m/min，到达设计深度后，宜将射水量减至最小，留振至密实电流达到规定时，上提 0.5 m，逐段振密直至孔口，每米振密时间约 1 min。在粗砂中施工，如遇下沉困难，可在振冲器两侧增焊辅助水管，加大造孔水量，降低造孔水压。

振密孔施工顺序，宜沿直线逐点逐行进行。

（2）沉管砂石桩施工。

砂石桩施工可采用振动沉管、锤击沉管或冲击成孔等成桩法。当用于消除粉细砂及粉土液化时，宜用振动沉管成桩法。

施工前应进行成桩工艺和成桩挤密试验。当成桩质量不能满足设计要求时，应调整施工参数后，重新进行试验或设计。

振动沉管成桩法施工，应根据沉管和挤密情况，控制填砂石量、提升高度和速度、挤压次数和时间、电机的工作电流等。

施工中应选用能顺利出料和有效挤压桩孔内砂石料的桩尖结构。当采用活瓣桩靴时，对砂土和粉土地基宜选用尖锥形；一次性桩尖可采用混凝土锥形桩尖。

锤击沉管成桩法施工可采用单管法或双管法，双管法的施工成桩过程如图 8-4。锤击法挤密桩应根据锤击能量，控制分段的填砂石量和成桩的长度。

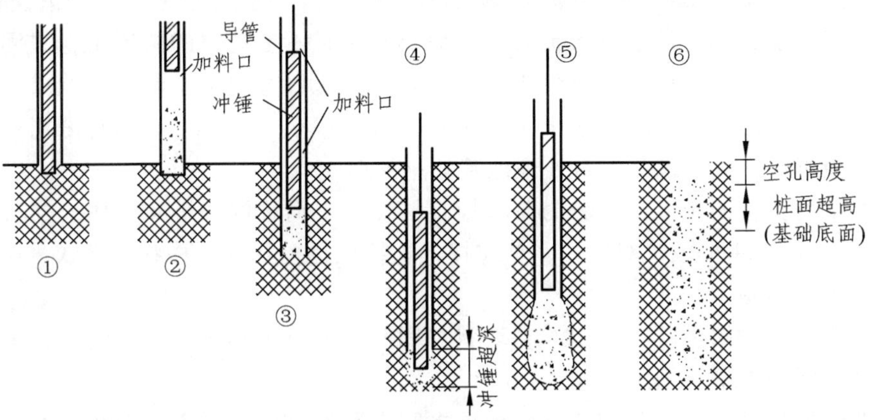

①定位；②将外管打入土中；③将砂石塞入土中；④提内管，向外管投料；⑤提外管，击实内管；⑥成桩。

图 8-4 双管法的施工成桩过程

砂石桩桩孔内材料填料量，应通过现场试验确定，估算时，可按设计桩孔体积乘以充盈系数确定，充盈系数可取 1.2 ~ 1.4。

砂石桩的施工顺序：对砂土地基宜从外围或两侧向中间进行。

施工时桩位偏差不应大于套管外径的 30%，套管垂直度允许偏差应为±1%。

砂石桩施工后，应将表层的松散层挖除或夯压密实，随后铺设并压实砂石垫层。

4. 振冲碎石桩与沉管砂石桩的质量检验

检查各项施工记录，如有遗漏或不符合要求的桩，应补桩或采取其他有效的补救措施。

施工后，应间隔一定时间方可进行质量检验，对粉质黏土不宜少于 21 d，对粉土地基不宜少于 14 d，对砂土和杂填土地基不宜少于 7 d。

施工质量的检验，对桩体可采用重型动力触探试验；对桩间土采用标准贯入、静力触探、动力触探或其他原位测试等方法；对消除液化的地基检验应采用标准贯入试验。桩间土质量的检测应在等边三角形或正方形的中心。检验深度不应小于处理地基深度，检测数量不应少于桩孔总数的 2%。

竣工验收时，地基承载力检验应采用复合地基静载荷试验，试验数量不应少于总桩数的 1%，且每个单体建筑不应少于 3 点。

三、水泥土搅拌桩复合地基

水泥土搅拌桩复合地基是以水泥作为固化剂的主要材料，通过深层搅拌机械，将固化剂和地基土强制搅拌形成竖向增强体的复合地基。

1. 一般规定

水泥土搅拌桩复合地基适用于处理正常固结的淤泥、淤泥质土、素填土、黏性土（软塑、可塑）、粉土（稍密、中密）、粉细砂（松散、中密）、中粗砂（松散、稍密）、饱和黄土等土层，不适用于含大孤石或障碍物较多且不易清除的杂填土、欠固结的淤泥和淤泥质土、硬塑及坚硬的黏性土、密实的砂类土以及地下水渗流影响成桩质量的土层。当地基土的天然含水率小于 30%（黄土含水率小于 25%）时不宜采用粉体搅拌法。冬期施工时，应考虑负温对处理地基效果的影响。

水泥土搅拌桩的施工工艺分为浆液搅拌法（以下简称湿法）和粉体搅拌法（以下简称干法）。可采用单轴、双轴、多轴搅拌或连续成槽搅拌形成柱状、壁状、格栅状或块状水泥土加固体。

增强体的水泥掺量不小于 12%，块状加固时水泥掺量不应小于加固天然土质量的 7%；湿法的水泥浆水灰比可取 0.5 ~ 0.6。

水泥土搅拌桩复合地基宜在基础和桩之间设置褥垫层，厚度取 200 ~ 300 mm。褥垫层材料可选用中砂、粗砂、级配砂石等，最大粒径不宜大于 20 mm。褥垫层的夯填度不应大于 0.9。

水泥土搅拌桩用于处理泥炭土、有机质土、pH 值小于 4 的酸性土、塑性指数大于 25 的黏土，或在腐蚀性环境中以及无工程经验的地区使用时，必须通过现场和室内试验确定其适用性。

2. 水泥土搅拌桩复合地基的设计

搅拌桩的长度，应根据上部结构对地基承载力和变形的要求确定，并应穿透软弱土层到达地基承载力相对较高的土层；当设置的搅拌桩同时为提高地基稳定性时，其桩长应超过危险滑弧以下不小于 2.0 m；干法的加固深度不宜大于 15 m，湿法加固深度不宜大于 20 m。

复合地基的承载力特征值，应通过现场单桩或多桩复合地基静载荷试验确定。初步设计时可按式（8-14）估算；处理后桩间土承载力特征值 f_{sk}（kPa）可取天然地基承载力特征值；桩间土承载力发挥系数 β，对淤泥、淤泥质土和流塑状软土等处理土层，可取 0.1 ~ 0.4，对其他土层可取 0.4 ~ 0.8；单桩承载力发挥系数 λ 可取 1.0。

单桩承载力特征值，应通过现场静载荷试验确定。初步设计时按式（8-15）估算，桩端阻力发挥系数可取 0.4 ~ 0.6；桩端阻力特征值，可取桩端土未修正的地基承载力特征值，并应满足式（8-21）的要求，应使由桩身材料强度确定的单桩承载力不小于由桩周土和桩端土的抗力所提供的单桩承载力。

$$R_a = \eta f_{cu} A_p \tag{8-21}$$

式中 f_{cu}——搅拌桩桩身水泥土配比相同的室内加固土试块，边长为 70.7 mm 的立方体标准养护条件下 90 d 龄期的立方体抗压强度平均值（kPa）；

η——折减系数，干法可取 0.20 ~ 0.25，湿法可取 0.25。

桩长超过 10 m 时，可采用固化剂变掺量设计。在全长桩身水泥总掺量不变的前提下，桩身上部 1/3 桩长范围内，可适当增加水泥掺量及搅拌次数。

桩的平面布置可根据上部结构特点及对地基承载力和变形的要求，采用柱状、壁状、格栅状或块状等加固形式。独立基础下的桩数不宜少于 4 根。

当搅拌桩处理范围以下存在软弱下卧层时，应进行软弱下卧层地基承载力验算，同时复合地基应进行变形计算。

用于建筑物地基处理的水泥土搅拌桩施工设备，其湿法施工配备注浆泵的额定压力不宜小于 5.0 MPa，干法施工的最大送粉压力不应小于 0.5 MPa。

3. 水泥土搅拌桩复合地基的施工

（1）水泥土搅拌桩施工的主要步骤：搅拌机械就位、调平；预搅下沉至设计加固深度；边喷浆（或粉），边搅拌提升直至预定的停浆（或灰）面；重复搅拌下沉至设计加固深度；根据设计要求，喷浆（或粉）或仅搅拌提升直至预定的停浆（或灰）面；关闭搅拌机械。

在预（复）搅下沉时，也可采用喷浆（粉）的施工工艺，确保全桩上下至少再重复搅拌一次。对地基土进行干法咬合加固时，如复搅困难，可采用慢速搅拌，保证搅拌的均匀性。

（2）湿法施工应注意的问题。

当水泥浆液到达出浆口后，应喷浆搅拌 30 s，在水泥浆与桩端土充分搅拌后，再开始提升搅拌头；搅拌机预搅下沉时，不宜冲水，当遇到硬土层时，可适当冲水；在施工过程中，如因故停浆，必须将搅拌头下沉至停浆点以下 0.5 m 处，待恢复供浆时，再喷浆搅拌提升；若停机超过 3 h，宜先拆卸输浆管路，并加清洗；壁状加固时，相邻桩的施工时间间隔不宜超过 12 h。

（3）干法施工应注意的问题。

喷粉施工前，应检查搅拌机械、供粉泵、送气（粉）管路、接头和阀门的密封性、可靠性，送气（粉）管路的长度不宜大于 60 m；搅拌头每旋转一周，提升高度不得超过 15 mm；搅拌头的直径应定期复核检查，其磨耗量不得大于 10 mm；当搅拌头到达设计桩底以上 1.5 m 时，应开启喷粉机提前进行喷粉作业；当搅拌头提升至地面下 500 mm 时，喷粉机应停止喷粉；在成桩过程中，若因故停止喷粉，应将搅拌头下沉至停灰面以下 1 m 处，待恢复喷粉时，再喷粉搅拌提升。

4. 水泥土搅拌桩复合地基的质量检验

施工过程中应随时检查施工记录和计量记录。

水泥土搅拌桩的施工质量检验方法：成桩 3 d 内，采用轻型动力触探（N_{10}）检查上部桩身的均匀性，检验数量为施工总桩数的 1%，且不少于 3 根；成桩 7 d 后，采用浅部开挖桩头进行检查，开挖深度宜超过停浆（灰）面向下 0.5 m，检查搅拌的均匀性，量测成桩直径，检查数量不少于总桩数的 5%。静载荷试验宜在成桩 28 d 后进行。水泥搅拌桩复合地基承载力检验应采用复合地基静载荷试验和单桩静载荷试验，验收检验数量不少于总桩数的 1%。对变形有严格要求的工程，应在成桩 28 d 后，采用双管单动取样器钻取芯样作水泥土抗压强度试验，检验数量为施工总桩数的 0.5%且不少于 6 点。

四、旋喷桩复合地基

旋喷桩复合地基是通过钻杆的旋转、提升，高压水泥浆由水平方向的喷嘴喷出，形成喷射流，以此切割土体并与土拌和形成水泥土竖向增强体的复合地基。

1. 一般规定

旋喷桩适用于处理淤泥、淤泥质土、黏性土（流塑、软塑和可塑）、粉土、砂土、黄土、素填土和碎石土等地基。对土中含有较多的大直径块石、大量植物根茎和高含量的有机质，以及地下水流速较大的工程，应根据现场试验结果确定其适应性。

旋喷桩施工，应根据工程需要和土质条件选用单管法、双管法和三管法；旋喷桩加固体形状可分为柱状、壁状、条状或块状。

旋喷桩方案确定后，应结合工程情况进行现场试验，确定施工参数及工艺。

旋喷桩加固体强度和直径，应通过现场试验确定。

旋喷桩复合地基宜在基础和桩顶之间设置褥垫层。褥垫层厚度为 150 ~ 300 mm，褥垫层材料可选用中砂、粗砂和级配砂石等，褥垫层最大粒径不宜大于 20 mm。褥垫层的夯填度不应大于 0.9。

旋喷桩的平面布置可根据上部结构和基础特点确定，独立基础下的桩数不应少于 4 根。

2. 旋喷桩施工

施工前，应根据现场环境和地下埋设物的位置等情况，复核旋喷桩的设计桩位。

旋喷桩的施工工艺及参数应根据土质条件、加固要求，通过试验或根据工程经验确定。单管法、双管法高压水泥浆和三管法高压水的压力应大于 20 MPa，流量应大于 30 L/min，气流压力宜大于 0.7 MPa，提升速度宜为 0.1 ~ 0.2 m/min。

旋喷注浆宜采用强度等级为 42.5 级的普通硅酸盐水泥，可根据需要加入适量的外加剂及掺合料。外加剂和掺合料的用量，应通过试验确定。

水泥浆液的水灰比宜为 0.8 ~ 1.2。

旋喷桩的施工工序为：机具就位、贯入喷射管、喷射注浆、拔管和冲洗等。

喷射孔与高压注浆泵的距离不宜大于 50 m。钻孔位置的允许偏差应为±50 mm，垂直度允许偏差应为±1%。

当喷射注浆管贯入土中，喷嘴达到设计标高时，即可喷射注浆。在喷射注浆参数达到规定值后，随即按旋喷的工艺要求，提升喷射管，由下而上旋转喷射注浆。喷射管分段提升的搭接长度不得小于 100 mm。

对需要局部扩大加固范围或提高强度的部位，可采用复喷措施。

在旋喷注浆过程中出现压力骤然下降、上升或冒浆异常时，应查明原因并及时采取措施。

旋喷注浆完毕，应迅速拔出喷射管。为防止浆液凝固收缩影响桩顶高程，可在原孔位采用冒浆回灌或第二次注浆等措施。

3. 旋喷桩质量检验

旋喷桩可根据工程要求和当地经验采用开挖检查、钻孔取芯、标准贯入试验、动力触探和静载荷试验等方法进行检验。

检验点布置应符合的规定：有代表性的桩位；施工中出现异常情况的部位；地基情况复杂，可能对旋喷桩质量产生影响的部位。成桩质量检验点的数量不少于施工孔数的 2%，并不应少于 6 点；承载力检验宜在成桩 28 d 后进行。

竣工验收时，旋喷桩复合地基承载力检验应采用复合地基静载荷试验和单桩静载荷试验。检验数量不得少于总桩数的 1%，且每个单体工程复合地基静载荷试验的数量不得少于 3 台。

五、灰土挤密桩和土挤密桩复合地基

灰土挤密桩和土挤密桩复合地基就是先在地基中成孔，然后将土或灰土填入孔内分层夯实形成竖向增强体的复合地基。

1. 一般规定

灰土挤密桩、土挤密桩适用于处理地下水位以上的粉土、黏性土、素填土、杂填土和湿陷性黄土等地基，可处理地基的厚度为 3 ~ 15 m。

当以消除地基土的湿陷性为主要目的时，可选用土挤密桩；当以提高地基土的承载力或增强其水稳性为主要目的时，宜选用灰土挤密桩。

当地基土的含水率大于 24%、饱和度大于 65%时，应通过试验确定其适用性。

对重要工程或在缺乏经验的地区，施工前应按设计要求，在有代表性的地段进行现场试验。

2. 灰土挤密桩、土挤密桩复合地基设计

（1）地基处理的面积：当采用整片处理时，应大于基础或建筑物底层平面的面积，超出建筑物外墙基础底面外缘的宽度，每边不宜小于处理土层厚度的 1/2 且不应小于 2 m。当采用局部处理时，对非自重湿陷性黄土、素填土和杂填土等地基，每边不应小于基础底面宽度的 25%，且不应小于 0.5 m；对自重湿陷性黄土地基，每边不应小于基础底面宽度的 75%，且不应小 1.0 m。

（2）处理地基的深度，应根据建筑场地的土质情况、工程要求和成孔及夯实设备等综合因素确定。对湿陷性黄土地基，应符合现行国家标准《湿陷性黄土地区建筑规范》GB 50025 的有关规定。

（3）桩孔直径宜为 300 ~ 600 mm。桩孔宜按等边三角形布置，桩孔之间的中心距离，可为桩孔直径的 2.0 ~ 3.0 倍，也可按式（8-22）估算：

$$s = 0.95d\sqrt{\frac{\overline{\eta_c}\rho_{d\max}}{\overline{\eta_c}\rho_{d\max} - \overline{\rho_d}}} \quad (8\text{-}22)$$

式中　s——桩孔之间的中心距离（m）；

d——桩孔直径（m）；

$\rho_{d\max}$——桩间土的最大干密度（t/m^3）；

$\overline{\rho_d}$——地基处理前土的平均干密度（t/m^3）；

$\overline{\eta_c}$——桩间土经成孔挤密后的平均挤密系数，不宜小于 0.93。

（4）桩间土的平均挤密系数 $\overline{\eta_c}$，应按式（8-23）计算：

$$\overline{\eta_c} = \frac{\overline{\rho_{dl}}}{\rho_{d\max}} \quad (8\text{-}23)$$

式中　$\overline{\rho_{dl}}$——在成孔挤密深度内，桩间土的平均干密度（t/m^3），平均试样数不应少于 6 组。

（5）桩孔的数量可按式（8-24）估算：

$$n = \frac{A}{A_e} \quad (8\text{-}24)$$

式中　n——桩孔数量；

A——拟处理地基的面积（m^2）；

A_e——单根土或灰土挤密桩所承担的处理地基面积（m^2），即 $A_e = \frac{\pi d_e^2}{4}$，

其中　d_e——单根桩分担的处理地基面积的等效圆直径（m）。

（6）桩孔内的灰土填料，其消石灰与土的体积配合比，宜为 2∶8 或 3∶7。土料宜选用粉质黏土，土料中的有机质含量不应超过 5%，且不得含有冻土，渣土垃圾粒径不应超过 15 mm。石灰可选用新鲜的消石灰或生石灰粉，粒径不应大于 5 mm。消石灰的质量应合格，有效 CaO+MgO 含量不得低于 60%。

（7）孔内填料应分层回填夯实，填料的平均压实系数 $\overline{\lambda_c}$ 不应低于 0.97，其中压实系数最小值不应低于 0.93。

（8）桩顶标高以上应设置 300 ~ 600 mm 厚的褥垫层。垫层材料可根据工程要求采用体积比为 2∶8 或 3∶7 的灰土、水泥土等。其压实系数均不应低于 0.95。

（9）复合地基承载力特征值在初步设计时，可按式（8-13）进行估算。桩土应力比应按试验或地区经验确定。灰土挤密桩复合地基承载力特征值，不宜大于处理前天然地基承载力特征值的 2.0 倍，且不宜大于 250 kPa；对土挤密桩复合地基承载力特征值，不宜大于处理前天然地基承载力特征值的 1.4 倍，且不宜大于 180 kPa。

3. 灰土挤密桩、土挤密桩复合地基施工

（1）成孔应按设计要求、成孔设备、现场土质和周围环境等情况，选用振动沉管、锤击沉管、冲击或钻孔等方法。

（2）桩顶设计标高以上的预留覆盖土层厚度，沉管成孔不宜小于 0.5 m，冲击成孔

或钻孔夯扩法成孔不宜小于 1.2 m。

（3）成孔时，地基土宜接近最优（或塑限）含水率。当土的含水率低于 12%时，宜对拟处理范围内的土层进行增湿，应在地基处理前 4～6 d，将需增湿的水通过一定数量和一定深度的渗水孔，均匀地浸入拟处理范围内的土层中。增湿土的加水量可按式（8-25）估算：

$$Q = V\overline{\rho_{d}}(w_{opt} - \overline{w})k \tag{8-25}$$

式中 Q——计算加水量（t）；

V——拟加固土的总体积（m^3）；

$\overline{\rho_{d}}$——地基处理前土的平均干密度（t/m^3）；

w_{opt}——土的最优含水率（%），通过室内击实试验求得；

$\overline{w}$——地基处理前土的平均含水率（%）；

k——损耗系数，可取 1.05～1.10。

（4）土料有机质含量不应大于 5%，且不得含有冻土和膨胀土，使用时应过 10～20 mm 的筛，混合料含水率应满足最优含水率要求，允许偏差应为±2%，土料和水泥应拌和均匀。

（5）成孔和孔内回填夯实应符合下列规定：

① 成孔和孔内回填夯实的施工顺序，当整片处理地基时，宜从里（或中间）向外间隔 1～2 孔依次进行，对大型工程，可采取分段施工；当局部处理地基时，宜从外向里间隔 1～2 孔依次进行。

② 向孔内填料前，孔底应夯实，并应检查桩孔的直径、深度和垂直度；桩孔的垂直度允许偏差应为±1%；孔中心距允许偏差应为桩距的±5%。

③ 经检验合格后，应按设计要求，向孔内分层填入筛好的素土、灰土或其他填料，并应分层夯实至设计标高。

（6）铺设灰土垫层前，应按设计要求将桩顶标高以上的预留松动土层挖除或夯压密实。

（7）雨期或冬期施工，应采取防雨或防冻措施，防止填料受雨水淋湿或冻结。

4. 灰土挤密桩、土挤密桩复合地基质量检验

桩孔质量检验应在成孔后及时进行，所有桩孔均需检验并作记录，检验合格或经处理后方可进行夯填施工。

应随机抽样检测夯后桩长范围内灰土或土填料的平均压实系数，抽检的数量不应少于桩总数的 1%，且不得少于 9 根。对灰土桩桩身强度有怀疑时，尚应检验消石灰与土的体积配合比。

应抽样检验处理深度内桩间土的平均挤密系数 $\overline{\eta_{c}}$，检测探井数不应少于总桩数的 0.3%，且每项单体工程不得少于 3 个。

对消除湿陷性的工程，除应检测上述内容外，尚应进行现场浸水静载荷试验。

承载力检验应在成桩后 14～28 d 后进行，检测数量不应少于总桩数的 1%，且每项

单体工程复合地基静载荷试验不应少于 3 点。

竣工验收时，灰土挤密桩、土挤密桩复合地基的承载力检验应采用复合地基静载荷试验。

六、夯实水泥土桩复合地基

夯实水泥土桩的施工

夯实水泥土桩复合地基是将水泥和土按设计比例拌和均匀，在孔内分层夯实形成竖向增强体的复合地基。

1. 一般规定

夯实水泥土桩复合地基适用于处理地下水位以上的粉土、黏性土、素填土和杂填土等地基，处理地基的深度不宜大于 15 m。

岩土工程勘察应查明土层厚度、含水率、有机质含量等。

对重要工程或缺乏经验的地区，施工前应按设计要求，选择地质条件有代表性的地段进行试验性施工。

2. 夯实水泥土桩复合地基设计

（1）夯实水泥土桩宜在建筑物基础范围内布置，基础边缘距离最外一排桩中心的距离不宜小于 1.0 倍桩径。

（2）桩长的确定：当相对硬土层埋藏较浅时，应按相对硬土层的埋藏深度确定；当相对硬土层的埋藏较深时，可按建筑物地基的变形允许值确定。

（3）桩孔直径宜为 300 ~ 600 mm；桩孔宜按等边三角形或方形布置，桩间距可为桩孔直径的 2 ~ 4 倍。

（4）桩孔内的填料，应根据工程要求进行配比试验，水泥与土的体积配合比宜为 1∶5 ~ 1∶8；孔内填料应分层回填夯实，填料的平均压实系数不应低于 0.97，压实系数最小值不应低于 0.93。

（5）桩顶标高以上应设置厚度为 100 ~ 300 mm 的褥垫层；垫层材料可采用粗砂、中砂或碎石等，垫层材料最大粒径不宜大于 20 mm；褥垫层的夯填度不应大于 0.9。

复合地基承载力特征值初步设计时可用式（8-14）进行估算，桩间土承载力发挥系数 β 可取 0.9 ~ 1.0，单桩承载力发挥系数 λ 可取 1.0。

3. 夯实水泥土桩复合地基施工

（1）成孔应根据设计要求、成孔设备、现场土质和周围环境等，选用钻孔、洛阳铲成孔等方法。当采用人工洛阳铲成孔工艺时，处理深度不宜大于 6.0 m。

（2）机顶设计标高以上的预留覆盖土层厚度不宜小于 0.3 m。

（3）成孔和孔内回填夯实应符合下列规定：

① 宜选用机械成孔和夯实。

② 向孔内填料前，孔底应夯实；分层夯填时，夯锤落距和填料厚度应满足夯填密实度的要求。

③ 土料有机质含量不应大于 5%，且不得含有冻土和膨胀土，混合料含水率应满足最优含水率要求，允许偏差应为±2%，土料和水泥应拌和均匀。

④ 成孔经检验合格后，按设计要求，向孔内分层填入拌和好的水泥土，并应分层夯实至设计标高。

（4）铺设垫层前，应按设计要求将桩顶标高以上的预留土层挖除。垫层施工应避免扰动基底土层。

（5）雨期或冬期施工，应采取防雨或防冻措施，防止填料受雨水淋湿或冻结。

4. 夯实水泥土桩复合地基质量检验

成桩后，应及时抽样检验水泥土桩的质量。

夯填桩体的干密度质量检验应随机抽样检测，抽检的数量不应少于总桩数的 2%。

复合地基静载荷试验和单桩静载荷试验检验数量不应少于桩总数的 1%，且每项单体工程复合地基静载荷试验检验数量不应少于 3 点。

竣工验收时，夯实水泥土桩复合地基承载力检验应采用单桩复合地基静载荷试验和单桩静载荷试验；对重要或大型工程，尚应进行多桩复合地基静载荷试验。

七、水泥粉煤灰碎石桩复合地基

水泥粉煤灰碎石桩复合地基是由水泥、粉煤灰、碎石等混合料加水拌和在土中灌注形成竖向增强体的复合地基。

1. 一般规定

水泥粉煤灰碎石桩复合地基适用处理黏性土、粉土、砂土和自重固结已完成的素填土地基。对淤泥质土应按地区经验或通过现场试验确定其适用性。

水泥粉煤灰碎石桩施工

2. 水泥粉煤灰碎石桩复合地基设计

（1）水泥粉煤灰碎石桩，应选择承载力和压缩模量相对较高的土层作为桩端持力层。

（2）桩径：长螺旋钻中心压灌、干成孔和振动沉管成桩宜为 350 ~ 600 mm，泥浆护壁钻孔成桩宜为 600 ~ 800 mm，钢筋混凝土预制桩宜为 300 ~ 600 mm。

（3）桩间距应根据基础形式、设计要求的复合地基承载力和变形、土性及施工工艺确定：

① 采用非挤土成桩工艺和部分挤土成桩工艺，桩间距宜为 3 ~ 5 倍桩径。

② 采用挤土成桩工艺和墙下条形基础单排布桩的桩间距宜为 3 ~ 6 倍桩径。

③ 桩长范围内有饱和粉土、粉细砂、淤泥、淤泥质土层，采用长螺旋钻中心压灌成桩施工中可能发生窜孔时宜采用较大桩距。

（4）桩顶和基础之间应设置褥垫层，褥垫层厚度宜为桩径的 40% ~ 60%。褥垫材料宜采用中砂、粗砂、级配砂石和碎石等，最大粒径不宜大于 30 mm。

（5）水泥粉煤灰碎石桩可只在基础范围内布桩，并可根据建筑物荷载分布、基础形式和地基土性状，合理确定布桩参数：

① 内筒外框结构内筒部位可减小桩距、增大桩长或桩径布桩。

② 对相邻柱荷载水平相差较大的独立基础，应按变形控制确定桩长和桩距。

③ 筏板厚度与跨距之比小于 1/6 的平板式筏基、梁的高跨比大于 1/6 且板的厚跨比（筏板厚度与梁的中心距之比）小于 1/6 的梁板式筏基，应在柱（平板式筏基）和梁（梁板式筏基）边缘每边外扩 2.5 倍板厚的面积范围内布桩。

④ 对荷载水平不高的墙下条形基础可采用墙下单排布桩。

（6）复合地基承载力特征值及地基变形计算按本节复合地基有关规定确定。

3. 水泥粉煤灰碎石桩复合地基施工

（1）常用的施工工艺。

① 长螺旋钻孔灌注成桩：适用于地下水位以上的黏性土、粉土、素填土、中等密实以上的砂土地基。

② 长螺旋钻中心压灌成桩：适用于黏性土、粉土、砂土和素填土地基，对噪声或泥浆污染要求严格的场地可优先选用；穿越卵石夹层时应通过试验确定适用性。

③ 振动沉管灌注成桩：适用于粉土、黏性土及素填土地基；挤土造成地面隆起量大时，应采用较大桩距施工。

④ 泥浆护壁成孔灌注成桩：适用于地下水位以下的黏性土、粉土、砂土、填土、碎石土及风化岩层等地基；桩长范围和桩端有承压水的土层应通过试验确定其适应性。

（2）施工工艺流程。

水泥粉煤灰碎石桩复合地基的施工工艺流程为：定桩位；成桩；桩头处理；褥垫铺设；质量检验。

（3）长螺旋钻中心压灌成桩施工和振动沉管灌注成桩施工应符合以下规定：

施工前，应按设计要求在试验室进行配合比试验；施工时，按配合比配制混合料；长螺旋钻中心压灌成桩施工的坍落度宜为 160 ~ 200 mm，振动沉管灌注成桩施工的坍落度宜为 30 ~ 50 mm；振动沉管灌注成桩后桩顶浮浆厚度不宜超过 200 mm。

长螺旋钻中心压灌成桩施工钻至设计深度后，应控制提拔钻杆时间，混合料泵送量应与拔管速度相配合，不得在饱和砂土或饱和粉土层内停泵待料；沉管灌注成桩施工拔管速度宜为 1.2 ~ 1.5 m/min，如遇淤泥质土，拔管速度应适当减慢；当遇有松散饱和粉土、粉细砂或淤泥质土，且桩距较小时，宜采取隔桩跳打措施。

施工桩顶标高宜高出设计桩顶标高不少于 0.5 m；当施工作业面高出桩顶设计标高较大时，宜增加混凝土灌注量。

成桩过程中，应抽样做混合料试块，每台机械每台班不应少于一组。

冬期施工时，混合料入孔温度不得低于 5 °C，对桩头和桩间土应采取保温措施。

（4）清土和截桩时，应采用小型机械或人工剔除等措施，不得造成桩顶标高以下桩身断裂或桩间土扰动。

（5）褥垫层铺设宜采用静力压实法，当基础底面下桩间土的含水率较低时，也可采用动力夯实法，夯填度不应大于 0.9。

4. 水泥粉煤灰碎石桩复合地基质量检验

施工质量检验应检查施工记录、混合料坍落度、桩数、桩位偏差、褥垫层厚度、夯填度和桩体试块抗压强度等。

竣工验收时，水泥粉煤灰碎石桩复合地基承载力检验应采用复合地基静载荷试验和单桩静载荷试验。

承载力检验宜在施工结束 28 d 后进行，其桩身强度应满足试验荷载条件；复合地基静载荷试验和单桩静载荷试验的数量，不应少于总桩数的 1%，且每个单体工程的复合地基静载荷试验的试验数量不应少于 3 点。

采用低应变动力试验检测桩身完整性，检查数量不低于总桩数的 10%。

八、柱锤冲扩桩复合地基

柱锤冲扩桩复合地基是用柱锤冲击方法成孔并分层夯扩填料形成竖向增强体的复合地基。

1. 一般规定

柱锤冲扩桩复合地基适用于处理地下水位以上的杂填土、粉土、黏性土、素填土和黄土等地基；对地下水位以下饱和土层的处理，应通过现场试验确定其适用性。

柱锤冲扩桩处理地基的深度不宜超过 10 m。

对大型的、重要的或场地复杂的工程，在正式施工前，应在有代表性的场地进行试验。

2. 柱锤冲扩桩复合地基设计

（1）处理范围应大于基底面积。对一般地基，在基础外缘应扩大 1 ~ 3 排桩，且不应小于基底下处理土层厚度的 1/2；对可液化地基，在基础外缘扩大的宽度，不应小于基底下可液化土厚度的 1/2，且不应小于 5 m。

（2）桩位布置宜为正方形和等边三角形，桩距宜为 1.2 ~ 2.5 m 或取桩径的 2 ~ 3 倍。

（3）桩径宜为 500 ~ 800 mm，桩孔内填料量应通过现场试验确定。

（4）地基处理深度：对相对硬土层埋藏较浅地基，应达到相对硬土层深度；对相对硬土层埋藏较深地基，应按下卧层地基承载力及建筑物地基的变形允许值确定；对可液化地基，应按现行国家标准《建筑抗震设计规范》GB 50011 的有关规定确定。

（5）桩顶部应铺设 200 ~ 300 mm 厚砂石垫层，垫层的夯填度不应大于 0.9；对湿陷性黄土，垫层材料应采用灰土。

（6）桩体材料可采用碎砖三合土、级配砂石、矿渣、灰土、水泥混合土等，当采用碎砖三合土时，其体积比可采用生石灰∶碎砖∶黏性土为 1∶2∶4；当采用其他材料时，应通过试验确定其适用性和配合比。

（7）承载力特征值应通过现场复合地基静载荷试验确定，处理后地基变形应按本节复合地基有关的规定计算。

当柱锤冲扩桩处理深度以下存在软弱下卧层时，应进行软弱下卧层地基承载力验算。

3. 柱锤冲扩桩复合地基施工

柱锤冲扩桩复合地基施工宜采用直径 300 ~ 500 mm、长度 2 ~ 6 m、质量 2 ~ 10 t 的柱状锤进行施工，起重机具可用起重机、多功能冲扩桩机或其他专用机具设备。

柱锤冲扩桩复合地基施工步骤：

（1）清理平整施工场地，布置桩位。

（2）施工机具就位，使柱锤对准桩位。

（3）柱锤冲孔：

① 冲击成孔：将柱锤提升一定高度，自由下落冲击土层，如此反复冲击，接近设计成孔深度时，可在孔内填少量粗骨料继续冲击，直到孔底被夯密实。

② 填料冲击成孔：成孔时出现缩颈或塌孔时，可分次填入碎砖和生石灰块，边冲击边将填料挤入孔壁及孔底，当孔底接近设计成孔深度时，夯入部分碎砖挤密桩端土。

③ 复打成孔：当塌孔严重难以成孔时，可提锤反复冲击至设计孔深，然后分次填入碎砖和生石灰块，待孔内生石灰吸水膨胀、桩间土性质有所改善后，再进行二次冲击复打成孔。

当采用上述方法仍难以成孔时，也可以采用套管成孔，即用柱锤边冲孔边将套管压入土中，直至设计标高。

（4）成桩：用料斗或运料车将拌和好的填料分层填入桩孔夯实。当采用套管成孔时，边分层填料夯实，边将套管拔出。锤的质量、锤长、落距、分层填料量、分层夯填度、夯击次数和总填料量等，应根据试验或按当地经验确定。每个桩孔应夯填至桩顶设计标高以上至少 0.5 m，其上部桩孔宜用原地基土夯封。

（5）施工机具移位，重复上述步骤进行下一根桩施工。

成孔和填料夯实的施工顺序，宜间隔跳打。

基槽开挖后，应晾槽拍底或经振动压路机碾压后，再铺设垫层并压实。

4. 柱锤冲扩桩复合地基质量检验

施工过程中应随时检查施工记录及现场施工情况，并对照预定的施工工艺标准，对每根桩进行质量评定。

施工结束后 7 ~ 14 d，可采用重型动力触探或标准贯入试验对桩身及桩间土进行抽样检验，检验数量不应少于冲扩桩总数的 2%，每个单体工程桩身及桩间土总检验点数均不应少于 6 点。

竣工验收时，柱锤冲扩桩复合地基承载力检验应采用复合地基静载荷试验。

承载力检验数量不应少于总桩数的 1%，且每个单体工程复合地基静载荷试验不应少于 3 点；静载荷试验应在成桩 14 d 后进行。

基槽开挖后，应检查桩位、桩径、桩数、桩顶密实度及槽底土质情况，如发现漏桩、桩位偏差过大、桩头及槽底土质松软等质量问题，应采取补救措施。

九、多桩型复合地基

多桩型复合地基是采用两种及两种以上不同材料增强体，或采用同一材料、不同长度增强体加固形成的复合地基。

1. 一般规定

多桩型复合地基适用于处理不同深度存在相对硬层的正常固结土，或浅层存在欠固结土、湿陷性黄土、可液化土等特殊土，以及地基承载力和变形要求较高的地基。

2. 多桩型复合地基的设计

桩型及施工工艺的确定，应考虑土层情况、承载力与变形控制要求、经济性和环境要求等综合因素。

对复合地基承载力贡献较大或用于控制复合土层变形的长桩，应选择相对较好的持力层；对处理欠固结土的增强体，其桩长应穿越欠固结土层；对消除湿陷性土的增强体，其桩长宜穿过湿陷性土层；对处理液化土的增强体，其桩长宜穿过可液化土层。

如浅部存在有较好持力层的正常固结土，可采用长桩与短桩的组合方案。

对浅部存在软土或欠固结土的地基，宜先采用预压、压实、夯实、挤密方法或低强度桩复合地基等处理浅层地基，再采用桩身强度相对较高的长桩进行地基处理。

对湿陷性黄土应先采用压实、夯实或土桩、灰土桩等处理湿陷性，再采用桩身强度相对较高的长桩进行地基处理。

对可液化地基，可采用碎石桩等方法处理液化土层，再采用有黏结强度桩进行地基处理。

多桩型复合地基单桩承载力应由静载荷试验确定；对施工扰动敏感的土层，应考虑后施工桩对已施工桩的影响，单桩承载力予以折减。

多桩型复合地基的布桩宜采用正方形或三角形间隔布置，刚性桩宜在基础范围内布桩，其他增强体布桩应满足液化土地基和湿陷性黄土地基对不同性质土质处理范围的要求。

多桩型复合地基垫层设置，对刚性长、短桩复合地基宜选择砂石垫层，垫层厚度宜取对复合地基承载力贡献大的增强体直径的 1/2；对刚性桩与其他材料增强体桩组合的复合地基，垫层厚度宜取刚性桩直径的 1/2；对湿陷性的黄土地基，垫层材料应采用灰土，垫层厚度为 300 mm。

多桩型复合地基承载力特征值，应采用多桩复合地基静载荷试验确定，初步设计时，可采用有关公式进行估算。

复合地基变形计算计算深度应大于复合地基土层的厚度。

3. 多桩型复合地基施工

对处理可液化土层的多桩型复合地基，应先施工处理液化的增强体。

对消除或部分消除湿陷性黄土地基，应先施工处理湿陷性的增强体。

应降低或减小后施工增强体对已施工增强体的质量和承载力的影响。

4. 多桩型复合地基质量检验

竣工验收时，多桩型复合地基承载力检验，应采用多桩复合地基静载荷试验和单桩静载荷试验，检验数量不得少于总桩数的 1%。

多桩复合地基载荷板静载荷试验，对每个单体工程检验数量不得少于 3 点。

增强体施工质量检验，对散体材料增强体的检验数量不应少于其总桩数的 2%；对具有黏结强度的增强体，完整性检验数量不应少于其总桩数的 10%。

第六节　注浆加固

注浆加固是将水泥浆或其他化学浆液注入地基土层中，增强土颗粒间的联结，使土体强度提高、变形减少、渗透性降低的地基处理方法。

一、一般规定

注浆加固适用于建筑地基的局部加固处理，适用于砂土、粉土、黏性土和人工填土等地基加固。加固材料可选用水泥浆液、硅化浆液和碱液等固化剂。

注浆加固设计前，应进行室内浆液配比试验和现场注浆试验，确定设计参数，检验施工方法和设备。

注浆加固应保证加固地基在平面和深度上连成一体，满足土体渗透性、地基土的强度和变形的设计要求。

注浆加固后的地基变形计算应按有关规定进行。

对地基承载力和变形有特殊要求的建筑地基，注浆加固宜与其他地基处理方法联合使用。

二、设　计

1. 水泥为主剂的注浆加固设计

（1）对软弱地基土的处理，可选用以水泥为主剂的浆液及水泥和水玻璃的双液型混合浆液；对有地下水流动的软弱地基，不应采用单液水泥浆液。

（2）注浆孔间距宜取 1.0 ~ 2.0 m。

（3）在砂土地基中，浆液的初凝时间宜为 5 ~ 20 min；在黏性土地基中，浆液的初凝时间宜为 1 ~ 2 h。

（4）注浆量和注浆有效范围，应通过现场注浆试验确定。在黏性土地基中，浆液注入率宜为 15% ~ 20%；注浆点上覆土层厚度应大于 2 m。

（5）对劈裂注浆的注浆压力，在砂土中，宜为 0.2 ~ 0.5 MPa；在黏性土中，宜为 0.2 ~ 0.3 MPa。对压密注浆，当采用水泥砂浆浆液时，坍落度宜为 25 ~ 75 mm，注浆压力宜为 1.0 ~ 7.0 MPa。当采用水泥-水玻璃双液快凝浆液时，注浆压力不应大于 1.0 MPa。

（6）对人工填土地基，应采用多次注浆，间隔时间应按浆液的初凝试验结果确定，且不应大于 4 h。

2. 硅化浆液注浆加固设计

（1）砂土、黏性土宜采用压力双液硅化注浆；渗透系数为 0.1 ~ 2.0 m/d 的地下水位以上的湿陷性黄土，可采用无压或压力单液硅化注浆；自重湿陷性黄土宜采用无压单液硅化注浆。

（2）防渗注浆加固用的水玻璃模数不宜小于 2.2，用于地基加固的水玻璃模数宜为 2.5 ~ 3.3，且不溶于水的杂质含量不应超过 2%。

（3）双液硅化注浆用的氧化钙溶液中的杂质含量不得超过 0.06%，悬浮颗粒含量不得超过 1%，溶液的 pH 值不得小于 5.5。

（4）硅化注浆的加固半径应根据孔隙比、浆液黏度、凝固时间、灌浆速度、灌浆压力和灌浆量等试验确定；无试验资料时，对粗砂、中砂、细砂、粉砂和黄土可按表 8-9 确定。

表 8-9 硅化法注浆加固半径

土的类型及加固方法	渗透系数/（m/d）	加固半径/m
粗砂、中砂、细砂（双液硅化法）	2 ~ 10	0.3 ~ 0.4
	10 ~ 20	0.4 ~ 0.6
	20 ~ 50	0.6 ~ 0.8
	50 ~ 80	0.8 ~ 1.0
粉 砂（单液硅化法）	0.3 ~ 0.5	0.3 ~ 0.4
	0.5 ~ 1.0	0.4 ~ 0.6
	1.0 ~ 2.0	0.6 ~ 0.8
	2.0 ~ 5.0	0.8 ~ 1.0
黄 土（单液硅化法）	0.1 ~ 0.3	0.3 ~ 0.4
	0.3 ~ 0.5	0.4 ~ 0.6
	0.5 ~ 1.0	0.6 ~ 0.8
	1.0 ~ 2.0	0.8 ~ 1.0

（5）注浆孔的排间距可取加固半径的 1.5 倍；注浆孔的间距可取加固半径的 1.5 ~ 1.7 倍；最外侧注浆孔位超出基础底面宽度不得小于 0.5 m；分层注浆时，加固层厚度可按注浆管带孔部分的长度上下各 25%加固半径计算.

（6）单液硅化法应采用浓度为 10% ~ 15%的硅酸钠，并掺入 2.5%氯化钠溶液；加固湿陷性黄土的溶液用量，可按式（8-26）估算：

$$Q = V\bar{n}d_{\mathrm{N1}}\alpha \tag{8-26}$$

式中 Q——硅酸钠溶液的用量（m^3）；

V——拟加固湿陷性黄土的体积（m^3）；

$\overline{n}$——地基加固前，土的平均孔隙率；

d_{N1}——灌注时，硅酸钠溶液的相对密度；

α——溶液填充孔隙的系数，可取 0.60 ~ 0.80。

（7）当硅酸钠溶液浓度大于加固湿陷性黄土所要求的浓度时，应进行稀释，稀释加水量可按式（8-27）估算：

$$Q' = \frac{d_N - d_{N1}}{d_{N1} - 1} \times q \tag{8-27}$$

式中 Q'——稀释硅酸钠溶液的加水量（t）；

d_{N1}——稀释前，硅酸钠溶液的相对密度；

q——拟稀释硅酸钠溶液的质量（t）。

（8）采用单液硅化法加固湿陷性黄土地基，灌注孔的布置应符合下列规定：

① 压力灌注孔间距宜为 0.8 ~ 1.2 m，溶液无压力自渗宜为 0.4 ~ 0.6 m。

② 对新建建（构）筑物和设备基础的地基，应在基础底面下按等边三角形满堂布孔，超出基础底面外缘的宽度，每边不得小于 1.0 m。

③ 对既有建（构）筑物和设备基础的地基，应沿基础侧向布孔，每侧不宜少于 2 排。

④ 当基础底面宽度大于 3 m 时，除应在基础下每侧布置 2 排灌注孔外，还可在基础两侧布置斜向基础底面中心以下的灌注孔或在其台阶上布置穿透基础的灌注孔。

3. 碱液注浆加固设计（略）

三、施　工

1. 水泥为主剂的注浆施工

（1）施工场地应预先平整，并沿钻孔位置开挖沟槽和集水坑。

（2）注浆施工时，宜采用自动流量和压力记录仪，并应及时进行数据整理分析。

（3）注浆孔的孔径宜为 70 ~ 110 mm，垂直度允许偏差应为±1%。

（4）花管注浆法施工可按下列步骤进行：钻机与注浆设备就位；钻孔或采用振动法将花管置入土层；当采用钻孔法时，应从钻杆内注入封闭泥浆，然后插入孔径为 50 mm 的金属花管；待封闭泥浆凝固后，移动花管自下而上或自上而下进行注浆。

（5）压密注浆施工可按下列步骤进行：钻机与注浆设备就位；钻孔或采用振动法将金属注浆管压入土层；当采用钻孔法时，应从钻杆内注入封闭泥浆，然后插入孔径为 50 mm 的金属注浆管；待封闭泥浆凝固后，捅去注浆管的活络堵头，提升注浆管自下而上或自上而下进行注浆。

（6）浆液黏度应为 80 ~ 90 s，封闭泥浆 7 d 后 70.7 mm × 70.7 mm × 70.7 mm 立方体试块的抗压强度应为 0.3 ~ 0.5 MPa。

（7）浆液宜用普通硅酸盐水泥。注浆时可部分掺用粉煤灰，掺入量可为水泥重量的 20% ~ 50%。根据工程需要，可在浆液拌制时加入速凝剂、减水剂和防析水剂。

（8）注浆用水 pH 值不得小于 4。

（9）水泥浆的水灰比可取 0.6 ~ 2.0，常用的水灰比为 1.0。

（10）注浆的流量可取 7 ~ 10 L/min，对充填型注浆，流量不宜大于 20 L/min。

（11）当用花管注浆和带有活堵头的金属管注浆时，每次上拔或下钻高度宜为 0.5 m。

（12）浆体应经过搅拌机充分搅拌均匀后，方可压注，注浆过程中应不停缓慢搅拌，搅拌时间应小于浆液初凝时间。浆液在泵送前应经过筛网过滤。

（13）水温不得超过 30 ~ 35 °C，盛浆桶和注浆管路在注浆体静止状态不得暴露于阳光下，防止浆液凝固；在当日平均温度低于 5 °C 或最低温度低于-3 °C 的条件下注浆时，应采取措施防止浆液冻结。

（14）应采用跳孔间隔注浆，且先外围后中间的注浆顺序。当地下水流速较大时，应从水头较高的一端开始注浆。

（15）对渗透系数相同的土层，应先注浆封顶，后由下而上进行注浆，防止浆液上冒。如土层的渗透系数随深度而增大，则应自下而上注浆。对互层地层，应先对渗透性或孔隙率大的地层进行注浆。

（16）当既有建筑地基进行注浆加固时，应对既有建筑及其邻近建筑、地下管线和地面的沉降、倾斜、位移和裂缝进行监测，并采用多孔间隔注浆和缩短浆液凝固时间等措施，减少既有建筑基础因注浆而产生的附加沉降。

2. 硅化浆液注浆施工

（1）压力灌浆溶液的施工步骤：

① 向土中打入灌注管和灌注溶液，应自基础底面标高起向下分层进行，达到设计深度后，应将管拔出，清洗干净方可继续使用。

② 加固既有建筑物地基时，应采用沿基础侧向先外排，后内排的施工顺序。

③ 灌注溶液的压力值由小逐渐增大，最大压力不宜超过 200 kPa。

（2）溶液自渗的施工步骤：

① 在基础侧向，将设计布置的灌注孔分批或全部打入或钻至设计深度。

② 将配好的硅酸钠溶液满注灌注孔，溶液面宜高出基础底面标高 0.50 m，使溶液自行渗入土中。

③ 在溶液自渗过程中，每隔 2 ~ 3 h，向孔内添加一次溶液，防止孔内溶液渗干。

④ 待溶液量全部注入土中后，注浆孔宜用体积比为 2∶8 的灰土分层回填夯实。

（3）碱液注浆施工（略）。

四、质量检验

1. 水泥为主剂的注浆加固质量检验

注浆检验应在注浆结束 28 d 后进行。可选用标准贯入、轻型动力触探、静力触探或面波等方法进行加固地层均匀性检测。

按加固土体深度范围每间隔 1 m 取样进行室内试验，测定土体压缩性、强度或渗透性。

注浆检验点不应少于注浆孔数的 2%～5%。检验点合格率小于 80%时，应对不合格的注浆区实施重复注浆。

2. 硅化注浆加固质量检验

硅酸钠溶液灌注完毕，应在 7～10 d 后，对加固的地基土进行检验。

应采用动力触探或其他原位测试检验加固地基的均匀性。

工程设计对土的压缩性和湿陷性有要求时，尚应在加固土的全部深度内，每隔 1 m 取土样进行室内试验，测定其压缩性和湿陷性。

检验数量不应少于注浆孔数的 2%～5%。

3. 碱液加固质量检验（略）

注浆加固处理后地基的承载力应进行静载荷试验检验，每个单体的检验数量不应少于 3 点。

另外，还有微型桩加固地基。微型桩就是用桩工机械或其他小型设备在土中形成直径不大于 300 mm 的树根桩、预制混凝土桩或钢管桩。

本章小结

本章主要学习了常用地基处理的方法、适用范围、设计原则、施工步骤、施工工艺、质量检测。

复习思考题

1. 地基处理的意义和作用是什么？
2. 常用地基处理的主要方法有哪些？
3. 何为复合地基？
4. 换填垫层的作用是什么？
5. 预压法的加压方式有哪些？
6. 竖向排水体有哪几种？其平面布置的方式有哪几种？
7. 压实地基和夯实地基有什么不同？
8. 强夯法与强夯置换法有何不同？
9. 锤击沉管成桩法采用双管法的施工步骤是什么？
10. 水泥土搅拌桩施工的主要步骤有哪些？干法施工和湿法施工有何不同？
11. 旋喷桩的施工工序是什么？
12. 如何根据处理的目的不同选择灰土挤密桩和土挤密桩？
13. 什么是夯实水泥土桩？夯实度的概念是什么？

14. 什么是水泥粉煤灰碎石桩？

15. 什么是多桩型复合地基？

16. 注浆加固的概念是什么？加固材料分为哪几种？

参考文献

[1] 李广信，张丙印，于玉贞. 土力学. 北京：清华大学出版社，2013.

[2] 赵明华. 土力学与基础工程. 武汉：武汉理工大学出版社，2014.

[3] 李文英，朱艳峰. 土力学与地基基础. 北京：中国铁道出版社，2019.

[4] 邢焕兰. 土力学与地基基础. 大连：大连理工出版社，2012.

[5] 胡森，田国芝. 土力学与基础工程. 郑州：黄河水利出版社，2008.

[6] 胡雪梅，吕玉梅. 土力学地基与基础. 北京：中国电力出版社，2009.

[7] 马建林. 土力学. 北京：中国铁道出版社，2011.

[8] 铁道第三勘察设计院. 铁路桥涵地基和基础设计规范：TB 10093—2017. 北京：中国铁道出版社，2017.

[9] 中交公路规划设计院有限公司. 公路桥涵地基与基础设计规范：JTG 3363—2019. 北京：人民交通出版社，2020.

[10] 中铁第一勘察设计院集团有限公司. 铁路工程土工试验规程：TB 10102—2010. 北京：中国铁道出版社，2010.

[11] 中铁二院工程集团有限责任公司. 铁路工程地基处理技术规程：TB 10106—2010. 北京：中国铁道出版社，2010.

[12] 中铁第一勘察设计院集团有限公司. 铁路路基设计规范：TB 10001—2016：英汉对照. 北京：中国铁道出版社，2017.

[13] 中国建筑科学研究院. 建筑地基基础设计规范：GB 50007—2011. 北京：中国建筑工业出版社，2012.

[14] 中国建筑科学研究院. 建筑地基处理技术规范：JGJ 79—2012. 北京：中国建筑工业出版社，2012.

[15] 建设部综合勘察研究设计院. 岩土工程勘察规范：GB 50021—2001. 北京：中国建筑工业出版社，2009.

[16] 中国建筑科学研究院. 建筑基坑支护技术规程：JGJ 120—2012. 北京：中国建筑工业出版社，2012.

[17] 水利部水利水电规划设计总院，南京水利科学研究院. 土工试验方法标准：GB/T 50123—2019. 北京：中国计划出版社，2019.

高等职业技术教育“十四五”精品教材建设项目

土力学与地基试验指导

（智媒体版）

主　编　邢焕兰　吕玉梅

副主编　付迎春　习淑娟　邢　栋

主　审　李立增

西南交通大学出版社

·成　都·

图书在版编目（CIP）数据

土力学与地基：含试验指导：智媒体版. 2，土力学与地基试验指导 / 邢焕兰，吕玉梅主编. —成都：西南交通大学出版社，2022.2（2024.8 重印）
高等职业技术教育“十四五”精品教材建设项目
ISBN 978-7-5643-8503-3

Ⅰ. ①土… Ⅱ. ①邢… ②吕… Ⅲ. ①土力学 – 高等职业教育 – 教材②地基 – 基础（工程）– 高等职业教育 – 教材 Ⅳ. ①TU4

中国版本图书馆 CIP 数据核字（2022）第 033327 号

目录

试验一　密度试验

一、定　义

土的密度是土的单位体积质量。

二、试验目的

测定土的密度，用于计算土的干密度、孔隙比、孔隙度、饱和度等指标。

三、环刀法（本试验适用于细粒土）

（一）仪器设备

（1）环刀：内径 61.8 mm 或 79.8 mm，高 20 mm。
（2）天平：称量 500 g，分度值 0.1 g；称量 200 g，分度值 0.01 g。
（3）其他：削土刀、钢丝锯、玻璃板、凡士林等。

（二）试验步骤

（1）按工程需要取原状土或扰动土制备击实试样，整平两端，将环刀内壁涂一薄层凡士林，刃口向下放在土样上，切削成略大于环刀直径的土柱，边压环刀边削土柱至伸出环刀为止。

（2）用钢丝锯将环刀与土柱分离，削去端部余土，擦净环刀外壁，称环刀与土总质量，准确至 0.1 g。

（3）称环刀的质量，准确至 0.1 g。

（三）计　算

试样的湿密度按下式计算：

$$\rho = \frac{m_0}{V}$$

式中　ρ——湿土密度（g/cm^3）；
m_0——湿土质量（g）；
V——湿土体积（cm^3）。

（四）结果评定

本试验应进行两次平行测定，两次测定的差值不得大于 0.03 g/cm^3，取算术平均值。

（五）记录（表 1）

表 1　密度试验记录表（环刀法）

试样编号	环刀号码	环刀+土质量/g	环刀质量/g	湿土质量/g	环刀容积/cm^3	密度/（g/cm^3）	平均密度/（g/cm^3）

试验二　含水率试验

一、定　义

土的含水率是指土在 105～110 °C 温度下烘至恒量时所失去的水的质量与恒量后干土质量的比值，以百分数表示。

二、试验目的

测定土的含水率，用以计算土的其他指标。

三、烘干法

（一）仪器设备

（1）电热干燥箱：应能控制温度为 105～110 °C。

（2）天平：称量 200 g，分度值 0.01 g；称量 1 000 g，分度值 0.2 g。

（3）其他：称量盒等。

（二）试验步骤

（1）根据不同土类按表 2 取具有代表性土样，放入称量盒内，立即盖上盒盖，称盒加湿土质量。

表 2　不同标准下不同土类的取样质量

按《铁路路基设计规范》填料分类	按《铁路工程岩土分类标准》分类	取试样质量/g
细粒土	粉土、黏性土	15～30
粗粒土	砂类土、有机土	30～50
	圆砾或角砾	250～500
碎石类土	碎石类土	500～1000

（2）打开盒盖，将装有湿土的称量盒置于烘箱内，在 105～110 °C 的恒温下烘至恒量。烘干时间对黏性土不少于 8 h，砂类土不少于 6 h，砾、碎石类土不少于 4 h；对含有机质超过干土质量 5%的土，应将温度控制在 65～70 °C 的恒温下烘至恒量。

（3）将称量盒从烘箱中取出，盖上盒盖，放入干燥容器内冷却至室温，称量，准确至 0.01 g。

（三）计　算

试样的含水率按下式计算：

$$w = \left(\frac{m_0}{m_d} - 1 \right) \times 100\%$$

式中　m_0——湿土质量（g）;

m_d——干土质量（g）;

w——含水率（%），计算至 0.1%。

（四）结果评定

本试验应进行平行测定，平行测定的差值应符合表 3 的规定，取其算术平均值。

表 3　含水率平行测定差值

土的类别	含水率平行差值/%		
	$\omega \leqslant 10$	$10 < \omega \leqslant 40$	$\omega > 40$
砂类土、有机土、粉土、黏性土	0.5	1.0	2.0
碎石土	1.0	2.0	—

（五）记录（表 4）

表 4　含水率试验记录

试样编号	盒号	盒质量/g	盒+湿土质量/g	盒+干土质量/g	水质量/g	干土质量/g	含水率/%	平均含水率/%

试验三　颗粒分析试验

一、定　义

颗粒大小分析是测定干土中各粒组所占该土总质量的百分比。

颗粒分析试验

二、试验目的

测定土样中粒组及各粒组干土质量占该土总质量的质量分数，以了解土的颗粒级配。

三、筛析法

（一）仪器设备

（1）分析筛

① 粗筛：孔径（mm）为 60、40、20、10、5、2。

② 细筛：孔径（mm）为 2.0、1.0、0.5、0.25、0.075。

（2）天平；称量 5000 g，分量值 1g；称量 1000 g，分量值 0.1 g；称量 200 g，分量值 0.01 g。

（3）筛析机；上下振动正常。

（4）其他：烘箱、研钵、瓷盘、毛刷等。

（二）筛析法取样数量（表 5）

表 5　取样数量表

颗粒尺寸/mm	取样数量/g
＜2	100 ~ 300
＜10	300 ~ 1000
＜20	1000 ~ 2000
＜40	2000 ~ 4000
＜60	≥5000

（三）试验步骤

（1）按规定的标准称取试样质量，称量小于 500 g 的应准确至 0.1 g；试样质量超过 500 g 时，应准确至 1 g。

（2）将试样过 2 mm 筛，称筛上和筛下的试样质量。当筛下的试样质量小于试样总质量的 10%时，不作细筛分析；当筛上的试样质量小于试样总质量的 10%时，不作粗筛分析。

（3）取过 2 mm 筛上的试样倒入依次叠好的粗筛最上层筛中，筛下的试样倒入依次叠好的细筛最上层筛中，进行筛析。细筛宜置于振筛机上振筛，振筛时间宜为 10～15 min。再按由上而下的顺序将各筛取下，称各级筛上及底盘内试样的质量，应准确至 0.1 g。

（4）筛后各级筛上和底盘内试样质量的总和与筛前试样总质量的差值，不得大于试样总质量的 1%。

（5）当小于 0.075 mm 的试样质量大于试样总质量的 10%时，应用密度计法或移液管法测定小于 0.075 mm 的颗粒组成。

（四）计算及绘图

1. 计　算

小于某粒径的试样质量占试样总质量的百分数：

$$X=\frac{m_A}{m_B}\times d_X$$

式中　X——小于某粒径的试样质量占试样总质量的百分数（%），计算至 0.1%；

m_A——小于某粒径的试样质量（g）；

m_B——细筛（或密度计）分析时为所取试样质量，粗筛分析时为所取试样总质量（g）；

d_X——粒径小于 2 mm 或粒径小于 0.075 mm 的试样质量占试样总质量的百分数（%）。若土中无大于 2 mm（或无大于 0.075 mm）的颗粒时，计算细筛（或密度计）及粗筛分析 d_X=100%。

颗粒大小分析试验记录见表 6。

表 6　颗粒大小分析试验记录

风干试样质量= 2 mm 筛上试样质量= 2 mm 筛下试样质量=			小于 0.075 mm 的试样占试样总质量百分数= 小于 2 mm 的试样占总试样质量百分数= 细筛分析时所取试样质量=			
编号	孔径/mm	分计留筛土质量/g	累计筛留土质量/g	小于该孔径的土质量/g	小于该孔径的土质量的百分数/%	小于该孔径的土占总土质量百分数/%
1	10					
2	5					
3	2					
4	1					
5	0.5					
6	0.25					
7	0.075					
筛底留存/g						

2. 绘　图

以小于某粒径试样质量占试样总质量的百分比为纵坐标，颗粒粒径为横坐标，在半对数坐标纸上绘制颗粒大小分布曲线（图 1）。

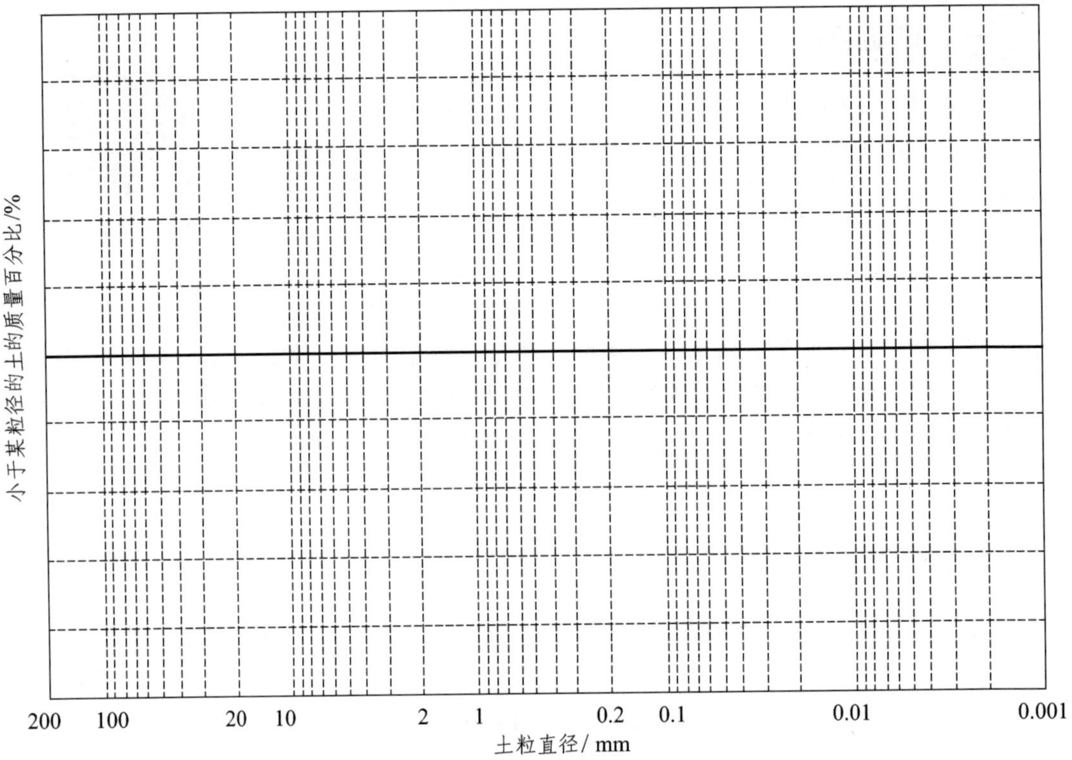

图 1　粒径分布曲线

3. 级配指标

（1）不均匀系数：

$$C_u = d_{60} / d_{10}$$

（2）曲率系数：

$$C_c = d_{30}^2 / (d_{60} \cdot d_{10})$$

试验四　界限含水率试验

一、试验目的

测定黏性土的液限、塑限，用以计算土的塑性指数、液性指数和确定土的类别。本试验适用于最大粒径小于 0.5 mm 颗粒组成的土。

界限含水率试验

二、试验方法

液、塑限：用圆锥式液限、塑限联合测定仪测定土在三种不同含水率时的圆锥入土深度，在双对数坐标纸上绘成圆锥入土深度与含水率的关系直线。在直线上查得圆锥入土深度为 10 mm 和 17 mm 处的相应含水率为液限，入土深度为 2 mm 处的相应含水率为塑限。

三、仪器设备

（1）圆锥式液限、塑限联合测定仪：由圆锥仪、光学放大投影部分、电磁部分三部分组成。

（2）试样杯：直径 40 ~ 50 mm，杯高 30 ~ 40 mm。

（3）另备不装透明光学微分尺的普通圆锥仪一个，以便测试所调土样的圆锥入土深度。

（4）其他：烘箱、天平、称量盒、调土刀、刮土刀、蒸馏水滴瓶、凡士林等。

四、试验步骤

（1）本试验原则上应采用保持天然含水率的土样进行。在无法保持土的天然含水率的情况下，也可用风干土制备土样。

（2）当采用天然含水率的土样时，应剔除大于 0.5 mm 的颗粒，分别按下沉深度 3 ~ 5 mm、9 ~ 11 mm、16 ~ 18 mm（或分别按接近液限、塑限和二者中间状态）制备不同稠度的土膏，静置湿润。静置时间可根据含水率的大小而定。

（3）当采用风干土样时，将土样放在橡皮板上用木碾或利用碎土机碾散，过 0.5 mm 筛后，取代表性土样约 200 g，分成 3 份，分别放入 3 个盛土皿中，加入不同数量的纯水，稠度状态与（2）条相同，调成均匀土膏，然后用玻璃和湿毛巾盖住或放在密封的保湿器中，静置 24 h。

（4）调节仪器后座的两只脚螺丝，使仪器处于水平状态。

（5）将制备好的土膏用调土刀加以充分调拌均匀，密实地填入试样杯中，尽量使

土中空气逸出。高出试样杯的余土用调土刀刮平，将土样杯安放在仪器升降座上。

（6）在锥体上抹上薄层凡士林，使电磁铁吸稳圆锥仪。接通电源，按下“开”按钮，电源（红）灯亮。

（7）缓缓地向顺时针方向调节升降旋钮，当试杯中的土样刚接触锥尖时，接触指示灯立刻发亮，此时应停止旋动，然后按“测量”键。当测量时间一到，显示屏上显示出 5 s 的入土深度值。

（8）把升降座降下，细心取出试样杯，先将锥尖沉入处含有凡士林的土剔除，然后将试样杯中的土用刮土刀取出，装入两只小称量盒内（各约 1/3 盒）称量得质量 m_1（精确至 0.01 g），并记下盒号。

（9）将称量过的称量盒打开盒盖，放入烘箱；在 105 ~ 110 °C 的温度下烘至恒量（对砂土试样烘干时间不应少于 6 h，黏性土不得少于 8 h），取出土样盒放入玻璃干燥皿内冷却，称干土的质量 m_2（精确至 0.01 g）。

（10）重复以上步骤，测试另两种土样的圆锥入土深度和含水率。

五、计算及绘图

（1）按下式计算含水率：

$$w = \frac{m_1 - m_2}{m_2 - m_0} \times 100\%$$

（2）试验记录（表 7）

表 7　试验记录表

土 样 编 号	1		2		3	
圆锥入土深度/mm						
铝盒编号						
铝盒质量 m_0/g						
（铝盒+湿土）质量 m_1/g						
（铝盒+干土）质量 m_2/g						
干土质量/g						
水质量/g						
含水率/%						
平均含水率/%						
液限（w_L）/%						
塑限（w_P）/%						
塑性指数（I_P）						
土的分类						

（3）圆锥入土深度与含水率关系曲线。

以含水率为横坐标，圆锥下沉深度为纵坐标，在双对数坐标纸上绘制含水率、入土深度关系曲线（图 2）。三点应连成一条直线，当三点不在一直线上时，通过高含水率的点与其余两点连成两条直线，在圆锥入土深度为 2 mm 处查得相应的两个含水率。如果两个含水率的差值小于 2%，则用该两含水率的平均值的点与高含水率的测点作一直线；若两个含水率差值等于或大于 2%，则应再补做试验。

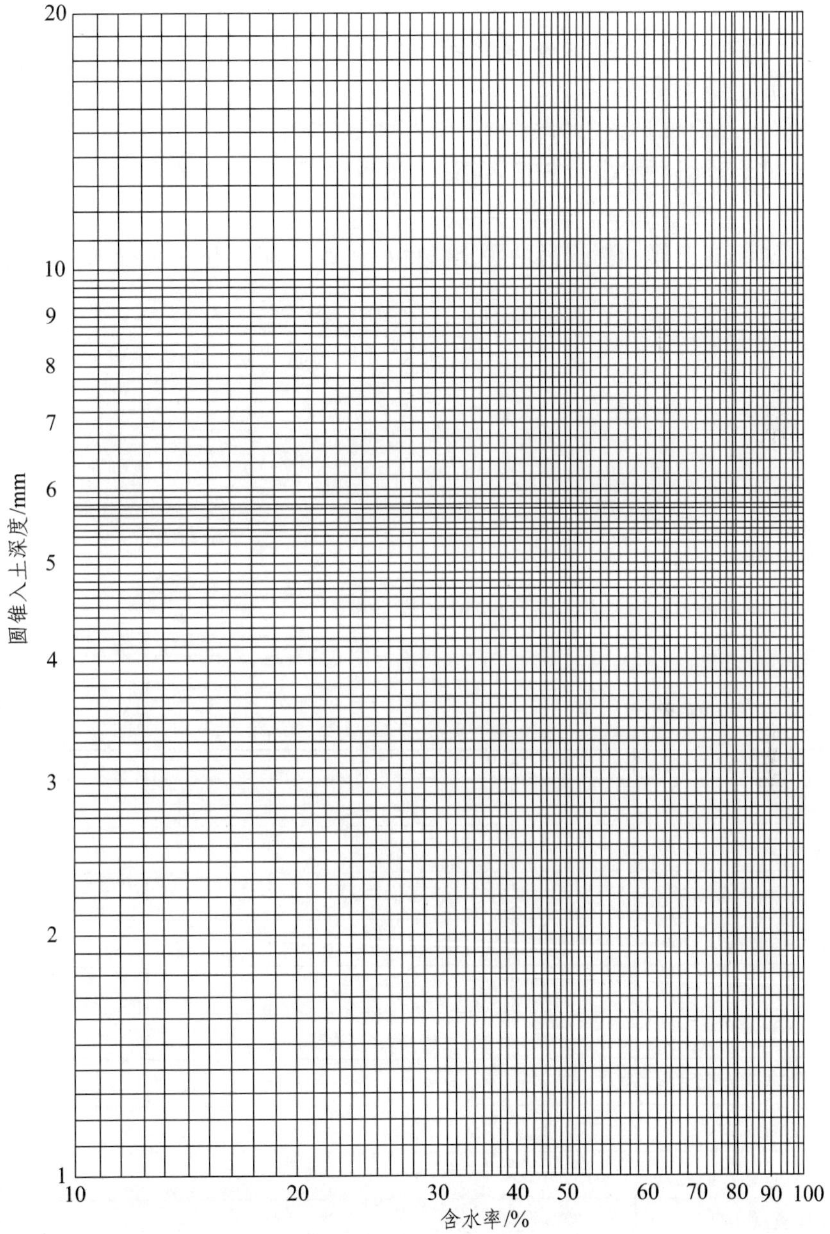

图 2　圆锥入土深度与含水率关系曲线

试验五　击实试验

一、试验目的

测定试样在标准击实功作用下含水率与干密度之间的关系，从而确定该土的最优含水率和最大干密度。

本试验分轻型击实和重型击实。轻型击实试验单位体积击实功约为 600 kJ/m³，重型击实试验单位体积击实功约为 2700 kJ/m³。

二、主要仪器设备

（1）击实筒和击锤的规格尺寸见表 8。

表 8　击实筒和击锤的规格尺寸

<table>
<tr><td rowspan="3">试验类型</td><td rowspan="3">编号</td><td colspan="7">击实仪规格</td><td colspan="3">试验条件</td></tr>
<tr><td colspan="3">击锤</td><td colspan="3">击实筒</td><td>护筒</td><td rowspan="2">层数</td><td rowspan="2">每层击数</td><td rowspan="2">最大粒径/mm</td></tr>
<tr><td>质量/kg</td><td>锤底直径/mm</td><td>落距/mm</td><td>内径/mm</td><td>筒高/mm</td><td>容积/cm³</td><td>高度/mm</td></tr>
<tr><td rowspan="2">轻型</td><td>Q1</td><td>2.5</td><td>51</td><td>305</td><td>102</td><td>116</td><td>947.4</td><td>50</td><td>3</td><td>25</td><td>5</td></tr>
<tr><td>Q2</td><td>2.5</td><td>51</td><td>305</td><td>152</td><td>116</td><td>2103.9</td><td>50</td><td>3</td><td>56</td><td>20</td></tr>
<tr><td rowspan="3">重型</td><td>Z1</td><td>4.5</td><td>51</td><td>457</td><td>102</td><td>116</td><td>947.4</td><td>50</td><td>5</td><td>25</td><td>5</td></tr>
<tr><td>Z2</td><td>4.5</td><td>51</td><td>457</td><td>152</td><td>116</td><td>2103.9</td><td>50</td><td>5</td><td>56</td><td>20</td></tr>
<tr><td>Z3</td><td>4.5</td><td>51</td><td>457</td><td>152</td><td>116</td><td>2103.9</td><td>50</td><td>5</td><td>94</td><td>40</td></tr>
</table>

注：① Q1、Q2、Z1、Z2、Z3 分别称为轻 1、轻 2、重 1、重 2、重 3。
② Q2、Z2、Z3 筒高指筒内净高，为 116 mm。

（2）天平：称量 200 g，分度值 0.01 g。
（3）台秤：称量 10 kg，分度值 5 g。
（4）标准筛：孔径为 40 mm、20 mm 和 5 mm。
（5）其他：试样推出器、修土刀等。

三、试样制备

试样制备分为干法和湿法两种。

（1）干法制备试样应按下列步骤进行：用四分法取代表性土样轻型 20 kg，重型 50 kg，风干碾碎，过 5 mm、20 mm 或 40 mm 筛，将筛下土样拌匀，并测定土样的含水率。根据土的塑限预估最优含水率，根据要求制备 5 个不同含水率（预估最优含水率一个，左右各两个）的一组试样，相邻 2 个含水率差值为 2%。

（2）湿法制备试样应按下列步骤进行：取天然含水率的代表性土样轻型 20 kg，重型 50 kg，过 5 mm、20 mm 或 40 mm 筛，将筛下土样拌匀，并测定土的天然含水率。根据土的塑限预估最优含水率，一份保持天然含水率，其余 4 份土样风干或加水，制备 5 个不同含水率的土样，应使制备好的土样水分均匀分布。

四、试验步骤

（1）将击实仪平稳地置于刚性基础上，击实筒与底座连接好，安装好护筒，在击实筒内壁均匀地涂一薄层润滑油。称取一定量试样，倒入击实筒内，分层击实，轻型击实试样为 2 ~ 5 kg，分 3 层击实；重型击实试样为 4 ~ 10 kg，分 3 层或 5 层击实。则每层试样高度宜相等，两层交界处的土面应刨毛。击实完成时，超出击实筒顶的试样高度应小于 6 mm。

（2）卸下护筒，用直刮刀修平击实筒顶部的试样，拆除底板，试样底部若超出筒外，也应修平；擦净筒外壁，称筒与试样的总质量，准确至 5 g，并计算试样的湿密度。

（3）用推土器将试样从击实筒中推出，取两个代表性土样测定含水率，两个含水率的差值应不大于规定值。

（4）对不同含水率的试样依次击实，并计算试样的湿密度、测定含水率。

五、计算及绘图

1. 计　算

按下式计算击实后各点的干密度：

$$\rho_{\mathrm{d}}=\frac{\rho}{1+w}$$

2. 绘　图

以干密度为纵坐标，含水率为横坐标，绘制干密度与含水率的关系曲线（图 3）。曲线上峰值点的纵、横坐标分别表示该击实试样的最大干密度 $\rho_{\mathrm{d\,max}}$ 和最优含水率 w_{opt}。若曲线不能绘出正确的峰值点，应进行补充试验。

气体体积等于零（即饱和度 100%）的等值线应按下式计算，并应将计算值绘于图上：

$$w_{\mathrm{set}}=\left(\frac{\rho_{\mathrm{w}}}{\rho_{\mathrm{d}}}-\frac{1}{G_{\mathrm{s}}}\right)\times 100\%$$

轻型击实试验中，当试样中粒径大于 5 mm 的土质量小于或等于试样总质量的 30% 时，应对最大干密度和最优含水率进行校正。

最大干密度应按下式校正

$$\rho'_{\mathrm{d\,max}}=\frac{1}{\dfrac{1-P_5}{\rho_{\mathrm{d\,max}}}+\dfrac{P_5}{\rho_{\mathrm{w}}G_{\mathrm{s2}}}}$$

式中　$\rho'_{\mathrm{d\,max}}$——校正后试样的最大干密度（g/cm³）；

P_5——粒径大于 5 mm 土的质量百分数（%）；

G_{s2}——粒径大于 5 mm 土粒的饱和面干相对密度（当土粒呈饱和面干状态时的土粒总质量与相当于土粒总体积的纯水 4 °C 时质量的比值）。

最优含水率应按下式进行校正，计算至 0.1%：

$$w'_{\mathrm{opt}} = w_{\mathrm{opt}}(1-P_5)+P_5 w_{\mathrm{x}}$$

式中　w'_{opt}——校正后试样的最优含水率（%）；

w_{x}——粒径大于 5mm 土粒的吸着含水率（%）。

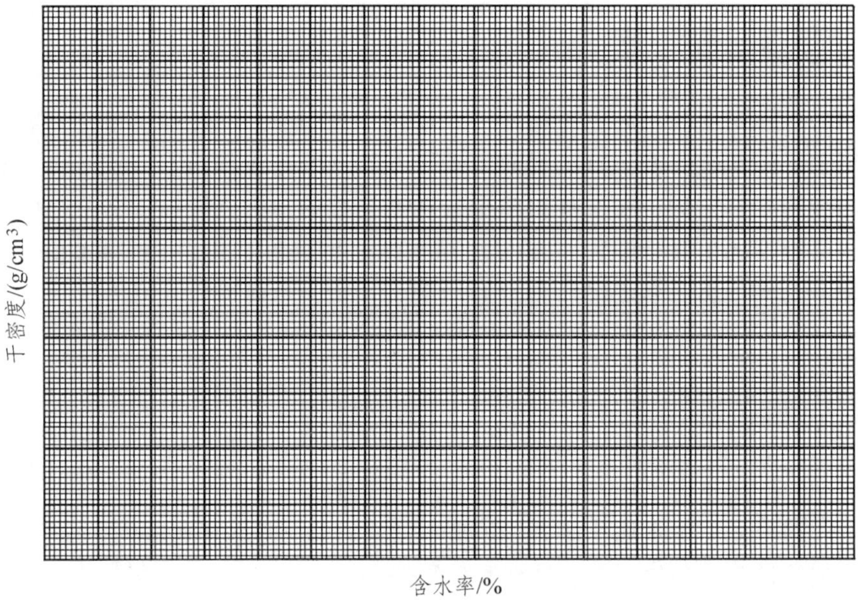

图 3　干密度与含水率关系曲线

击实试验记录见表 9。

表 9　击实试验记录

试样编号	试样质量/g	筒体积/cm³	湿密度/（g/cm³）	含水率/%	干密度/（g/cm³）	最优含水率/%	最大干密度/（g/m³）

试验六　压缩（固结）试验

一、试验目的

（1）掌握以固结试验测定土的压缩系数的方法，并根据试验数据绘制孔隙比与压力的关系曲线（即压缩曲线）。

（2）根据求得的压缩系数评定土的压缩性。

固结试验

二、试验原理

土的压缩性：土的压缩是土体在荷载作用下产生变形的过程，其变形量的大小与土样上所加的荷载大小和土样的性质有关。在相同的荷载作用下，软土的变形量大于坚密土的变形量；对同一种土样，变形量随着荷载的加大而增加。试验时根据土的软硬程度及工程情况一般可按 p=50 kPa、100 kPa、200 kPa、300 kPa、400 kPa 五个等级施加荷载。这样便可测得不同压力下的压缩变形量，从而可以算出相应压力时土样的孔隙比。

三、仪器设备

压缩试验所用仪器采用三联固结仪，其主要结构为：

（1）压缩容器：由水槽、环刀、护环、透水石和加压盖板组成。

（2）加压设备：加压框架、杠杆和砝码等。

（3）变形量测设备：百分表或位移传感器。

四、试验步骤

（1）用环刀切取土样，要边削土边压入，不要一下将环刀压入土样过多，以防土样结构被破坏（切取土样时，应使土样的受荷方向与天然土层受荷方向一致）。

（2）当整个环刀压入土样后，用直边刀将上下两端面多余土样削平，将环刀外壁擦净后称量（准确至 0.1 g），测定土样的密度。

（3）取切余下的土样（不沾有凡士林的土），用烘干法测定土样试验的含水率。

（4）在水槽底座上顺次放上洁净而湿润的透水石、滤纸，套上大小护环，将装有试样的环刀刃口向下放入护环中，上覆滤纸和洁净湿润的透水石，加上导环，最后加上加压盖板，使各部分密切接触，保持平稳。

（5）校正加压系统：保持加压框架垂直，去掉前面的吊盘，调整杠杆后面的平衡砣，使杠杆上的水平气泡居中。

（6）将加压容器置于加压框架下，对准框架的正中（如框架不够高，可顺时针旋

转前面的手轮使加压框架升高）保持杠杆气泡居中。

（7）挂上预压砝码，逆时针旋转前面的手轮，再使杠杆上的水平气泡居中，使压缩仪内部各部分密贴接触。

（8）用杠杆下面的螺栓顶住杠杆底面，加上第一级荷载 0.05 MPa，取下预压砝码。在加压框架上方安装百分表，不管大针，使小针指在 5 的左右，再拧紧固定螺栓。

（9）旋转百分表的表盘，使表盘上的 0 对准百分表的大针。松杠杆下面的固定螺栓（百分表的大针开始逆时针旋转），逆时针旋转前面的手轮，使杠杆上的水平气泡保持居中，直至压缩稳定（稳定的标准是 24 h，且百分表的变化每小时不超过 0.005 mm；教学试验为 10 min）。记录下百分表大针（不管小针）逆时针走过的格数。

（10）荷载分五级。加荷顺序为 0.05 MPa、0.1 MPa、0.2 MPa、0.3 MPa、0.4 MPa（上列数值为累加值）。在每级荷载下，均须压缩稳定后，记下百分表逆时针走过的总格数，方可加下一级荷载。

五、计　算

（1）按下式计算试样的初始孔隙比 e_0：

$$e_0=\frac{\rho_{\rm w}G_{\rm s}(1+w)}{\rho}-1$$

式中　$G_{\rm s}$——试样土颗粒相对密度；

w——试样的初始含水率（%）；

ρ——试样的天然密度（$\rm g/cm^3$）。

（2）按下式计算试样的土颗粒高度 $h_{\rm s}$（mm）：

$$h_{\rm s}=\frac{H_0}{1+e}$$

（3）按下式计算某压力下压缩稳定后的孔隙比 $e_{\rm i}$：

$$e_i=\frac{h_i}{h_{\rm s}}-1 \text{或} e_i=e_0-\frac{\Delta h_i}{h_{\rm s}}$$

式中　Δh_i——某压力下试样的变形值（mm）。

（4）按下式计算压缩系数 $\alpha_{0.1\sim0.2}$，和压缩模量 $E_{{\rm s}(0.1\sim0.2)}$：

$$\alpha_{0.1\sim0.2}=\frac{e_1-e_2}{p_2-p_1},\quad E_{{\rm s}(0.1\sim0.2)}=\frac{1+e_1}{\alpha_{0.1\sim0.2}}$$

式中　p_1、p_2——0.1 MPa、0.2 MPa 的压力。

e_1、e_2——相应于 p_1、p_2 的孔隙比。

六、绘　图

压缩试验记录见表 10。根据压缩试验记录绘制压缩曲线：以压力 p 为横坐标（每

2 cm 代表 0.1 MPa），以孔隙比 e 为纵坐标（每 5 cm 代表孔隙比的 0.1）绘制压缩曲线（e-p 曲线），见图 4。

表 10　压缩试验记录表

压力 p/MPa	0.05	0.1	0.2	0.3	0.4
百分表初读数/格					
压缩稳定后百分表读数/格					
试样压缩量 Δh_i /mm					
压缩后试样高度 h_i /mm					
孔隙比 $e_i = h_i/h_s - 1$					
压缩系数/MPa^{-1}					
压缩模量/MPa					

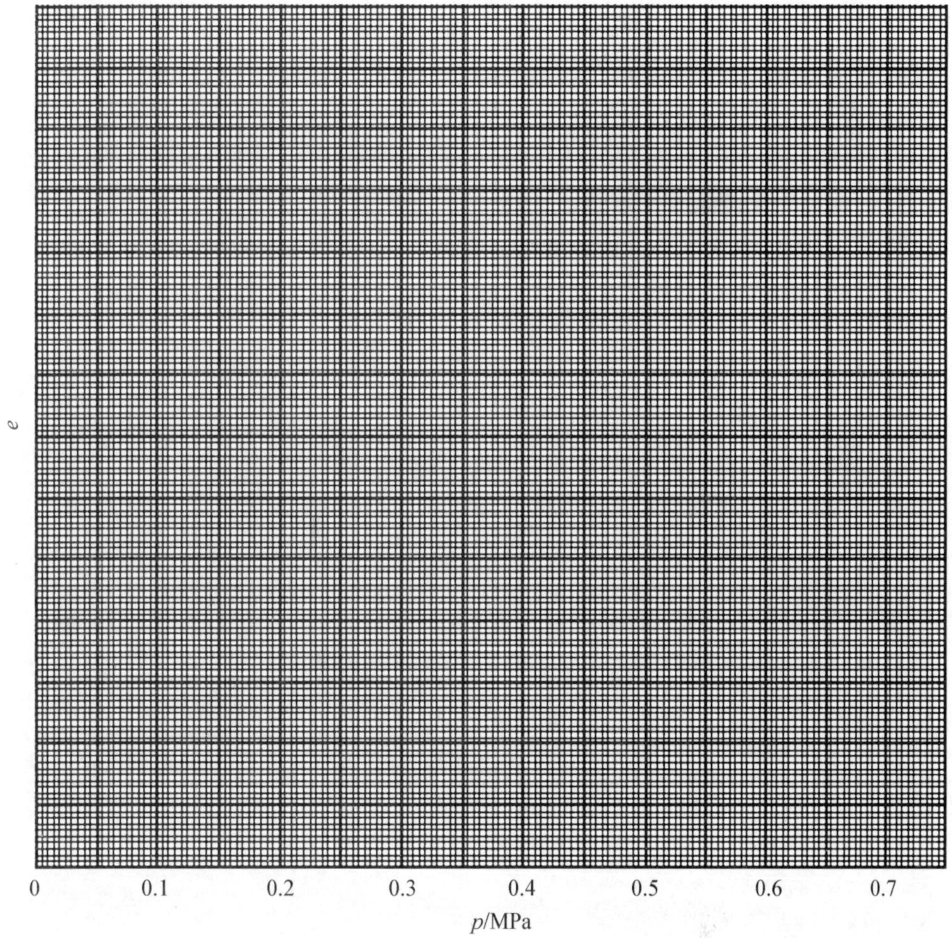

图 4　压缩曲线（e-p 曲线）

试验七　直接剪切试验

一、试验目的

测定土的抗剪强度参数：内摩擦角 φ 和黏聚力 c。内摩擦角 φ 和黏聚力 c 与抗剪强度之间的关系可用库仑公式表示，即

$$\tau_{\mathrm{f}} = \sigma \cdot \tan\varphi + c$$

二、仪器设备

等应变直剪仪、量力环、百分表、环刀等。

三、试验步骤

（1）用与直剪仪配套的环刀切取土样。

（2）将剪切容器的上下盒对齐，插入固定销，在剪切盒内放一块洁净的透水石，再放一张不透水膜。

（3）将装有土样的环刀，刃口向上对准剪切盒，在土样上放一张不透水膜和一块透水石，然后将试样连同透水石一起徐徐推入盒底，再放上传压盖板。

（4）杠杆调平：取下杠杆前面的砝码，顺时针旋转下手轮，使杠杆能够自由活动，用杠杆后面的水平砣调平杠杆（使杠杆下沿与立柱下面三条刻度线的中线齐平），然后逆时针转动下手轮顶住杠杆下沿，挂上第一级荷载 100 kPa 的砝码。

（5）将剪切盒放在剪切仪上，顺时针旋转侧手轮，使剪切盒与量力环前后密贴（百分表微动，再逆时针倒回手轮一圈）。

（6）将加压框架上的螺丝对准剪切盒上的珠子并拧紧。松开杠杆下面的手轮，拔去剪切盒上的销钉，将装在量力环上的百分表大针调零。

（7）顺时针转动手轮或开动电机，以 4 ~ 6 r/min 的匀速将土样剪坏（剪坏的标准是：百分表的大针摆动，不再前进或后退；上下剪切盒前后错位最大不超过 6 mm）。记录土样破坏时百分表的大针读数。

（8）卸下被剪坏的土样。再装上一块土样，再加上一级荷载，重复以上步骤。本试验共用 4 块试样，分别所加的荷载为 100 kPa、200 kPa、300 kPa、400 kPa。

四、计　算

按下式计算试样的抗剪强度 τ_{f}（即试样被剪坏时的剪应力 c）：

$$\tau_f = K \cdot R$$

式中　K——量力环系数[kPa/格（0.01 mm）]；

R——量力环变形数[格（0.01 mm）]。

五、绘　图

直接剪切试验记录见表 11。根据试验记录，以法向应力 σ 为横坐标，抗剪强度 τ_f 为纵坐标（两坐标轴比例必须一致），画出抗剪强度线（图 5），抗剪强度线与水平线的夹角即为内摩擦角 φ，在纵轴上的截距即为黏聚力 c。

表 11　直接剪切试验记录表

量力环系数 K=______kPa/0.01 mm

垂直压力 σ/kPa	100	200	300	400
百分表初读数/格				
百分表终读数/格				
量力环变形数/格				
抗剪强度 τ_f/kPa				
内摩擦角 φ/（°）				
黏聚力 c/kPa				

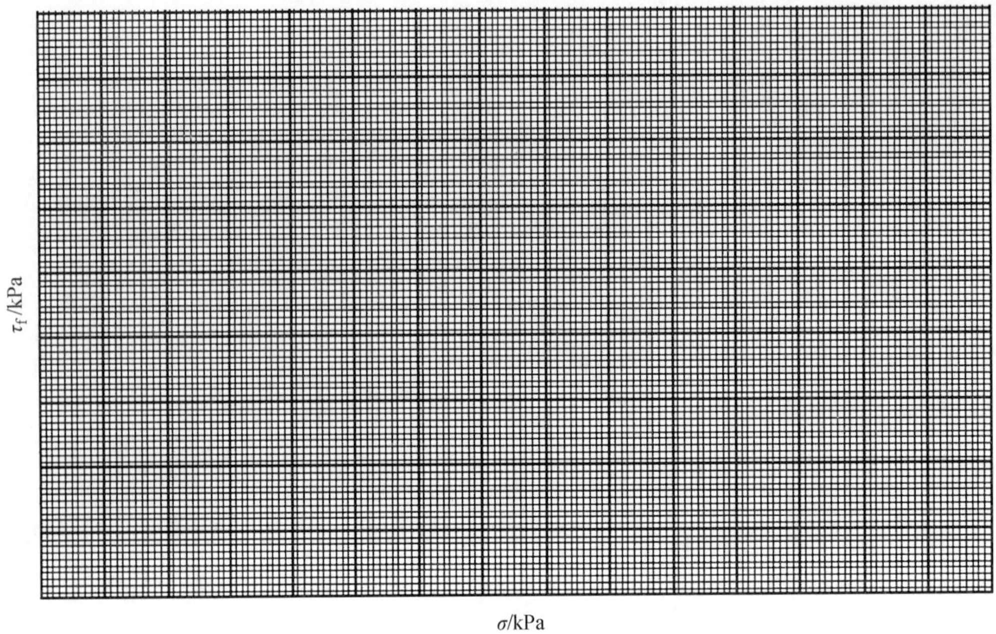

图 5　抗剪强度线